电磁发射控制器技术及应用

刘小虎　宋道远　袁志方　**编著**

U0333711

华中科技大学出版社
中国·武汉

内 容 提 要

　　电磁发射技术是利用电磁能来驱动装置或发射体以获得动能进行发射的技术。在电磁发射系统中,嵌入式控制器扮演着重要的角色,它是将电磁发射技术从理论转换成实际装备的重要手段,尤其是这些设备的数字化、网络化、智能化,都离不开嵌入式控制器。本书主要对电磁发射系统中涉及的 PLC、ARM、DSP 这三类控制器进行了介绍。

　　PLC 部分主要以西门子 S7-200 系列为例,介绍了 PLC 的工作原理及组成,然后分析了 PLC 的基本指令,并以电磁弹射中的高压开关控制为例介绍了 PLC 的具体应用。ARM 部分主要以 LM3S8962 为例,按照基本数字外设、模拟外设、板级通信和设备间通信的思路,分别介绍了 LM3S8962 的 GPIO 模块、中断模块、定时器模块、PWM 模块、ADC 模块、I^2C 模块、UART 模块、CAN 模块和以太网模块,给出了电磁弹射中 ARM 的部分应用案例。DSP 部分主要以 F28335 为例,重点介绍了增强型 PWM 模块,并结合直线电机的控制给出了应用案例。

　　本书可作为大学专科和本科院校自动化、机电、仪器仪表、自动控制等专业相关课程的教材或教学参考书,也可供从事工业控制系统设计和产品研发的工程技术人员参考。

图书在版编目(CIP)数据

电磁发射控制器技术及应用/刘小虎,宋道远,袁志方编著.—武汉:华中科技大学出版社,2021.4
ISBN 978-7-5680-6949-6

Ⅰ.①电… Ⅱ.①刘… ②宋… ③袁… Ⅲ.①电磁推进-发射控制系统 Ⅳ.①TJ765

中国版本图书馆 CIP 数据核字(2021)第 062027 号

电磁发射控制器技术及应用　　　　　　　　　　　　　刘小虎　宋道远　袁志方　编著
Dianci Fashe Kongzhiqi Jishu ji Yingyong

策划编辑:张少奇
责任编辑:罗　雪
封面设计:原色设计
责任监印:周治超
出版发行:华中科技大学出版社(中国·武汉)　　　电话:(027)81321913
　　　　　武汉市东湖新技术开发区华工科技园　　　邮编:430223
录　排:武汉市洪山区佳年华文印部
印　刷:武汉科源印刷设计有限公司
开　本:787mm×1092mm　1/16
印　张:17.25
字　数:446 千字
版　次:2021 年 4 月第 1 版第 1 次印刷
定　价:69.00 元

前　言

　　本书是海军工程大学 2020 年春季立项教材。全书共分为十二章,主要内容包括:绪论;PLC 基础及编程入门;PLC 编程语言及应用实例;ARM 概述及编程入门;GPIO 接口及中断;定时器及 PWM;模数转换;互联 IC 总线;UART 及 CAN 通信;以太网通信;DSP 基础及入门;基于 F28335 的直线电机控制应用。

　　本书由刘小虎副教授主持编写。具体分工如下:宋道远编写了第 1～3 章,刘小虎编写了第 4～10 章,袁志方编写了第 11 章和第 12 章。全书由刘小虎和宋道远统稿。李龙梅、张朝亮、杨刚和姜远志老师参与了全书的校对工作。本书主要对电磁发射系统中涉及的 PLC、ARM、DSP 这三类控制器进行了介绍,引导读者初步了解电磁发射系统中的嵌入式控制器。本书可作为大学专科和本科院校自动化、机电、仪器仪表、自动控制等专业相关课程的教材或教学参考书,也可供从事工业控制系统设计和产品研发的工程技术人员参考。

　　本书在编写过程中得到了海军工程大学各级领导和同事们的大力支持。

　　由于编者水平有限,时间仓促,书中难免存在不当之处,恳请广大师生批评指正。

编　者

2020 年 7 月

目　　录

第1章 绪 论

电磁发射技术是利用电磁能来驱动装置或发射体以获得动能进行发射的技术。典型的电磁发射装置由脉冲储能系统、脉冲变流系统、脉冲直线电机和控制系统组成。在这些系统中，嵌入式系统扮演着重要的角色，它是将电磁发射技术从理论转换成实际装备的重要手段，尤其是这些装备的数字化、网络化、智能化，都离不开嵌入式系统。本章将简要介绍电磁发射系统，并分析典型电磁发射系统所采用的嵌入式系统。

1.1 电磁发射系统概述

电磁发射是继机械能发射、化学能发射之后的具有革命意义的一种发射方式。电磁发射技术是利用电磁力（能）推进物体到高速或超高速的发射技术。它通过将电磁能变换为发射载荷所需的瞬时动能，可在短距离内将克级至吨级的负载加速至高速，可突破传统发射方式的速度和能量极限，是未来发射方式的必然选择。图1.1为电磁发射装置的组成，该装置由脉冲储能系统、脉冲变流系统、脉冲直线电机和控制系统四部分组成。发射前通过脉冲储能系统将能量在较长时间内蓄积起来；发射时通过将脉冲变流系统调节的瞬时超大输出功率给脉冲直线电机，产生电磁力推进负载至预定速度；控制系统实现信息流对能量流的精准控制。

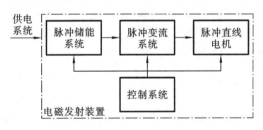

图 1.1 电磁发射装置的组成

在发射体加速过程中，需要对运动载荷加速度进行控制，即对直线电机等执行机构输出的电磁力进行控制，因此发射体的加速度轨迹曲线是系统闭环控制的输入条件。在电磁弹射或电磁炮系统中，都要根据指标要求，首先确定直线加速过程的发射体运动轨迹曲线。

设计发射系统时，需要确定系统所应具有的模式，以及系统的使用方式和控制流程。有限状态机技术能够描述系统在它的生命周期内所经历的状态序列，以及如何响应来自外界的各种事件，非常适用于描述和实现电磁发射系统的流程控制。典型的电磁发射系统如下。

1）电磁弹射装置

航母电磁弹射装置是目前最先进的飞机起飞装置，它不但适应了现代航母电气化、信息化的发展需要，而且具有系统效率高、弹射范围广、准备时间短、适装性好、控制精确、维护成本低等突出优势，是现代航母的核心技术和标志性技术之一。美国将其视作领先世界航母技术的关键，已于2014年将其配备在"福特号"航母上。电磁弹射技术应用于航母，将显著提升航母的综合作战能力,滑跃和传统弹射类型的航母将难以对电磁弹射航母构成实质性威胁。电磁弹射系统如图 1.2 所示。

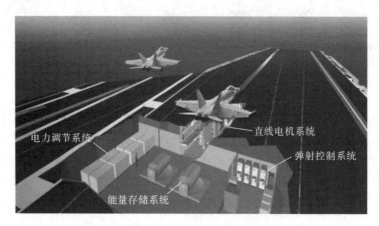

图 1.2　电磁弹射系统

2)先进阻拦装置

航母上阻拦装置是实现舰载机在飞行甲板有限长度内安全着舰的特种重要设备。该装置在最短的时间和距离内吸收着舰载机的动能,使其迅速减速并在有限的航母斜角甲板的着舰区内安全停下来。

阻拦装置先后发展过重力式、摩擦制动式、液压式、液压缓冲式、涡轮电力式等几种类型。目前液压缓冲阻拦装置性能已经达到了极限,可继续挖掘的潜力有限,限制了未来吨位更大、着舰钩索速度更高的飞机上舰的可能。加之无法对阻拦过程做到精确控制,制约了未来无人机等轻型舰载机上舰时的阻拦作业效能。针对液压缓冲阻拦装置存在的天生缺陷,为了顺应航母电气化、全电推进发展趋势,美国海军提出了先进阻拦装置(advanced arresting gear,AAG)的研究计划。AAG 具备更强的阻拦回收能力、更多样的机种回收能力、更少的操作与保障人员的需求,以及更少的高可靠性下维护工作量和全寿命周期保障费用。

AAG 系统主要由阻拦机系统、数字控制系统、阻拦索及滑轮系统等构成,如图 1.3 所示。作为 AAG 系统的吸能部分,阻拦机系统主要包括水力涡轮、感应电机、锥形鼓轮、机械制动装置(如摩擦制动器)。阻拦机系统对舰载机能量的吸收主要靠水力涡轮来实现。而感应电机的优势就是控制上的灵活准确,可以快速降低旋转轴的转速,为舰载机阻拦过程提供便于控制的减速阻力。感应电机在阻拦之前收缩和张紧阻拦索,并在阻拦过程中控制阻拦索的张力。

3)电磁轨道炮

自 20 世纪 80 年代世界再次掀起电磁轨道炮研究热潮以来,欧美海军均认为这种新概念武器将最先应用于海军部队,这是因为现有科技条件下储能电源体积过于庞大,而海军战舰具有宽敞的作战平台,并具有良好的发配电系统,便于提供发射时所需的高功率脉冲电源。特别是,近年来,舰船综合电力技术的应用,可对全舰的能量进行集中调配使用,能够为作战平台搭载舰载电磁轨道炮提供行之有效的技术途径。目前,美国海军分别于 2008 年、2010 年进行了 10 MJ 和 33 MJ 电磁轨道炮试验,实现了 10 kg 射弹初速达 2.5 km/s 的目标。2013 年,美国解决了非连续发射条件下的轨道抗烧蚀问题,预计将于 2025 年左右在濒海战斗舰、DDG51 驱逐舰及 DDG1000 驱逐舰上装备不同能量等级的舰载电磁轨道炮。

电容器馈电轨道炮系统组成如图 1.4 所示,其主要由混合储能分系统、发射装置分系统、

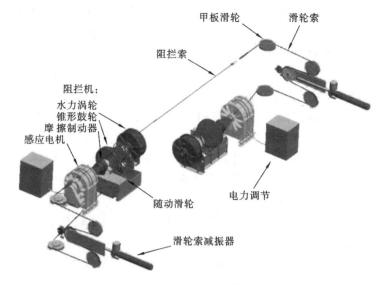

图 1.3 先进阻拦装置系统组成

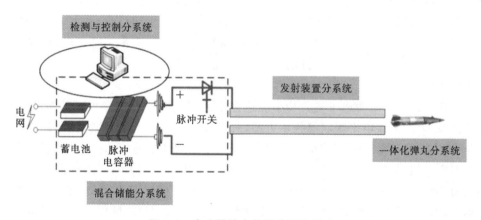

图 1.4 电容器馈电轨道炮系统组成

一体化弹丸分系统、检测与控制分系统组成。其基本工作原理为：首先由储能装置（蓄电池）向发射电源（脉冲电容器）充电；发射时，发射电源向电磁轨道炮放电，与电感器共同组成脉冲成形网络，向电磁轨道炮提供所需的工作电流。电枢与导轨具有良好的电接触，电流经过导轨、电枢后流回电源，构成闭合回路。流经导轨、电枢的电流在它们围成的区域内形成强磁场，该磁场与流经电枢的电流相互作用，产生强大的电磁力，推进电枢和置于电枢前的弹丸沿轨道做加速运动，直至将弹丸发射出去。至此，发射过程结束。由于导轨具有一定的储能作用，在弹丸射出炮口的瞬间，导轨中电流依然很大，残余大量能量。为了提高整个系统的能量利用率，要利用储能装置存储这些残余的能量，并将其回馈给发射电源，待下次发射时继续使用。

1.2 控制器概述

在电磁发射系统中，嵌入式控制器主要完成三个任务：首先是直线电机等关键设备的底层控制，输出 PWM（脉宽调制）信号进行电力电子变换；其次是设备的关键数据的采集，包括直线电机的位置信号、直线电机的温度等监测数据；最后是数据的通信传输，励磁机需要获取逆变器、整流设备的状态信息,等等。对于由上百台设备组成的电磁发射系统来讲,其需要大量的嵌入式控制器来参与控制,主要的控制器包括 DSP、FPGA、ARM、PLC、PC104 等。下面简单介绍一下常用的发射用嵌入式控制器。

1. DSP

在电磁发射系统中,无论是飞轮储能电机,还是直线电机,其电机控制一般都使用 PWM 技术,而在一个 PWM 开关周期内,数据采集、状态观测、信号滤波、坐标系变换、调节器控制、PWM 产生、通信处理和故障保护等操作对数据处理的实时性要求很高,其数据更新周期一般在几千赫兹,甚至更高;此外,这些操作对数据精度、片上的外设集成等也有较高的要求。传统的 MCS51 系列、MCS96 系列单片机无法满足上述要求,DSP 应运而生。DSP 是数字信号处理的英文简称,同时也是数字信号处理器的缩写,本书中的 DSP 特指数字信号处理器。DSP 芯片一般具有如下特点:哈佛结构或者改进的哈佛结构;多级流水线技术;乘积累加(MAC)运算。这些特点都要满足电机控制等高实时响应任务需求。

随着 DSP 市场的蓬勃发展,大量的厂商参与 DSP 芯片的研发,其中产品应用较多的有德州仪器(TI)公司。TI 公司主推众多 DSP 芯片,同时与国内很多高校合作,创建了很多 DSP 实验室。TI 公司的 DSP 包括 C2000 系列、C5000 系列、C6000 系列等,其中 C2000 系列是面向电机控制的控制器,C2000 系列 DSP 集成了大量电机控制专用外设,包括片上 ADC(模拟数字转换器)、PWM、SCI(串行通信接口)、SPI(串行外设接口)、CAP(捕获模块)、QEP(正交编码模块)、McBSP(多通道缓冲串行接口)等多种常用外设。

2. FPGA

电磁发射系统中的电力电子装置功率高达百兆瓦,由于受单个功率器件的功率限制,电力电子装置涉及多电平、多电平级联等技术方案,对于多电平和多电平级联,核心的问题依然是 PWM 信号的输出,一般 DSP 最多输出 12 路空间矢量 PWM 信号,而这个数量显然满足不了多电平和多电平级联的要求,因此 FPGA 在 PWM 输出环节扮演了重要的角色。

现场可编程门阵列(field programmable gate array,FPGA)是在 PAL、GAL 等可编程器件的基础上进一步发展的产物。它是作为专用集成电路(ASIC)领域中的一种半定制电路而出现的,既避免了定制电路的不足,又克服了原有可编程器件门电路数有限的缺点。

FPGA 采用了逻辑单元阵列(logic cell array,LCA)这样一个概念,内部包括可配置逻辑模块(configurable logic block,CLB)、输入输出模块(input output block,IOB)和内部连线(interconnect)三个部分。FPGA 是可编程器件,与传统逻辑电路和门阵列,如 PAL(可编程阵列逻辑)、GAL(通用阵列逻辑)及 CPLD(复杂可编程逻辑器件)相比,具有不同的结构。FPGA 利用小型查找表(16×1 RAM(随机存取存储器))来实现组合逻辑,每个查找表连接到一个 D 触发器的输入端,触发器再来驱动其他逻辑电路或驱动 I/O(输入/输出),由此构成了既可实现组合逻辑功能又可实现时序逻辑功能的基本逻辑单元模块,这些模块利用金属连线互相连接或连接到 I/O 模块。FPGA 的逻辑是通过向内部静态存储单元加载编程数据来实现的,存储在存储单元中的值决定了逻辑单元的逻辑功能,以及各模块之间或各模块与 I/O 间的连接方式,并最终决定了 FPGA 所能实现的功能。FPGA 允许无限次的编程。

3. ARM

在电磁发射系统中,除了电机控制这类核心任务外,还有一些数据采集、数据通信等任务。对于这些通用性的任务,采用 ARM 是一个非常好的方案。ARM 处理器是英国 Acorn 公司设计的低功耗、低成本的 RISC(精简指令集)微处理器,全称为 advanced RISC machine。

ARM 处理器的特点是：

(1) 体积小，功耗低，成本低，性能高；

(2) 支持 Thumb(16 位)/ARM(32 位)双指令集，能很好地兼容 8 位/16 位器件；

(3) 大量使用寄存器，指令执行速度更快；

(4) 大多数数据操作都在寄存器中完成；

(5) 寻址方式灵活简单，执行效率高；

(6) 指令长度固定；

(7) 合作伙伴众多。

4. PLC

在电磁发射系统中，涉及大量的辅助设备，如各种风机、水泵、滑油泵等。这些设备要求控制器简单高效，并且维护方便，在这种场合，采用可编程逻辑控制器(programmable logic controller，PLC)是一个很不错的选择。PLC 是一种具有微处理器的用于自动化控制的数字运算控制器，可以将控制指令随时载入内存进行储存与执行。PLC 由 CPU、指令及数据内存、输入/输出接口、电源、数字模拟转换等功能单元组成。早期的可编程逻辑控制器只有逻辑控制功能，所以被命名为可编程逻辑控制器，后来随着不断的发展，这些当初功能简单的计算机模块已经有了逻辑控制、时序控制、模拟控制、多机通信等各类功能。

1.3 控制器在电磁发射中的应用

控制器在电磁发射装置中主要用于实时计算和逻辑控制，同时还用于通信接口扩张、通用输入输出控制、各种物理量的检测等，应用几乎无处不在。下面简单介绍控制器在飞轮储能控制、直线电机位置检测和电磁发射网络监控等方面的应用。

1. 在飞轮储能控制中的应用

飞轮储能是电磁发射脉冲储能系统的一种重要形式，其中，飞轮交流发电机储能装置的能量以动能的形式储存在旋转的飞轮中。飞轮储能装置主要包括三个核心部分：飞轮、电机和电力电子装置。它最基本的工作原理就是将外界输入的电能通过电动机转化为飞轮转动的动能储存起来，当外界需要电能的时候，又通过发电机将飞轮的动能转化为电能，输出到外部负载。

飞轮储能装置的能量存储主要是通过电力拖动自动控制系统实现的。电力拖动实现了电能与机械能之间的能量变换；电力拖动自动控制系统通过控制电动机的电压、电流、频率等输入量，来改变工作机械的转矩、速度、位移等机械量，使各种工作机械按照人们的要求运行，以满足生产工艺及其他应用的需要。电力拖动自动控制系统由电动机、功率变换装置(主电路)、控制器及信号检测与处理单元等构成，其结构框图如图 1.5 所示。

电力拖动自动控制系统的控制对象为电动机。功率变换装置有电机型、电磁型、电力电子型等，现在多用电力电子型。控制器分为模拟控制器和数字控制器两类，也有模数混合的控制器，现在大多采用全数字控制器。模拟控制器常用运算放大器及相应的电气元件实现，具有物理概念清晰、控制信号流向直观等优点，其控制规律体现在硬件电路和所用的器件上，因而线路复杂、通用性差，控制效果受到器件性能、温度等因素的影响。

以微处理器为核心的数字控制器的硬件电路标准化程度高、制作成本低，而且没有器件温度漂移的问题。其控制规律体现在软件上，修改起来灵活方便。此外，数字控制器还具有信息存储、数据信息和故障诊断等模拟控制器难以实现的功能。

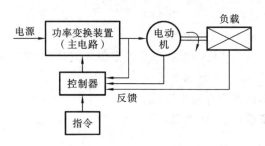

图 1.5　电力拖动自动控制系统结构框图

电力拖动自动控制系统中常需要电压、电流、转速和位置的反馈信号,为了真实可靠地得到这些信号,并实现功率电路(强电)和控制器(弱电)之间的电气隔离,需要使用相应的传感器。信号转换和处理包括电压匹配、极性转换、脉冲整形等,对于计算机数字控制系统而言,必须将传感器输出的模拟或数字信号变换为可用于计算机运算的数字量。飞轮储能电机嵌入式控制框图如图 1.6 所示。

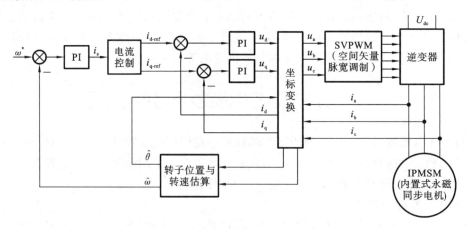

图 1.6　飞轮储能电机嵌入式控制框图

2. 在直线电机位置检测中应用

电磁弹射直线感应电机的控制策略采用的是带位置反馈的闭环控制,因此需要一套具有大量程、实时、高分辨率和高可靠性特点的位置检测系统,以实时、准确反馈动子位置信息。

电感式接近开关是利用高频探测线圈接近被测导体时产生的电涡流效应来控制开关的导通或关断的非接触式接近开关,具有较好的环境适应性和较高的可靠性,能够满足电磁发射特殊工况条件对位置检测系统的苛刻要求。以电感式接近开关作为位置传感器的位置检测系统包括编码器、位置传感器阵列、控制模块及计算中心,如图 1.7 所示。编码器安装在动子上,由非金属基体和一定数量的金属齿片(以下简称编码齿)组成。编码齿沿编码器长度方向(即动子运动方向)等间距分布在非金属基体上。当编码器随动子运动时,位置传感器在编码齿的感应下周期性关断,进而输出连续的方波信号。每段电机安装 2 个位置传感器,分别定义为传感器 A 和 B,因此在整个系统中构成了 $2 \times n$ 的传感器阵列,其中 n 为直线电机的总段数。通过合理设计编码器结构及调整传感器间距,可以使两路位置方波信号相位差为 90°,这样 A、B 输出的两路信号具有正交关系。将不同模块产生的位置信号由控制模块通过"或"运算进行整合,这样动子在整个冲程中运动时,控制模块都能够输出连续的正交信号。最后,控制模块将整合的正交信号送入计算中心,计算中心通过正交编码算法计算得到动子的位置。

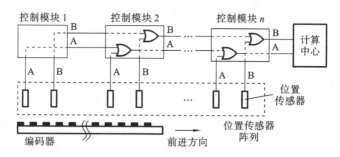

图 1.7　位置检测系统原理及拓扑结构

计算中心采用正交编码算法对位置信号进行处理。正交编码算法是位置检测装置对位置信号进行处理的一种方式,使用正交编码脉冲既能提高位置检测的抗干扰能力,又可以提高检测分辨率。如图 1.8 所示,如果两个周期信号互相正交,即一个传感器发出一个方波与另一个传感器发出的方波相位差为 90°,则称这两个周期信号为正交编码信号。正交编码具有良好的抗噪性能,能有效消除脉冲边缘振荡造成的干扰,在测速时能有效提高准确性。目前,正交编码信号主要用于获得采用位置控制的高性能电机的位置、速度及运动方向的信息。

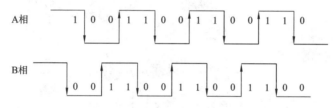

图 1.8　典型正交编码信号

两路位置信号通过 A/D(模/数)转换变为数字信号,组合为一个 2 位的二进制数,称为编码状态数据。当电机正向运行时,A 通道信号相位领先 B 通道信号相位 90°,编码状态数据的变化规律为 00→10→11→01→00,每变化一次,脉冲计数加 1。而当电机朝反方向转动时,A 通道信号相位落后 B 通道信号相位 90°,其变化规律为 00→01→11→10→00,每变化一次,脉冲计数减 1,恰好与正转时变化过程相反,正交编码算法实现如图 1.9 所示。利用该算法可以快速计算得到动子位置数据并判断动子的运动方向。

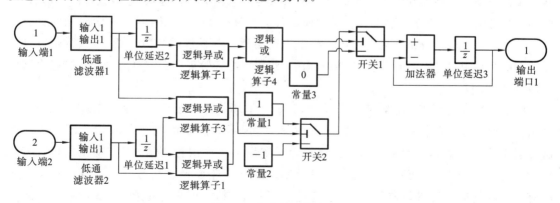

图 1.9　正交编码算法实现

3. 在电磁发射网络监控中的应用

电磁发射系统一般涉及电气、机械、信息、热量等多物理量的能量转换,其结构组成复杂,特别是网络规模较大。为了保证设备长期安全稳定运行,必须实现高效可靠的网络监控和健康管理。

图 1.10 是一种典型的电磁发射系统网络设计方案。该系统由维护工作站、发射控制器、数据服务器、PLC/ARM 控制器、网络终端等节点,以及数据网、控制网、健康网等数据传输网络组成。该网络主要传输含有电力系统信息的信息流,用于控制电力系统能量流的流动。

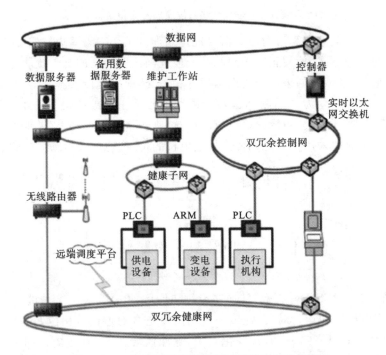

图 1.10 一种典型的电磁发射系统网络设计方案

系统模型包括四个层次,即设备层、通信网络层、数据管理层、数据应用层。其中设备层包括分布在现场的传感器和采集系统。通信网络层是信息流的传输通道,包括数据网、双冗余健康网及控制网,三网独立。数据管理层管理全系统实时故障信息"快照"和一定时期的日志及状态信息,以备查询、分析和培训使用。数据应用层则负责系统的故障诊断及日常维护功能。在数据应用层中,故障诊断主要由三部分构成,即数据综合管理平台、故障诊断模块、融合诊断模块,如图 1.11 所示。

电磁发射系统设备、线路等分布复杂,系统能量高、实时性高。为保证系统的安全性,必须要及时分析、排除运行过程中出现的故障,实现系统的功能检查与故障诊断。因此电磁发射系统引入了健康管理系统。健康管理系统由大量底层控制器、状态监控台和数据传输网络组成。图 1.12 所示是美国电磁发射系统的状态监控台。状态监控台可以对全系统所有装置的健康状态进行监测,当状态量超出正常范围时,可声光报警,具备较强的故障诊断能力。

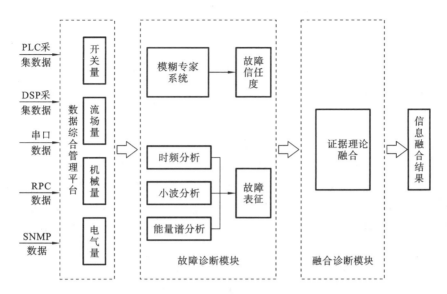

图 1.11 故障诊断总体结构

RPC—远程过程调用;SNMP—简单网络管理协议

图 1.12 美国电磁发射系统的状态监控台

小 结

本章主要介绍了电磁发射系统及电磁发射系统中主要的嵌入式控制器,最后介绍了电磁发射系统中嵌入式控制器的几个典型应用案例。

习 题

1. 电磁发射系统与嵌入式控制器是什么关系?
2. 不同的嵌入式控制器各有什么优点、缺点?
3. 电磁发射系统采用嵌入式控制器有哪些好处?

第 2 章 PLC 基础及编程入门

PLC 作为一种工业控制计算机,较好地解决了控制领域中普遍关心的可靠、安全、灵活、方便、经济等问题,因此在电磁弹射系统中得到了大量应用。从高压开关柜的互锁控制到附属设施中的冷却泵、滑油泵等,都可以见到 PLC 控制器的身影。本章主要介绍 PLC 的产生、特点及应用,同时重点分析 PLC 的工作原理,并且以 S7-200 PLC 为重点,分析 PLC 的组成及输入输出的接线方式。

2.1 PLC 概述

2.1.1 PLC 的产生

20 世纪 60 年代末,美国的汽车制造工业迅速发展,行业竞争激烈,汽车更新换代加快,相应地要求生产线随之改变,其继电接触控制系统就要重新设计、安装。为了适应生产工艺不断更新的需求,减少重新设计控制系统的时间和费用,1968 年美国通用汽车公司首先公开招标研制新的工业控制器,并提出了"编程方便,可在现场修改和调试程序;维护方便;可靠性高;体积小;易于扩展"等 10 项指标。1969 年美国数字设备公司(DEC)中标,并根据上述要求研制出世界上第一台可编程控制器 PDP-14,用在通用汽车公司的汽车自动装配线上,获得成功。尽管第一台可编程控制器仅具有逻辑控制、定时、计数等功能,但它的出现却标志着一种新型工业控制装置的问世。

1971 年,日本从美国引进了可编程控制器的新技术,研制成第一台可编程控制器 DSC-8。1973 年,西欧国家的各种可编程控制器也相继研制成功。

可编程控制器早期称为可编程逻辑控制器(programmable logic controler,PLC),但自问世后其功能发生了很大的变化,已经不再局限于逻辑控制了。1980 年,美国电气制造商协会正式将可编程控制器命名为 programmable controler,简称 PC,并下了定义。鉴于现在 PC 已成为个人计算机(personal computer)的代名词,为避免混淆,一般仍将 PLC 作为可编程控制器的简称。

目前,PLC 是在传统的顺序控制的基础上引入微电子技术、计算机技术、自动控制技术和通信技术而形成的新型工业控制装置,已成为工业自动化的一大支柱设备。国际电工委员会(IEC)颁布了对 PLC 的规定:可编程控制器是一种专为在工业环境下应用而设计的数字运算操作的电子装置。它采用可以编制程序的存储器,用来存储执行逻辑运算、顺序控制、定时、计数和算术运算等操作的指令,并通过数字的、模拟的输入和输出,控制各种类型的机械或生产过程。

总而言之,PLC 是通用的、可编写程序的、常用于工业控制的计算机自动控制设备。

2.1.2　PLC 的特点及应用

目前,随着微电子技术的快速发展,PLC 的制造成本不断下降,而功能却大大增强。PLC 在国内外已广泛应用于钢铁、石油、化工、电力、建材、机械制造、汽车、轻纺、交通运输、环保及文化娱乐等各个行业,跃居现代工业自动化三大支柱的主导地位。它的应用大致可归纳为以下几类。

1. 开关量的逻辑控制

逻辑控制是 PLC 最基本、最广泛的应用。可用 PLC 取代传统的继电器控制电路,实现逻辑控制、顺序控制,既可用于单台设备,又可用于多机群及自动化流水线,如电梯控制、高炉上料、注塑机、印刷机、组合机床、磨床、包装生产线、电镀流水线等。

2. 模拟量控制

在工业生产过程中,有许多连续变化的量,如温度、压力、流量、液位和速度等都是模拟量。为了使可编程控制器能处理模拟量信号,PLC 厂家生产了配套的 A/D(模/数)和 D/A(数/模)转换模块,使可编程控制器能够用于模拟量控制。

3. 运动控制

PLC 可以用于圆周运动或直线运动的控制。从控制机构配置来说,早期直接用开关量 I/O 模块连接位置传感器和执行机构,现在可使用专用的运动控制模块,如可驱动步进电机或伺服电机的单轴或多轴位置控制模块。世界上各主要 PLC 厂家的产品几乎都有运动控制功能,广泛地用于各种机械、机床、机器人、电梯等场合。

4. 过程控制

过程控制是指对温度、压力、流量等模拟量的闭环控制。作为工业控制计算机,PLC 能编制各种各样的控制算法程序,完成闭环控制。PID 控制是一般闭环控制系统中常用的控制方法。目前不仅大中型 PLC 有 PID 模块,而且许多小型 PLC 也具有 PID 功能。PID 处理一般要运行专用的 PID 子程序。过程控制在冶金、化工、热处理、锅炉控制等场合有非常广泛的应用。

5. 数据处理

现代 PLC 具有数学运算(含矩阵运算、逻辑运算)、数据传送、数据转换、排序、查表、位操作等功能,可以完成数据的采集、分析及处理。这些数据可以与储存在存储器中的参考值比较,完成一定的控制操作,也可以利用通信功能传送到别的智能装置,或者打印制表。数据处理一般用于大型控制系统,如无人控制的柔性制造系统;也可用于过程控制系统,如造纸、冶金、食品工业中的一些大型控制系统。

6. 通信及联网

PLC 通信包含 PLC 之间的通信以及 PLC 与其他智能设备间的通信。随着计算机控制的发展,工厂自动化网络发展将会加快,各 PLC 厂家都十分重视 PLC 的通信功能,纷纷推出各自的网络系统。最新生产的 PLC 都具有通信接口,实现通信非常方便,可以通过各种通信接口将数据直接传送给上位机,实现数据采集和监控。

2.2　PLC 的结构及工作原理

2.2.1　PLC 的基本结构

目前 PLC 生产厂家很多,产品结构也各不相同,但其基本组成大致如图 2.1 所示,由图可以看出,PLC 采用了典型的计算机结构,主要包括 CPU、存储器和输入/输出接口电路等。其内部采用总线结构进行数据和指令的传输。

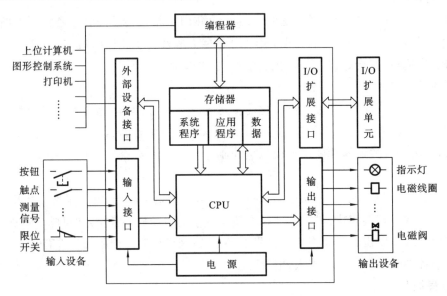

图 2.1　PLC 的基本组成

PLC 各组成部分及其功能如下。

1. CPU

CPU(中央处理器)一般由控制电路、运算器和寄存器组成。它作为整个 PLC 的核心,起着总指挥的作用。它主要完成以下功能:

(1) 将输入信号送入 PLC 的存储器中并存储起来;

(2) 按存放的先后顺序取出用户指令并进行编译;

(3) 完成用户指令规定的各种操作;

(4) 将结果送到输出端;

(5) 响应各种外围设备(如编程器、打印机等)的请求。

2. 存储器

存储器是具有记忆功能的半导体电路,用来存放系统程序、用户程序、逻辑变量和其他一些信息。

PLC 内部存储器有两类:一类是 RAM,即随机存取存储器,可以随时由 CPU 对它进行读出、写入;另一类是 ROM,即只读存储器,CPU 只能对它进行读取而不能写入。RAM 主要用来存放各种暂存的数据、中间结果及用户程序。ROM 主要用来存放监控程序及系统内部数据,这些程序及数据出厂时固化在 ROM 芯片中。

PLC 的存储器按用途可分为系统程序存储器和用户程序存储器。前者用于存放系统程序和系统数据,而后者则用于存储用户程序和用户数据。

3. 输入/输出单元

输入/输出单元又称为 I/O 接口电路,是 PLC 与外部被控对象(机械设备或生产过程)联系的纽带与桥梁。根据输入/输出信号的不同,I/O 接口电路有开关量和模拟量两种 I/O 接口电路。

输入接口用于接收和采集现场设备及生产过程中的各类输入数据信息(如操作按钮、各类开关、数字拨码盘开关等送来的开关量),并将其转换成 CPU 所能接受和处理的数据;输出接口则用于将 CPU 输出的控制信息转换成外设所需要的控制信号,并送到有关设备或现场(如接触器、电磁阀、指示灯、调速装置等)。

通常 I/O 接口电路大多采用光电耦合器来传递 I/O 信号,并实现电平转换。这可以使生产现场的电路与 PLC 的内部电路隔离,既能有效地避免因外电路的故障而损坏 PLC,同时又能抑制外部干扰信号侵入 PLC,从而提高 PLC 的工作可靠性。

开关量输出接口的作用是把 PLC 内部的标准信号转换成现场执行机构所需要的开关量信号。开关量输出接口分为继电器输出型、晶闸管输出型和晶体管输出型三种类型,接口电路如图 2.2 所示。用户可以根据控制要求的不同来选择。继电器输出型为有触点输出方式,可

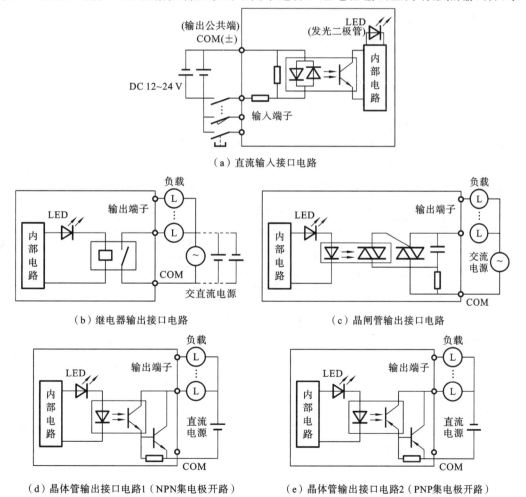

（a）直流输入接口电路

（b）继电器输出接口电路　　　　　　　　　（c）晶闸管输出接口电路

（d）晶体管输出接口电路1（NPN集电极开路）　　　（e）晶体管输出接口电路2（PNP集电极开路）

图 2.2　PLC 常用接口电路

用于直流或一般工频交流负载回路;晶闸管输出型和晶体管输出型皆为无触点输出方式,前者可用于高频较大功率交流负载回路,后者则用于高频小功率交流负载回路。而且有些输出电路被做成模块式,可以插拔,更换起来十分方便。

从图2.2中可看出,各类输出接口电路中也都具有光电耦合电路。这里特别要指出的是,输出接口本身都不带电源。而且在考虑外驱动电源时,还需考虑输出器件的类型、负载的性质以及输出器件自身的功率限制等多方面问题。

4. 编程工具

编程工具是PLC最重要的外围设备,它实现了人与PLC的联系对话。用户利用编程工具不但可以输入、检查、修改和调试用户程序,还可以监视PLC的工作状态、修改内部系统寄存器的设置参数及显示错误代码等。用户还可以通过其键盘和显示器调用和显示PLC内部的一些状态和参数,实现监控功能。

5. 电源

PLC电源是指将外部交流电经整流、滤波、稳压转换成满足PLC中CPU、存储器、输入/输出接口等内部电路工作所需直流电的电源或电源模块。为避免电源干扰,输入/输出接口电路的电源回路彼此相互独立。PLC内部的直流稳压单元用于为PLC的内部电路提供稳定直流电压,某些PLC还能够对外提供DC 24 V的稳定电压,为外部传感器供电。PLC一般还带有后备电池,以防止外部电源发生故障而造成PLC内部主要信息意外丢失。

2.2.2　PLC 的工作原理

1. PLC 的等效电路

传统的继电器控制系统是由输入、逻辑控制和输出三个基本部分组成的,如图2.3所示。其逻辑控制部分是由各种继电器(包括接触器、时间继电器等)及其触点,按一定的逻辑关系用导线连接而成的电路。若要改变系统的逻辑控制功能,则必须改变继电器电路。

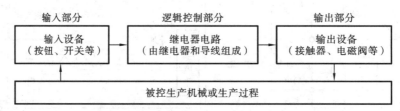

图 2.3　传统的继电器控制系统

PLC控制系统也是由输入、逻辑控制和输出三个基本部分组成的,但其逻辑控制部分采用PLC来代替继电器电路。因此,可以将PLC等效为一个由各种可编程继电器(如输入继电器、输出继电器、辅助继电器、定时器、计数器等)组成的整体,其等效电路如图2.4所示。PLC内的这些可编程元件,由于在使用上与真实元件有很大的差异,因此被称为"软"继电器。

PLC控制系统利用CPU和存储器,以及存储的用户程序所实现的各种"软"继电器及其"软"触点和"软"接线,来实现逻辑控制。它可以通过改变用户程序,灵活地改变其逻辑控制功能。因此,PLC控制的适应性很强。

2. PLC 的工作过程

PLC的工作过程主要是用户程序的执行过程。PLC采用周期性循环扫描的方式来执行

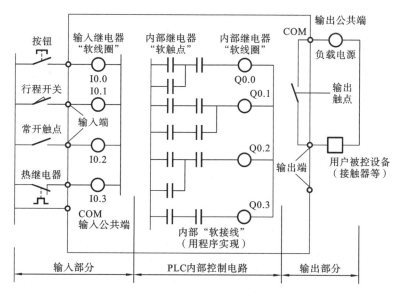

图 2.4　PLC 的等效电路

用户程序,即在无跳转指令的情况下,CPU 从第一条指令开始,按顺序逐条执行用户程序,直到用户程序结束,便完成了一次程序扫描,然后再返回第一条指令,开始新的一轮扫描,如此周而复始地反复进行。PLC 每进行一次扫描循环所用的时间称为扫描周期。

用户程序的执行过程有输入采样、程序执行和输出处理三个主要阶段,如图 2.5 所示。

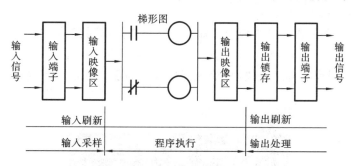

图 2.5　用户程序的执行过程

1) 输入采样阶段(输入刷新阶段)

CPU 按顺序读取全部输入点的通/断状态,并将其写入相应的输入状态寄存器(输入映像寄存器)内。在一个扫描周期内,输入状态寄存器中的内容在采样阶段结束后将保持不变。

2) 程序执行阶段

CPU 扫描用户程序,即按用户程序中指令的顺序逐条执行每条指令。CPU 根据输入状态寄存器、输出状态寄存器的内容和有关数据进行逻辑运算,并将运算的结果写入相应的输出状态寄存器(输出映像寄存器)。

3) 输出处理阶段(输出刷新阶段)

CPU 在执行完所有的指令后,把输出状态寄存器中所有输出继电器的通/断状态转存到输出锁存器,并以一定的方式将此状态信息输出,驱动 PLC 的外部负载,从而控制设备的相应动作,形成 PLC 的实际输出。

实际上,在每个扫描周期内,PLC 除了要执行用户程序外,还要进行系统自诊断和处理、编程器等的通信请求等工作,以提高 PLC 工作的可靠性,并及时接收外来的控制命令。

可见,PLC 通过周期性的不断循环扫描,并采用集中采样和集中输出的方式,实现了对生产过程和设备的连续控制。由于 PLC 在每一个工作周期中,只对输入采样一次,且只对输出刷新一次,因此 PLC 控制存在着输入/输出的滞后现象。这在一定程度上降低了系统的响应速度,但有利于提高系统的抗干扰能力及可靠性。PLC 的工作周期仅为数十毫秒,这种很短的滞后时间对一般的工业控制系统实际影响不大。

2.2.3　S7-200 系列 PLC 介绍

1. 概述

德国的西门子(SIEMENS)公司是欧洲最大的电子和电气设备制造商,生产的 SIMATIC 可编程控制器在欧洲处于领先地位。其第一代可编程控制器是 1975 年投放市场的 SIMATIC S3 系列。1979 年,微处理器技术被应用到可编程控制器中,产生了 SIMATIC S5 系列。1996 年,西门子又推出了 S7 系列产品,包括小型 PLC S7-200、中型 PLC S7-300 和大型 PLC S7-400。S7-200 系列 PLC 是一类小型 PLC,其外观如图 2.6 所示。S7-200 系列 PLC 的主要特点如下:

(1) 系统集成方便,安装简单,能按搭积木方式进行系统配置,功能扩展灵活方便;

(2) 运算速度快,基本逻辑控制指令的执行时间为 0.22 μs;

(3) 有很强的网络功能,可用多个 PLC 连接成工业网络,构成完整的过程控制系统,可实现总线联网,也可实现点到点通信;

(4) 允许使用相关的程序软件包及工业通信网络软件,编制工具更为开放,人机界面十分友好;

(5) 输入/输出通道响应速度快,系统内部集成了高速计数输入与高速脉冲输出,最高输出频率可达到 100 kHz。

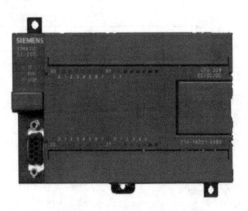

图 2.6　S7-200 系列 PLC 的外观

由于 S7-200 系列 PLC 具有紧凑的设计、良好的扩展性、低廉的价格和强大的指令系统,因此它能近乎完美地满足小规模的控制要求,适用于各行各业和各种场合中的检测、监测及控制的自动化。S7-200 系列 PLC 的强大功能使其无论在独立运行中,还是相连成网络,皆能实现复杂的控制功能。另外,其丰富的 CPU 类型及电压等级,使其在解决用户的自动化问题时,具有很强的适应性。

2. S7-200 系列 PLC 的系统构成

S7-200 系列 PLC 将一个微处理器、存储器、若干 I/O 点和一个集成电源集成在一个紧凑的机壳内,统称为 CPU 模块,是 PLC 的主要部分,如图 2.7 所示。

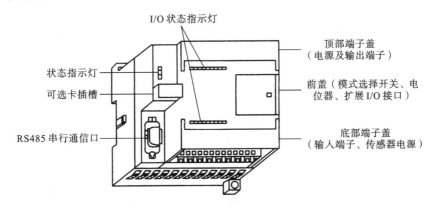

图 2.7　S7-200 系列 PLC CPU 模块

1) 状态指示灯

状态指示灯位于机身左侧,显示 CPU 的工作状态。共三个指示灯:SF(system fault,系统错误),RUN(运行),STOP(停止)。

2) 可选卡插槽

可选卡插槽可以根据需要插入 EEPROM(电擦除可编程只读存储器)卡、时钟卡和电池卡中的一个。外插存储卡需单独购买。

EEPROM 卡可用来保存 PLC 内的程序和重要数据等,作为备份。最新的有 6ES7 291-8GF23-0XA0 和 6ES7 291-8GH23-0XA0 两种,容量分别为 64 KB 和 256 KB。

时钟卡可用于 CPU 221 和 CPU 222,以提供实时时钟功能,卡中包含后备电池。

电池卡可为所有类型的 CPU 提供数据保持的后备电池。电池卡可与 PLC 内置的超级电容配合,电池在超级电容放电完毕后起作用。

3) RS485 串行通信口

RS485 串行通信口位于机身的左下部,是 PLC 主机实现人机对话、机机对话的通道,可实现 PLC 与上位计算机的连接,实现 PLC 之间及 PLC 与编程器、彩色图形显示器、打印机等外部设备之间的连接。

4) 电源及输出端子

电源及输出端子位于机身顶部端子盖下边,连接输出器件及用作电源。输出端子的运行状态可以由顶部端子盖下方的一排 I/O 状态指示灯显示,ON 状态对应指示灯亮。为了方便接线,有些机型(如 CPU224、CPU226)采用可插拔整体端子。

5) 输入端子及传感器电源

输入端子及传感器电源位于机身底部端子盖下边,输入端子的运行状态可以由底部端子盖上方的一排 I/O 状态指示灯显示,ON 状态对应指示灯亮。

6) 扩展接口、模式选择开关、模拟量电位器

该部分位于机身中部右侧前盖下。扩展接口提供 PLC 主机与输入/输出扩展模块的接口,作扩展系统之用,主机与扩展模块之间用扩展电缆连接。模式选择开关具有 RUN(运行)、STOP(停止)及 TERM(监控)等三种状态。将开关拨向"STOP"位置时,PLC 处于停止状态,

此时可以编写程序。将开关拨向"RUN"位置时,PLC处于运行状态,此时不能编写程序。将开关拨向"TERM"状态,在运行程序的同时还可以监视程序运行的状态。模拟量电位器可用于定时器的外设定及脉冲输出等场合。

3. S7-200 PLC CPU 模块

从 CPU 模块的功能来看,SIMATIC S7-200 系列小型可编程控制器发展至今,大致经历了下面两代产品。

第一代产品:其 CPU 模块为 CPU 21x,主机都可进行扩展。S7-21x 系列有 CPU 212、CPU 214、CPU 215 和 CPU 216 等几种型号。

第二代产品:其 CPU 模块为 CPU 22x,是在 21 世纪初投放市场的,速度快,具有较强的通信能力。S7-22x 系列主要有 CPU 221、CPU 222、CPU 224、CPU 226 和 CPU 224XP 等几种型号,除 CPU 221 之外,其他都可加扩展模块。

2004 年,西门子公司推出了 S7-200 CN 系列 PLC,是专门针对中国市场的产品。

对于每个型号,有下面直流(24 V)和交流(120～220 V)两种电源供电的 CPU 类型。

DC/DC/DC:说明 CPU 是直流供电,直流数字量输入,数字量输出点是晶体管直流电路的类型。

AC/DC/Relay:说明 CPU 是交流供电,直流数字量输入,数字量输出点是继电器触点的类型。

对于 S7-200 CPU 上的输出点来说,凡是 DC 24 V 供电的 CPU 都是晶体管输出,凡是 AC 220 V 交流供电的 CPU 都是继电器触点输出。

不同型号的 CPU 模块具有不同的规格参数。表 2.1 为 S7-200 CPU 22x 系列的技术指标。

表 2.1　S7-200 CPU 22x 系列的技术指标

特　　性		CPU 221	CPU 222	CPU 224	CPU 224XP	CPU 226
外形尺寸/(mm×mm×mm)		90×80×62		120.5×80×62	140×80×62	190×80×62
程序存储器/KB	运行模式下能编辑	4	4	8	12	16
	运行模式下不能编辑	4	4	12	16	24
数据存储器		2	2	8	10	10
掉电保持时间(电容)/h		50		100		
本机 I/O	数字量	6 入/4 出	8 入/6 出	14 入/10 出	14 入/10 出	24 入/16 出
	模拟量	无	无	无	2 入/1 出	无
扩展模块/个		0	2	7	7	7
高速计数器		共 4 路	共 4 路	共 6 路	共 6 路	共 6 路
单相		4 路 30 kHz	4 路 30 kHz	6 路 30 kHz	4 路 30 kHz 2 路 200 kHz	6 路 30 kHz
双相		2 路 20 kHz	2 路 20 kHz	4 路 20 kHz	3 路 20 kHz 1 路 100 kHz	4 路 20 kHz

续表

特　性	CPU 221	CPU 222	CPU 224	CPU 224XP	CPU 226
脉冲输出(DC)	2 路 20 kHz			2 路 100 kHz	2 路 20 kHz
模拟电位器/个	1	1	2	2	2
实时时钟	配时钟卡	配时钟卡	内置	内置	内置
通信口	1 RS485	1 RS485	1 RS485	2 RS485	2 RS485
浮点数运算	有				
数字量 I/O 映像区	128 入/128 出				
模拟量 I/O 映像区	无	16 入/16 出	32 入/32 出		
布尔指令执行速度	0.22 μs/指令				
供电能力 /mA　DC 5 V	0	340	660		1000
DC 24 V	180	180	280		400

S7-200 系列 CPU 模块端子接线基本相同,例如 S7-200 CPU 222 端子接线如图 2.8 所示。左边为 CPU 222 DC/DC/DC 型,即直流供电,直流数字量输入,数字量输出点是晶体管直流电路的类型。机身下端为输入端子及 DC 24 V 电源输出端子,8 路输入分为两组,均为 DC 24 V 直流,支持源型和漏型输入方式,1M 和 2M 为各组的电源公共端。机身上端为输出及电源端子。目前,晶体管输出点只有源型输出一种。

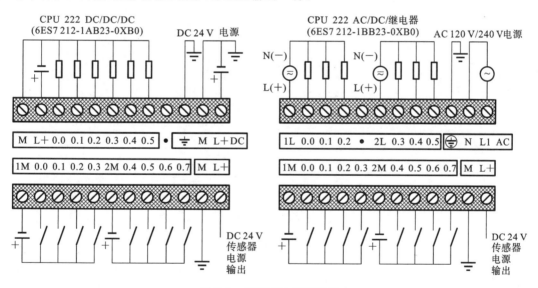

图 2.8　CPU 222 端子接线

右边为 CPU 222 AC/DC/Relay 型,即交流供电,直流数字量输入,数字量输出点是继电器触点的类型。输入电路和直流供电的完全相同,输出点既可以接直流信号,也可以接 AC 120 V/240 V。

小　　结

1. PLC 的特点及应用领域。

2. PLC 的工作原理。

3. S7-200 系列 PLC 的输入输出接线。

习　　题

1. 舰船上还有哪些设备可以使用 PLC 作为控制器？

2. PLC 有哪些优点和缺点？为什么？

3. S7-200 系列 PLC 有哪几种工作方式？解释每种工作方式的使用场合。

4. S7-200 系列 PLC 的输入和输出怎样接线？

5. 举例说明常见的哪些设备可以作为 PLC 的输入设备和输出设备。

第3章 PLC 编程语言及应用实例

PLC 的编程语言与后面将要学习的 ARM 及 DSP 的编程语言有很大的区别。PLC 的编程主要采用梯形图方式。本章主要介绍梯形图编程的基础知识,包括数据类型、元件功能与地址分配,以及梯形图中常用的指令;最后结合电磁弹射附属设施中冷却水泵的启动装置以及高压开关控制的实例,分析 PLC 的应用方法。

3.1 PLC 编程基础知识

3.1.1 数据的存储类型

S7-200 PLC 将信息存于不同的存储器单元,每个单元都有唯一的地址。表 3.1 列出了不同长度的数据所表示的数值范围。

表 3.1 数据长度和数值范围

数 据 类 型	数 据 长 度	数 值 范 围
位(bit)	1 位	0、1
字节(byte)	8 位	0~255
字(word)	16 位	0~65535
整型(int)	16 位	0~65535(无符号)
双整型(dint)	32 位	0~4294967295(无符号)
双字(dword)	32 位	0~4294967295
实数(real)	32 位	$1.175 \times 10^{-38} \sim 3.402 \times 10^{38}$
字符(char)	8 位	0~255

在 S7-200 PLC 中许多指令都用到常数,常数有多种表示方法,如二进制、十六进制等。在表述二进制和十六进制常数时,要在数据前分别加 2♯ 或 16♯,例如:二进制常数 2♯1100,十六进制常数 16♯234B1。另外如要存取存储区的某一位,则必须指定地址,包括存储器标识符、字节地址和位地址,其中字节地址和位地址之间用点号隔开,如 I0.0。

3.1.2 元件的功能与地址分配

1) 输入过程映像寄存器(I)

输入过程映像寄存器的作用:采样,并将采样值写入输入过程映像寄存器中。输入过程映像寄存器的特点：① 只能由外部驱动，其常开、常闭触点使用次数不受限制；② 可以按位、字节、字或双字来存取输入过程映像寄存器中的数据。

位格式：I[字节地址].[位地址]，如 I0.1。

字节、字或双字格式：I[长度][起始字节地址]，如 IB4。

2）输出过程映像寄存器（Q）

输出过程映像寄存器的作用：在每次扫描周期的结尾，CPU 将输出过程映像寄存器中的数值复制到物理输出点上。输出过程映像寄存器的特点：① 其常开、常闭触点使用次数不受限制；② 可以按位、字节、字或双字来存取输出过程映像寄存器中的数据。

位格式：Q[字节地址].[位地址]，如 Q1.1。

字节、字或双字格式：Q[长度][起始字节地址]，如 QB5。

3）变量存储区（V）

变量存储区的作用：存储程序执行过程中控制逻辑操作的中间结果，也可以保存与工序或任务相关的其他数据。变量存储区的特点：① 变量存储区在全局有效，可以被所有的 POU（程序组织单元）存取；② 可以按位、字节、字或双字来存取变量存储区中的数据。

位格式：V[字节地址].[位地址]，如 V10.2。

字节、字或双字格式：V[长度][起始字节地址]，如 VW100。

4）位存储区（M）

位存储区的作用：可以用作控制继电器来存储中间操作状态和控制信息。位存储区的特点：可以按位、字节、字或双字来存取位存储区中的数据。

位格式：M[字节地址].[位地址]，如 M26.7。

字节、字或双字格式：M[长度][起始字节地址]，如 MD20。

5）局部存储器（L）

局部存储器的作用：S7-200 PLC 有 64 个字节的局部存储器，其中 60 个可以用作临时存储器或者给子程序传递参数。局部存储器的特点：① S7-200 PLC 给每个 POU 分配 64 个局部存储器；② 局部存储器只在创建它的程序单元中有效，各程序不能访问别的程序的局部存储器；③ 局部存储器在参数传递过程中不传递值，在分配时不被初始化，可能包含任意数值。

位格式：L[字节地址].[位地址]，如 L0.0。

字节、字或双字格式：L[长度][起始字节地址]，如 LB33。

6）模拟量输入（AI）

模拟量输入的作用：S7-200 PLC 将输入的模拟量值（如温度或电压）转换成 1 个字长（16位）的数字量，并将其存入占一个字长的地址中。模拟量输入的特点：① 可以用区域标识符（AI）、数据长度（W）及字节的起始地址（必须用偶数字节地址如 AIW0、AIW2、AIW4）来存取这些值；② 模拟量输入值为只读数据。

格式：AIW[起始字节地址]，如 AIW4。

7）模拟量输出（AQ）

模拟量输出的作用：S7-200 PLC 把 1 个字长（16 位）的数字量按比例转换为相应大小的电流或电压输出。模拟量输出的特点：① 可以用区域标识符（AQ）、数据长度（W）及字节的起始地址（必须用偶数字节地址如 AQW0、AQW2、AQW4）来存取这些值；② 模拟量输出值是只写数据。

格式：AQW[起始字节地址]，如 AQW4。

8）定时器存储区（T）

定时器可用于时间累计。S7-200 CPU 中有 256 个定时器，其分辨率（时基增量）分为 1 ms、10 ms 和 100 ms 三种。定时器有两个变量：① 当前值——16 位有符号整数，存储定时器所累计的时间；② 定时器位——按照当前值和预置值的比较结果置位或者复位。定时器存储区的特点：① 可以用定时器地址（T＋定时器号，如 T37、T3 等）来存取当前值和定时器位数据；② 位操作指令用于存取定时器位；如果使用字操作指令，则存取定时器当前值。

格式：T［定时器号］，如 T24。

9）计数器存储区（C）

计数器可以用于累计其输入端脉冲电平由低到高的次数。在 S7-200 CPU 中有 256 个计数器，分为三种类型：增计数器、减计数器、增/减计数器。计数器有两个变量：① 当前值——16 位有符号整数，存储累计值；② 计数器位——按照当前值和预置值的比较结果置位或者复位。计数器存储区的特点：① 可以用计数器地址（C＋计数器号）来存取计数器的当前值和计数器位数据；② 使用位操作指令可存取计数器位；如果使用字操作指令，则存取计数器当前值。

格式：C［计数器号］，如 C24。

10）高速计数器（HC）

高速计数器的作用：对高速事件计数。S7-200 CPU 222 及以上型号提供了 6 个高速计数器（HC0～HC5）供用户使用。高速计数器的特点：① 它独立于 CPU 的扫描周期；② 高速计数器的当前计数值（32 位有符号整数）是只读数据，仅可以作为双字（32 位）来寻址；③用指定存储器类型（HC）加上计数器号（如 HC0）的寻址方式来存取高速计数器中的值。

格式：HC［高速计数器号］，如 HC1。

11）累加器（AC）

累加器的作用：累加器是可以像存储器一样使用的读写设备。例如，可以用它来向子程序传递参数，也可以从子程序返回参数，以及用来存储计算的中间结果。S7-200 PLC 提供 4 个 32 位累加器（AC0、AC1、AC2 和 AC3）。累加器的特点：① 可以按字节、字或双字的形式来存取累加器中的数值；② 被访问的数据长度取决于存取累加器中数值时所使用的指令。

格式：AC［累加器号］，如 AC0。

12）特殊存储器（SM）

特殊存储器的作用：SM 位为 CPU 与用户程序之间传递信息提供了一种手段，可以用这些位选择和控制 S7-200 CPU 的一些特殊功能。特殊存储器的特点：可以按位、字节、字或双字来存取 SM 位。

位格式：SM［字节地址］.［位地址］，如 SM0.1。

字节、字或者双字格式：SM［长度］［起始字节地址］，如 SMB86。

特殊存储器的地址有效范围为 SM0～SM549，全部掌握是比较困难的，使用时请参考有关手册。常用的特殊存储器如表 3.2 所示。

13）顺序控制继电器存储器（S）

顺序控制继电器（SCR）提供控制程序的逻辑分段，用于组织设备的顺序操作。顺序控制继电器存储器的特点：① 可用作顺序控制编程元件，与顺序控制继电器指令配合使用；② 可用作辅助继电器，按位、字节、字或双字来存取 S 位。

表 3.2　常用特殊存储器

SM 位	描　　　述
SM0.0	该位始终为 1
SM0.1	该位在首次扫描时为 1,用途是调用初始化程序
SM0.2	该位用于错误存储器位
SM0.3	开机后进入运行方式
SM0.4	该位提供一个时钟脉冲,周期为 1 min
SM0.5	该位提供一个时钟脉冲,周期为 1 s
SM0.6	该位为扫描时钟

位格式：S［字节地址］.［位地址］,如 S3.1。

字节、字或者双字格式：S［长度］［起始字节地址］,如 SB4。

3.1.3　STEP 7-Micro/WIN 编程的概念和规则

基于计算机的编程软件 STEP 7-Micro/WIN 提供了不同的编辑器,用于创建控制程序。对于初学者来说,在语句表、梯形图、功能块图这三种编辑器中,梯形图逻辑编辑器最易于了解和使用,故而下面主要以梯形图逻辑编辑器(简称 LAD 编辑器)为例,介绍 STEP 7-Micro/WIN 编程的一些基本概念和规则。

1. 网络

在梯形图中,程序被分成称为"网络"的一些段。一个网络是触点、线圈和功能框的有序排列。能流只能从左向右流动,网络中不能有断路、开路和反方向的能流。STEP 7-Micro/WIN 32 允许以网络为单位给梯形图程序加注释。

功能图块(FBD)程序使用网络概念给程序分段和加注释。

语句表(STL)程序不使用网络,但是,可以使用 Network 这个关键词对程序分段。可以将 STL 程序转换成 LAD 或 PBD 程序。

2. 执行分区

在 LAD、PBD 或 STL 中,一个程序应包含一个主程序。除此之外,还可以包括一个或多个子程序或者中断程序。通过选择 STEP 7-Micro/WIN 32 的分区选项,可以容易地在程序之间进行切换。

3. EN/ENO

EN(使能输入)是 LAD 和 FBD 中功能块的布尔量输入。对于要执行的功能块,这个输入必须存在能流。在 STL 中,指令没有使能输入,但是对于要执行的 STL 语句,栈顶的值必须是"1",指令才能执行。

ENO(使能输出)是 LAD 和 FBD 中功能块的布尔量输出。它可以作为下一个功能块的使能输入,即几个功能块可以串联在一行中。只有前一个功能块被正确执行,该功能块的使能输出才能把能流传到下一个功能块,下一个功能块才能被执行。如果在执行过程中存在错误,那么能流就在出现错误的功能块处终止。

在 SIMATIC STL 中没有使能输出,但是,与带有使能输出的 LAD 和 FBD 指令相对应的

STL 指令设置了一个使能输出位。可以用 STL 指令的 AENO(AND ENO)指令存取使能输出位,可以用来产生与功能块的使能输出相同的效果。

4. 条件输入、无条件输入指令

必须有能流输入才能执行的功能块或线圈指令称为条件输入指令,它们不能直接连接到左侧母线上。如果需要无条件执行这些指令,可以用接在左侧母线上的 SM0.0(如果 PLC 正常,则该位始终为 1)的常开触点来驱动它们。

有的线圈或功能块的执行与能流无关,例如标号指令(LBL)和顺序控制指令(SCR)等,称为无条件输入指令,应将它们直接接在左侧母线上。

5. 无输出的指令

不能级联的指令块没有使能输出端和能流流出,如子程序调用、JMP(跳转)、CRET(有条件返回)等。也有只能放在左侧母线的梯形图线圈,它们包括 LBL、NEXT(循环)、SCR 等。

6. LAD 编辑器符号说明

被编程软件自动加双引号的符号名表示其是全局符号名。符号"♯varl"中的"♯"表示该符号后的 varl 是局部变量。

方框□提示要进行输入操作的位置。红色问号"??.?"或"????"表示需要输入的地址或数值。红色波浪线或红字提示操作数错误,绿色波浪线表示使用的变量或符号未经定义。

梯形图中的符号"→"表示输出的是一个可选的能流,用于指令的级联。

梯形图中的符号"→≫"指示有一个值或一个能流可以使用。

3.2　PLC 常用指令

3.2.1　位逻辑指令

位逻辑指令针对触点和线圈进行运算操作。触点及线圈指令是 PLC 中应用最多的指令。

使用时要弄清指令的逻辑含义以及指令在两种表达形式(梯形图与指令语句)中的对应关系。

1. 触点指令

以下以 S7-200 系列 PLC 指令为主首先介绍触点指令,S7-200 系列 PLC 的触点指令见表 3.3。从表中可见,有的一个梯形图(LAD)指令对应多个语句表(STL)指令,说明梯形图编程比语句表编程简单、直观。

表 3.3　S7-200 系列 PLC 触点指令

指 令 名 称	LAD	STL	功　　能
常开触点	bit —┤├—	LD bit	常开触点与左侧母线相连接
		A bit	常开触点与其他程序段串联
		O bit	常开触点与其他程序段并联
常闭触点	bit —┤/├—	LDN bit	常闭触点与左侧母线相连接
		AN bit	常闭触点与其他程序段串联
		ON bit	常闭触点与其他程序段并联

续表

指令名称	LAD	STL	功　　能
立即常 开触点	bit —┤├—	LDI bit	立即常开触点与左侧母线相连接
		AI bit	立即常开触点与其他程序段串联
		OI bit	立即常开触点与其他程序段并联
立即常 闭触点	bit —┤/├—	LDNI bit	立即常闭触点与左侧母线相连接
		ANI bit	立即常闭触点与其他程序段串联
		ONI bit	立即常闭触点与其他程序段并联
取反	—NOT—	NOT	改变能流输入的状态
正跳变	—┤P├—	EU	检测到一次正跳变(上升沿),能流接通一个扫描周期
负跳变	—┤N├—	ED	检测到一次负跳变(下降沿),能流接通一个扫描周期

常开触点和常闭触点称为标准触点,其操作数为 I、Q、V、M、SM、S、T、C、L 等。立即触点(立即常开触点和立即常闭触点)的操作数为 I。触点指令的数据类型均为布尔型。

常开触点对应的存储器地址位为 1 状态时,该触点闭合,在语句表中,用 LD(load,装载)、A(and,与)和 O(or,或)指令来表示。

常闭触点对应的存储器地址位为 0 状态时,该触点闭合,在语句表中,用 LDN(load not)、AN(and not)和 ON(or not)指令来表示,触点符号中间的"/"表示常闭。

立即触点并不依赖于 S7-200 PLC 的扫描周期刷新,它会立即刷新。立即触点指令只能用于输入量 I。执行立即触点指令时,立即读入物理输入点的值,根据该值决定触点的接通/断开状态,但是并不更新该物理输入点对应的输入映像存储器的值。

取反触点将它左边电路的逻辑运算结果取反,逻辑运算结果若为 1 则变为 0,若为 0 则变为 1,即取反指令改变能流输入的状态,该指令没有操作数。

正跳变触点指令对其之前的逻辑运算结果的上升沿产生一个宽度为一个扫描周期的脉冲。正跳变触点指令的助记符为 EU(edge up,上升沿),指令没有操作数,触点符号中间的"P"表示正跳变(positive transition)。

负跳变触点指令对其之前的逻辑运算结果的下降沿产生一个宽度为一个扫描周期的脉冲。负跳变触点指令的助记符为 ED(edge down,下降沿),指令没有操作数,触点符号中间的"N"表示负跳变(negative transition)。

正、负跳变触点指令常用于启动及关断条件的判定,以及配合功能指令完成一些逻辑控制任务。由于正跳变触点指令和负跳变触点指令要求上升沿或下降沿的变化,所以不能在第一个扫描周期中检测到上升沿或者下降沿的变化。

2. 线圈指令

线圈指令用来表达一段程序的运算结果。线圈指令包括普通线圈指令、置位及复位线圈指令和立即线圈指令等类型。

普通线圈指令(=)又称为输出指令,在工作条件满足时,指定位对应的映像存储器为 1,反之则为 0。

置位线圈指令 S 在相关工作条件满足时,从指定的位地址开始使 N 个位地址都被置位

（变为 1），$N=1\sim255$。工作条件失去后，这些位仍保持置 1，复位需用复位线圈指令。执行复位线圈指令 R 时，从指定的位地址开始的 N 个位地址都被复位（变为 0），$N=1\sim255$。

如果对定时器状态位（T）或计数器位（C）复位，则不仅复位了定时器/计数器位，而且定时器/计数器的当前值也被清零。

立即线圈指令（＝I），又称为立即输出指令，"I"表示立即。当指令执行时，新值会同时被写到输出映像存储器和相应的物理输出，这一点不同于非立即指令（非立即指令执行时只把新值写入输出映像存储器，而物理输出的更新要在 PLC 的输出刷新阶段进行）。该指令只能用于输出量 Q。

S7-200 系列 PLC 的线圈指令见表 3.4。

表 3.4　S7-200 系列 PLC 线圈指令

指 令 名 称	LAD	STL	功　能
输出	bit —( )	＝　bit	将运算结果输出
立即输出	bit —(I)	＝I　bit	将运算结果立即输出
置位	bit —(S) N	S　bit,N	将从指定地址开始的 N 个点置位
复位	bit —(R) N	R　bit,N	将从指定地址开始的 N 个点复位
立即置位	bit —(SI) N	SI　bit,N	立即将从指定地址开始的 N 个点置位
立即复位	bit —(RI) N	RI　bit,N	立即将从指定地址开始的 N 个点复位
无操作	N NOP	NOP N	指令对用户程序执行无效。在 FBD 模式中不可使用该指令。操作数 N 为 $0\sim255$

3. 触点、线圈指令示例

触点、线圈指令编程示例如图 3.1 所示，其时序图如图 3.2 所示。

4. 触发器指令

置位优先触发器是一个置位优先的锁存器，其梯形图符号见图 3.3(a)。当置位信号（S1）为真时，输出为真。

复位优先触发器是一个复位优先的锁存器，其梯形图符号见图 3.3(b)。当复位信号（R1）为真时，输出为假。

bit 参数用于指定被置位或者复位的布尔参数。可选的输出反映 bit 参数的信号状态。

表 3.5 为触发器指令的有效操作数表。表 3.6 为触发器指令真值表。

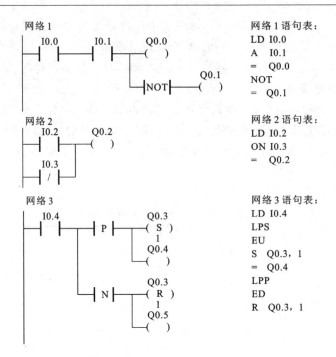

图 3.1　触点、线圈指令编程示例

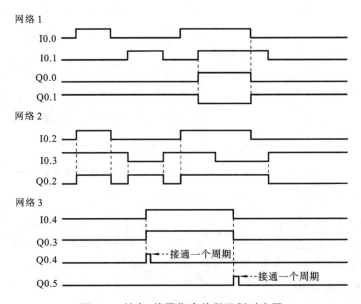

图 3.2　触点、线圈指令编程示例时序图

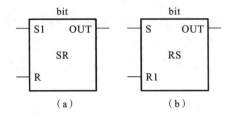

图 3.3　触发器指令的梯形图符号

表 3.5　触发器指令有效操作数表

输入/输出	数据类型	操作数
S1,R	BOOL	I、Q、V、M、SM、S、T、C、能流
S,R1,OUT	BOOL	I、Q、V、M、SM、S、T、C、L、能流
bit	BOOL	I、Q、V、M、S

表 3.6　触发器指令真值表

指　　　令	S1	R	OUT(bit)
置位优先指令(SR)	0	0	保持前一状态
	0	1	0
	1	0	1
	1	1	1
指令	S	R1	OUT(bit)
复位优先指令(RS)	0	0	保持前一状态
	0	1	0
	1	0	1
	1	1	0

图 3.4 为触发器指令示例的梯形图和时序图。

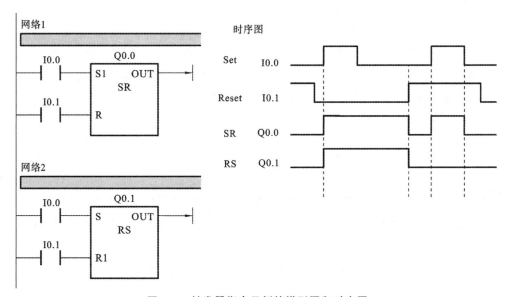

图 3.4　触发器指令示例的梯形图和时序图

3.2.2　定时器指令

1. 定时器概述

定时器指令用来规定定时器的功能,S7-200 CPU 提供了 256 个定时器,共有三种类型:接通延时定时器(TON)、有记忆接通延时定时器(TONR)和断开延时定时器(TOF)。

定时器对时间间隔计数,时间间隔称为分辨率,又称为时基。S7-200 定时器有三种分辨率:1 ms、10 ms 和 100 ms。定时器分类及特征如表 3.7 所示。

表 3.7　定时器分类及特征

定时器类型	分辨率/ms	最长定时值/s	定时器号
TONR	1	32.767	T0,T64
	10	327.67	T1～T4,T65～T68
	100	3276.7	T5～T31,T69～T95
TON,TOF	1	32.767	T32,T96
	10	327.67	T33～T36,T97～T100
	100	3276.7	T37～T63,T101～T255

定时器的分辨率决定了每个时间间隔的长短。例如:一个以 10 ms 为分辨率的接通延时定时器,在启动输入位接通后,以 10 ms 的时间间隔计数,若 10 ms 的定时器计数值为 50,则代表 500 ms。定时器号决定了定时器的分辨率。

对于分辨率为 1 ms 的定时器,定时器状态位和当前值的更新不与扫描周期同步。对于大于 1 ms 的程序扫描周期,定时器状态位和当前值在一次扫描内刷新多次。

对于分辨率为 10 ms 的定时器,定时器状态位和当前值在每个程序扫描周期的开始刷新。定时器状态位和当前值在整个扫描周期过程中为常数。在每个扫描周期的开始会将一个扫描累计的时间间隔加到定时器当前值上。

对于分辨率为 100 ms 的定时器,定时器状态位和当前值在指令执行时刷新。因此,为了使定时器保持正确的定时值,要确保在一个程序扫描周期中,只执行一次 100 ms 定时器指令。

从表 3.7 中可以看出 TON 和 TOF 使用相同范围的定时器号。应该注意,在同一个 PLC 程序中,一个定时器号只能使用一次。即在同一个 PLC 程序中,不能既有接通延时定时器 T32,又有断开延时定时器 T32。

表 3.8 所示为定时器指令(LAD 和 STL 格式)。以表中的接通延时定时器为例,T33 为定时器号,IN 为位能输入位,接通时启动定时器,10 ms 为 T33 的分辨率,PT 为预置值,* 可以为 IW、QW、VW、MW、SMW、SW、LW、T、C、AC、AIW、* VD、* LD、* AC、常数。定时器的定时时间等于其分辨率和预置值的乘积。使用软件 STEP 7 Micro/WIN 梯形图方式编程时,所使用定时器指令可选的定时器号及对应的分辨率有工具提示(将光标放在计时器框内稍等片刻即可看到)。

表 3.8　定时器指令

形　式	指令名称		
	接通延时定时器	有记忆接通延时定时器	断开延时定时器
LAD	T33 ─┤IN　TON├ *─┤PT　10 ms├	T4 ─┤IN　TONR├ *─┤PT　10 ms├	T37 ─┤IN　TOF├ *─┤PT　100 ms├
STL	TON　T33,*	TONR　T4,*	TOF　T37,*

2. 接通延时定时器 TON

接通延时定时器 TON 用于单一间隔的定时。当启动输入 IN 接通时,接通延时定时器开始计时,当定时器的当前值大于或等于预置值(PT)时,该定时器状态位被置位。当启动输入 IN 断开时,接通延时定时器复位,当前值被清除(即在定时过程中,启动输入需一直接通)。达到预置值后,定时器仍继续定时,达到最大值 32767 时停止。图 3.5 所示为接通延时定时器使用举例,图 3.6 为其时序图。

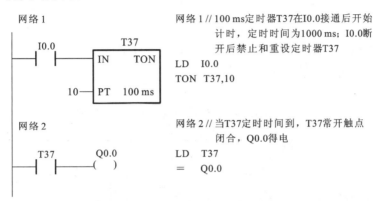

图 3.5　接通延时定时器使用举例

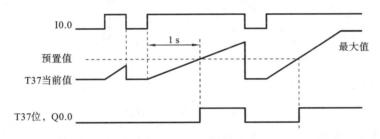

图 3.6　接通延时定时器时序图

从时序图中可以看出:定时器 T37 在 I0.0 接通后开始计时,当定时器的当前值等于预置值(即延时 100 ms×10＝1 s)时,T37 位置 1(其常开触点闭合,Q0.0 得电)。此后,如果 I0.0 仍然接通,定时器继续计时直到达到最大值 32767,T37 位保持接通直到 I0.0 断开。任何时刻,只要 I0.0 断开,T37 就复位,定时器状态位为 OFF,当前值为 0。

3. 有记忆接通延时定时器 TONR

有记忆接通延时定时器 TONR 用于累计多个时间间隔。和 TON 相比,它具有以下几个不同之处:① 当启动输入 IN 接通时,TONR 以上次的保持值作为当前值开始计时;② 当启动输入 IN 断开时,TONR 的定时器状态位和当前值保持最后状态;③ 上电周期开始或首次扫描时,TONR 的定时器状态位为 OFF,当前值为掉电之前的值。因此 TONR 只能用复位指令 R 进行复位(可参见图 3.7)。图 3.7 所示为有记忆接通延时定时器 TONR 使用举例,图 3.8 为其时序图。

4. 断开延时定时器 TOF

断开延时定时器 TOF 用于关断或故障事件后的延时,例如在电机停止后,需要冷却电机。当启动输入接通时,定时器状态位立即接通,并把当前值设为 0。当启动输入断开时,定时器开始计时,直到达到预设的时间。当达到预设时间时,定时器状态位断开,并且停止计时

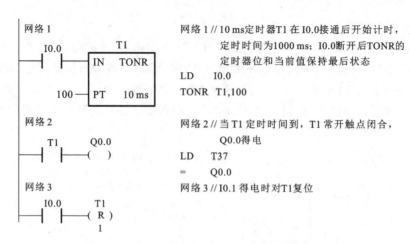

网络1 // 10 ms定时器T1 在I0.0接通后开始计时，定时时间为1000 ms；I0.0断开后TONR的定时器位和当前值保持最后状态

```
LD     I0.0
TONR   T1,100
```

网络2 // 当T1 定时时间到，T1 常开触点闭合，Q0.0得电

```
LD     T37
=      Q0.0
```

网络3 // I0.1得电时对T1复位

图 3.7　有记忆接通延时定时器 TONR 使用举例

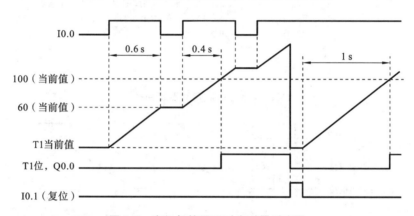

图 3.8　有记忆接通延时定时器时序图

当前值。当启动输入断开的时间短于预设时间时，定时器状态位保持接通。TOF 必须用使能输入的下降沿启动计时。图 3.9 所示为断开延时定时器 TOF 使用举例，图 3.10 为其时序图。

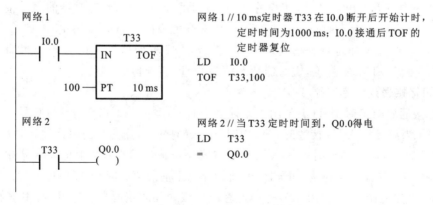

网络1 // 10 ms定时器 T33 在I0.0断开后开始计时，定时时间为1000 ms；I0.0接通后 TOF 的定时器复位

```
LD     I0.0
TOF    T33,100
```

网络2 // 当 T33 定时时间到，Q0.0得电

```
LD     T33
=      Q0.0
```

图 3.9　断开延时定时器 TOF 使用举例

3.2.3　计数器指令

计数器用来累计输入脉冲（上升沿）的个数，当计数器达到预置值时，计数器发生动作，以

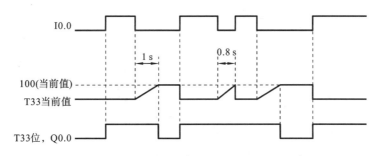

图 3.10 断开延时定时器时序图

完成计数控制任务。S7-200 CPU 提供了 256 个计数器,分为以下三种类型:加计数器 (CTU)、减计数器(CTD)、加/减计数器(CTUD)。计数器指令如表 3.9 所示。

表 3.9 计数器指令

形 式	指 令 名 称		
	加计数器(CTU)	减计数器(CTD)	加/减计数器(CTUD)
LAD	Cxxx CU CTU R PV	Cxxx CD CTD LD PV	Cxxx CU CTUD CD R PV
STL	CTU Cxxx,PV	CTD Cxxx,PV	CTUD Cxxx,PV

在表 3.9 中:Cxxx 为计数器号,取 C0~C255(因为每个计数器有一个当前值,不要将相同的计数器号指定给一个以上计数器);CU 为加计数器信号输入端,CD 为减计数器信号输入端;R 为复位输入;LD 为预置值装载信号输入(相当于复位输入);PV 为预置值。计数器的当前值是否掉电保持可以由用户设置。

1. 加计数器指令

每个加计数器有一个 16 位的当前值寄存器及一个状态位。对于加计数器,在 CU 输入端,每当一个上升沿到来时,计数器当前值加 1,直至计数到最大值(32767)。当当前计数值大于或等于预置计数值(PV)时,该计数器状态位被置位(置 1),计数器的当前值仍被保持。如果在 CU 输入端仍有上升沿到来,计数器仍计数,但不影响计数器的状态位。当复位端(R)置位时,计数器被复位,即当前值清零,状态位也清零。

图 3.11 所示为加计数器指令使用举例,(a)为梯形图,(b)为时序图。加计数器 C40 对 CU 输入端(I0.0)的脉冲累加值达到 3 时,计数器的状态位被置 1,C40 常开触点闭合,使 Q0.0 得电;直至 I0.1 触点闭合,使计数器 C40 复位,Q0.0 失电。

2. 减计数器指令

每个减计数器有一个 16 位的当前值寄存器及一个状态位。对于减计数器,当复位端 LD 输入脉冲上升沿信号时,计数器被复位,减计数器被装入预置值(PV),状态位被清零,但是启动对 CD 的计数是在该脉冲的下降沿时。

当启动计数后,在 CD 输入端,每当一个上升沿到来时,计数器当前值减 1,当当前计数值等于 0 时,该计数器状态位被置位,计数器停止计数。如果在 CD 输入端仍有上升沿到来,计

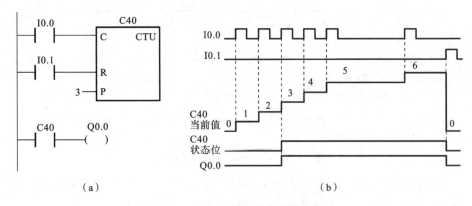

图 3.11　加计数器指令使用举例

数器当前值仍保持为 0,且不影响计数器的状态位。图 3.12 所示为减计数器指令使用举例,
(a)为梯形图,(b)为时序图。I0.1 的上升沿信号给 C1 复位端(LD)一个复位信号,使其状态
位为 0,同时 C1 被装入预置值 3。C1 的输入端 CD 累积脉冲达到 3 时,C1 的当前值减到 0,C1
的状态位置 1,使 Q0.0 得电;直至 I0.1 的下一个上升沿到来,C1 复位,状态位为 0,C1 再次被
装入预置值 3。

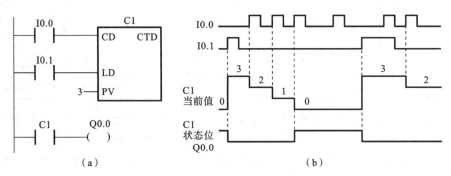

图 3.12　减计数器指令使用举例

3. 加/减计数器指令

加/减计数器兼有加计数器和减计数器的双重功能,在每一个加计数输入端(CU)的上升
沿时加计数,在每一个减计数输入端(CD)的上升沿时减计数。计数器的当前值保存当前计数
值。在每一次计数器执行时,预置值 PV 与当前值作比较。当 CTUD 当前值大于或等于预置
值 PV 时,计数器状态位置位;否则,计数器状态位复位。当复位端(R)接通或者执行复位指
令后,计数器被复位。

当达到最大值(32767)时,加计数输入端的下一个上升沿导致当前计数值变为最小值
(−32768)。当达到最小值(−32768)时,减计数输入端的下一个上升沿导致当前计数值变为最
大值(32767)。图 3.13 所示为加/减计数器指令使用举例,(a)为梯形图,(b)为时序图。

3.2.4　程序控制指令

程序控制指令使程序结构灵活,合理使用该类指令可以优化程序结构,增强程序功能。程
序控制指令如表 3.10 所示。

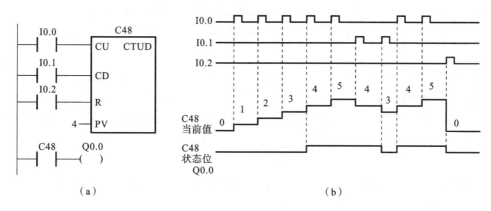

图 3.13　加/减计数器指令使用举例

表 3.10　程序控制指令

指令名称		LAD	STL	指令功能
循环指令	FOR	FOR EN　ENO INDX INIT FINAL	FOR INDX, INIT,FINAL	循环开始指令,INDX 为当前循环次数计数器,INIT 为循环初值,FINAL 为循环终值,它们的数据类型均为整数
	NEXT	—(NEXT)	NEXT	循环结束指令
跳转指令 JMP		*n* —(JMP)	JMP *n*	可使程序流程转移到同一程序中指定的标号(*n*)处,和标号指令成对使用
标号指令 LBL		*n* LBL	LBL *n*	使程序跳转到指定的目标位置(*n*)
顺序控制继电器指令	装载 SCR	S bit SCR	LSCR　S bit	将 S 位的值装载到 SCR 和逻辑堆栈中
	传输 SCR	S bit —(SCRT)	SCRT　S bit	将程序控制权从一个激活的 SCR 段传递到另一个 SCR 段
	结束 SCR	—(SCRE)	SCRE	可以使程序退出一个激活的程序段而不执行 CSCRE 与 SCRE 之间的指令
条件结束指令		—(END)	END	根据前面的逻辑关系终止当前的扫描周期
停止指令		—(STOP)	STOP	使 PLC 从运行模式进入停止模式
看门狗复位指令		—(WDR)	WDR	允许 S7-200 CPU 的系统看门狗定时器被重新触发

1. 循环指令

在遇到需要多次重复执行的任务时,可以使用循环指令。循环指令有两条:FOR、NEXT

（两条指令必须成对使用）。FOR 为循环开始指令，用来标记循环体的开始。NEXT 为循环结束指令，用来标记循环体的结束，NEXT 指令无操作数。FOR 和 NEXT 之间的程序段称为循环体。

FOR 指令使用时必须设置 INDX、INIT、FINAL 参数，INDX 为当前循环次数计数器，INIT 为循环初值，FINAL 为循环终值，它们的数据类型均为整数。每执行一次循环体，当前循环次数计数值加 1，并与循环终值比较，如果大于终值，则终止循环，否则反复执行循环体。

FOR/NEXT 循环指令允许嵌套，即 FOR/NEXT 循环可以在另一个 FOR/NEXT 循环之中，最多可以嵌套 8 层。如图 3.14 所示，I2.0 接通阶段执行 100 次外循环（图中标有 1 的回路），I2.0 和 I2.1 同时接通时，外循环每执行 1 次，内循环（图中标有 2 的回路）执行 2 次。

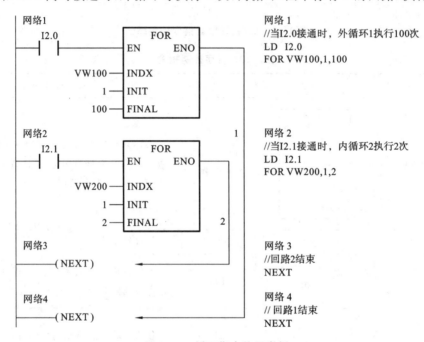

图 3.14　循环指令使用举例

2. 跳转及标号指令

跳转及标号指令必须成对使用，跳转指令（JMP）使程序流程转移到同一程序中指定的标号(n)处。标号指令（LBL）使程序跳转到指定的目标位置(n)。跳转及标号指令可以分别用在主程序、子程序或中断程序中，但不能从主程序跳到子程序或中断程序，同样也不能从子程序或中断程序跳出。可以在 SCR 段中使用跳转指令，但对应的标号指令必须位于相同的 SCR 段内。操作数 n 取值为 1~255。

图 3.15 所示为跳转及标号指令举例。当 JMP 条件满足（即 I0.0 接通）时，程序跳转，执行 LBL 标号以后的指令（见图 3.15 中实线箭头所示），而在 JMP 和 LBL 之间的指令概不执行，在这个过程中即使 I0.1 接通，Q0.1 也不会得电。当 JMP 条件不满足时，则 I0.1 接通时，Q0.1 得电（见图 3.15 中虚线箭头所示）。

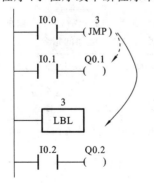

图 3.15　跳转及标号指令举例

3. 顺序控制继电器指令

只要 PLC 应用中包含的一系列操作需要反复执行，就可以使用顺序控制继电器指令使程序更加结构化，直接针对应用，这样可以使编程和调试更加快速和简单。

顺序控制继电器指令中的 S bit 是顺序控制继电器标号。顺序控制继电器有一个使能位（即状态位），从 SCR 开始到 SCRE 结束的所有指令组成 SCR 段。SCR 是一个顺序控制继电器 SCR 段的开始，当 S bit 使能位为 1 时，允许 SCR 段工作。SCR 段必须用 SCRE 指令结束。

SCRT 指令执行 SCR 段的转移。它一方面对下一段 SCR 使能位置位，以使下一个 SCR 段工作；另一方面又同时对本段 SCR 使能位复位，以使本段 SCR 停止工作。SCR 指令只能用在主程序中，不可用在子程序和中断服务程序中。顺序控制继电器的编号为 S0.0～S31.7。

当使用 SCR 时，注意以下限定：

（1）不能把同一个 S 位用于不同程序中；

（2）在 SCR 段之间不能使用 JMP 和 LBL 指令，即不允许跳入、跳出；

（3）在 SCR 段中不能使用 END 指令。

图 3.16 所示为顺序控制继电器指令举例，是用顺序控制继电器控制两条街交通信号灯变化的部分程序。

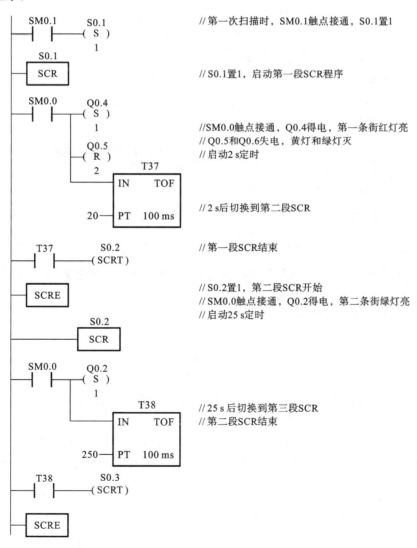

图 3.16　顺序控制继电器指令举例

4. 条件结束指令与停止指令

条件结束指令(END)根据前面的逻辑关系终止当前的扫描周期,只能在主程序中使用,不能在子程序或中断服务程序中使用。STEP 7-Micro/WIN 软件自动在主程序中增加无条件结束指令。

停止指令(STOP)使 PLC 从运行(RUN)模式进入停止(STOP)模式,从而立即终止程序的执行。STOP 指令可以用在主程序、子程序和中断程序中。如果在中断程序中执行停止指令,中断程序立即终止,并忽略全部等待执行的中断,继续扫描主程序的剩余部分,并在当前扫描的最后,完成从 RUN 到 STOP 模式的转变。

5. 看门狗复位指令

看门狗(watchdog)又称为系统监控定时器,它的定时时间为 500 ms,每次扫描它都被自动复位一次。用户程序正常工作时扫描周期小于 500 ms,它不起作用。

若扫描周期大于 500 ms,看门狗就会停止执行用户程序,例如用户程序很长或者出现中断事件执行中断程序的时间较长等。

如果希望程序的扫描周期超过 500 ms,或者在中断事件发生时有可能使程序的扫描周期超过 500 ms,应该使用看门狗复位指令(WDR)来重新触发看门狗。这样可以在不引起看门狗错误的情况下,增加此扫描所允许的时间。

图 3.17 所示为停止、看门狗复位、条件结束指令举例。

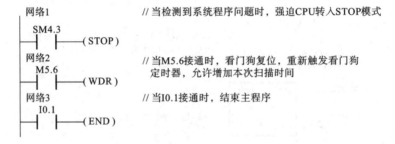

图 3.17 STOP、WDR、END 指令举例

使用 WDR 指令时要小心,如果扫描时间过长,在终止本次扫描之前,下列操作将被禁止:

(1) 通信(自由端口模式除外);

(2) I/O 更新(立即 I/O 除外);

(3) 强制更新;

(4) SM 位更新(不能更新 SM0 和 SM5~SM29);

(5) 运行时间诊断;

(6) 扫描时间超过 24 s 时,10 ms 和 100 ms 定时器不能正确计时;

(7) 在中断程序中的 STOP 指令。

带数字量输出的扩展模块也有一个监控定时器,每次使用 WDR 指令时,应对每个扩展模块的第一个输出字节使用立即写(BIW)指令来复位每个扩展模块的监控定时器。

3.2.5 子程序指令

S7-200 CPU 的控制程序由主程序、子程序和中断程序组成。STEP 7-Micro/WIN 在程序编辑器窗口里为每个 POU 提供一个独立的页。主程序总是第 1 页,后面是子程序和中断程序。

子程序是一个可选的指令的集合,使用子程序可以简化程序代码,使程序结构简单清晰,易于查错和维护。子程序仅在被其他程序调用时执行。同一子程序可以在不同的地方被多次调用,未调用它时不会执行子程序中的指令,因此使用子程序可以减少扫描时间。

如果子程序中只使用局部变量,因为与其他 POU 没有地址冲突,可以将子程序移植到其他项目。为了移植子程序,应避免使用全局符号和变量,例如 V 存储器中的绝对地址。

子程序可以嵌套调用,从主程序算起,一共可以嵌套 8 层。在中断程序中调用的子程序,不能再调用其他子程序。不禁止递归调用(子程序调用自己),但是在使用带子程序的递归调用时应慎重。

因为累加器可在主程序和子程序之间自由传递,所以在子程序调用时,累加器的值既不保存也不恢复。

当子程序在同一个扫描周期内被多次调用时,不能使用上升沿、下降沿、定时器和计数器指令。

1. 建立子程序

STEP 7-Micro/WIN 在打开程序编辑器时,默认提供一个空的子程序 SBR_0,用户可以直接在其中输入程序。除此之外,用户还可以用以下三种方法创建子程序:

(1) 在“编辑”菜单中执行命令“插入”→“子例行程序”;

(2) 在程序编辑器视窗中点击鼠标右键,从弹出菜单中执行“插入”→“子例行程序”;

(3) 用鼠标右键点击指令树上的“程序块”图标,并从弹出的菜单中选择“插入”→“子例行程序”。

用以上三种方法创建子程序后,程序编辑器将从原来的 POU 显示进入新的子程序(可以在其中编程),程序编辑器底部出现新的子程序标签。默认的子程序名是 SBR_N,编号 N 从 0 开始按递增顺序生成,对于 CPU 226XM,N 为 0~127;对其余 CPU,N 为 0~63。用鼠标右键点击子程序图标,在弹出的菜单中选择“重新命名”,可以修改子程序的名称;选择“删除”,可以删除该子程序。在指令树窗口双击新建的子程序图标(或者鼠标左键单击程序编辑器视窗下方的程序名称),就可进入子程序,对它进行编辑。

2. 子程序指令

子程序指令包含子程序的调用指令及子程序的返回指令。子程序调用指令将程序控制权交给子程序 SBR_N,可以使用带参数或不带参数的“调用子例行程序”指令。该子程序执行完成后,程序控制权返回到子程序调用指令的下一条指令。子程序调用指令位于指令树的“调用子例行程序”分支中,建立一个子程序相应地就在该分支中产生一个该子程序的调用指令。(即只有建立了子程序,才可以使用该子程序的调用指令)。

STEP 7-Micro/WIN 会自动在子程序末尾加上返回指令。S7-200 CPU 还提供了条件返回指令(RET),该指令用在子程序的内部,根据条件选择是否提前返回调用它的程序。条件返回指令在指令树的“程序控制”分支中。

子程序指令如表 3.11 所示。

在子程序中使用条件返回指令 RET 后,若条件满足则提前从子程序返回,否则应执行到子程序末尾再返回。

子程序调用指令举例如图 3.18 所示。

表 3.11 子程序指令

指令名称	LAD	STL	指令功能
子程序调用指令	SBR_0 EN	CALL SBR_0	当 EN 端输入接通时，调用子程序 SBR_0
条件返回指令	—(RET)	CRET	从子程序中返回

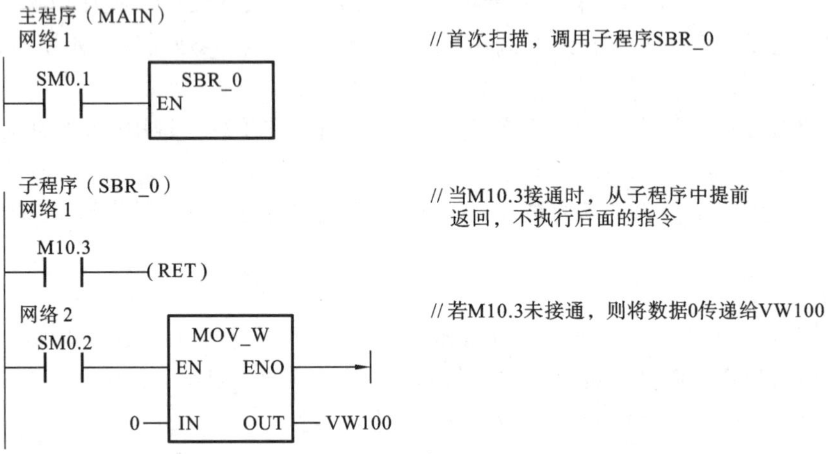
主程序（MAIN）
网络 1
//首次扫描，调用子程序SBR_0
SM0.1
SBR_0
EN
子程序（SBR_0）
网络 1
//当M10.3接通时，从子程序中提前返回，不执行后面的指令
M10.3
(RET)
网络 2
//若M10.3未接通，则将数据0传递给VW100
SM0.2
MOV_W
EN ENO
0 IN OUT VW100

图 3.18 子程序调用指令举例

3. 带参数调用子程序

程序中的每个 POU 都有自己的由 64 B 局部变量存储器组成的局部变量表。局部变量用来定义有范围限制的变量，且只在它被创建的 POU 中有效。在主程序或中断程序中，局部变量表只包含 TEMP 变量。子程序的局部变量表中的变量类型有 4 种(见图 3.19)。

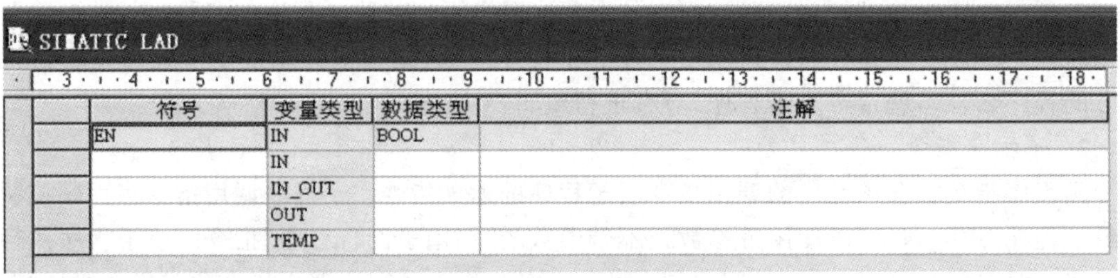
SIMATIC LAD
符号 变量类型 数据类型 注解
EN IN BOOL
IN
IN_OUT
OUT
TEMP

图 3.19 子程序的局部变量表

(1) IN(输入变量)：由调用它的 POU 提供的输入参数。

(2) OUT(输出变量)：返回给调用它的 POU 的输出参数。

(3) IN_OUT(输入输出变量)：其初始值由调用它的 POU 提供，被子程序修改后返回给调用它的 POU。

(4) TEMP(临时变量)：不能用来传递参数，仅用于子程序内部暂存数据。

定义参数时必须指定参数的符号名称(最多 23 个英文字符)、变量类型和数据类型。一个子程序最多可以传递 16 个参数。如要在局部变量表中加入一个参数，首先根据变量类型选择合适的行，其次在符号格中输入符号名称，然后在数据类型格中用鼠标左键单击，在弹出的数据类型选项栏中选择即可。

图 3.20 所示的是一个带参数调用的子程序举例。编辑完成的子程序及其局部变量表如图 3.20 所示,图 3.21 所示是其主程序。

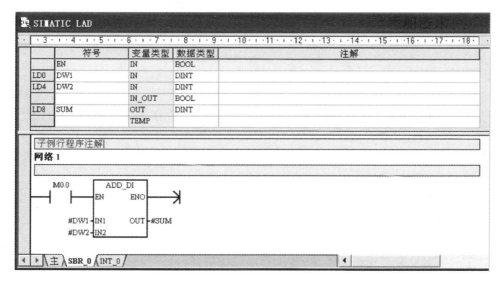

图 3.20　带参数调用的子程序举例

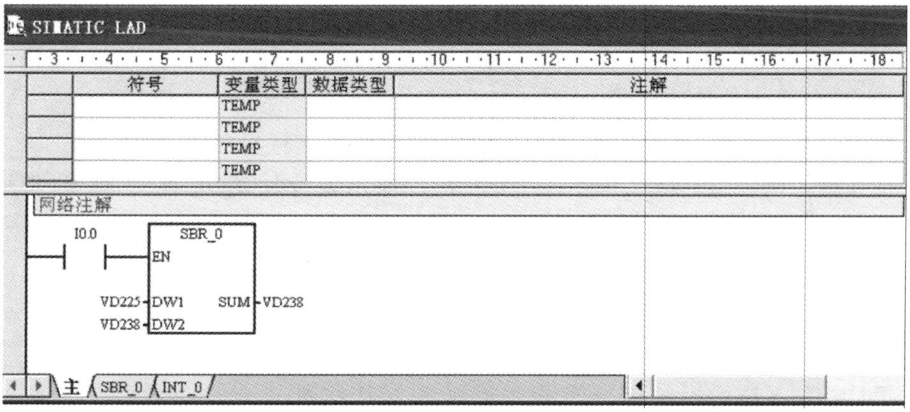

图 3.21　主程序

图 3.20 中的子程序可实现两个字类型的整数相加功能。主程序将进行相加的实际数据分别传送给子程序的两个参数 DW1 和 DW2,并将二者的和保存在从 VD238 开始的 4 个字节中。

子程序中定义了 3 个变量 DW1、DW2 和 SUM,这些变量也称为子程序的参数。子程序的参数必须在子程序的局部变量表中定义,如图 3.19 中所示。

按照子程序指令的调用顺序,参数值分配给局部变量存储器(L 存储器)。编程时,系统对每个变量自动分配局部存储器地址,如局部变量表中的 LD0、LD4 和 LD8 等。

子程序的参数是形式参数,并不是具体的数值或者变量地址,而是以符号定义的参数。这些参数在调用子程序时被实际的数据代替。

子程序中变量符号名称前的"♯",表示该变量是局部变量。

子程序可以被多次调用,带参数的子程序在每次调用时可以对不同的变量或数据进行相同的运算、处理,以提高程序编辑和执行的效率,节省程序存储空间。

3.3　PLC 应用系统设计

3.3.1　PLC 应用系统的设计概述

在了解了 PLC 的基本工作原理和指令系统之后,可以结合实际进行 PLC 的设计。PLC 的设计包括硬件设计和软件设计两部分。PLC 设计的基本原则是:

(1) 充分发挥 PLC 的控制功能,最大限度地满足被控生产机械或生产过程的控制要求。

(2) 在满足控制要求的前提下,力求使控制系统经济、简单,维修方便。

(3) 保证控制系统安全可靠。

(4) 考虑到生产发展和工艺的改进,在选用 PLC 时,在 I/O 点数和内存容量上应适当留有余地。

(5) 软件设计主要是指编写程序,要求程序结构清楚,可读性强,程序简短,占用内存少,扫描周期短。

3.3.2　PLC 控制系统的设计内容及设计步骤

1. PLC 控制系统的设计内容

(1) 根据设计任务书,进行工艺分析,画出工艺流程图,确定控制方案。

(2) 选择输入设备(如按钮、开关、传感器等)和输出设备(如继电器、接触器、指示灯等执行机构)。

(3) 选定 PLC 的型号(包括机型、容量、I/O 模块和电源等)。

(4) 分配 PLC 的 I/O 点,绘制 PLC 的 I/O 硬件接线图。

(5) 编写程序并调试。

(6) 设计控制系统的操作台、电气控制柜等,安装接线图。

(7) 编写设计说明书和使用说明书。

2. 设计步骤

(1) 工艺分析。深入了解控制对象的工艺过程、工作特点、控制要求,并划分控制的各个阶段,归纳各个阶段的特点和各阶段之间的转换条件,画出控制流程图或功能流程图。

(2) 选择合适的 PLC 类型。在选择 PLC 机型时,主要考虑下面几点:

① 功能。对于小型的 PLC,主要考虑 I/O 扩展模块、A/D 与 D/A 模块以及指令功能(如中断、PID 等)。

② I/O 点数。统计被控制系统的开关量、模拟量的 I/O 点数,并考虑以后的扩充(一般加上 $10\%\sim20\%$ 的备用量),从而选择 PLC 的 I/O 点数和输出规格。

③ 内存。用户程序所需的存储容量主要与系统的 I/O 点数、控制要求、程序结构长短等因素有关。一般可按下式估算:存储容量＝开关量输入点数×10＋开关量输出点数×8＋模拟通道数×100＋定时器/计数器数量×2＋通信接口个数×300＋备用量。

（3）分配 I/O 点。分配 PLC 的 I/O 点,编写 I/O 分配表或画出 I/O 端子的接线图,接着就可以进行 PLC 程序设计,同时进行电气控制柜或操作台的设计和现场施工。

（4）程序设计。对于较复杂的控制系统,根据生产工艺要求,画出控制流程图或功能流程图,然后设计出梯形图,再根据梯形图编写语句表程序清单,对程序进行模拟调试和修改,直到满足控制要求为止。

（5）电气控制柜或操作台的设计和现场施工。设计电气控制柜和操作台的电器布置图及安装接线图;设计控制系统各部分的电气互锁图;根据图纸进行现场接线,并检查。

（6）应用系统整体调试。如果控制系统由几个部分组成,则应先进行局部调试,然后再进行整体调试;如果控制程序的步序较多,则可先进行分段调试,然后连接起来总调。

（7）编制技术文件。技术文件应包括:可编程控制器的外部接线图等电气图纸、电器布置图、电器元件明细表、顺序功能图、带注释的梯形图和说明书。

3.3.3　PLC 的硬件设计和软件设计及调试

1. PLC 的硬件设计

PLC 硬件设计包括:PLC 及外围线路的设计、电气线路的设计和抗干扰措施的设计等。选定 PLC 的机型和分配 I/O 点后,硬件设计的主要内容就是电气控制系统的原理图的设计、电气控制元器件的选择和电气控制柜的设计。电气控制系统的原理图包括主电路和控制电路原理图。控制电路中包括 PLC 的 I/O 接线和自动、手动部分的详细连接等。电器元件的选择主要是根据控制要求选择按钮、开关、传感器、保护电器、接触器、指示灯、电磁阀等。

2. PLC 的软件设计

PLC 软件设计包括系统初始化程序、主程序、子程序、中断程序、故障应急措施和辅助程序的设计,小型开关量控制一般只有主程序。首先应根据总体要求和控制系统的具体情况,确定程序的基本结构,画出控制流程图或功能流程图,然后简单的系统可以用经验设计法设计,复杂的系统一般用顺序控制设计法设计。

3. 软件、硬件的调试

调试分模拟调试和联机调试。

软件设计好后一般先进行模拟调试。模拟调试可以用仿真软件代替 PLC 硬件在计算机上调试程序。如果有 PLC 硬件,可以用小开关和按钮模拟 PLC 的实际输入信号(如起动、停止信号)或反馈信号(如限位开关的接通或断开),再通过输出模块上各输出位对应的指示灯,观察输出信号是否满足设计的要求。需要模拟量信号 I/O 时,可用电位器和万用表配合进行。在编程软件中可以用状态图或状态表监视程序的运行或控制某些编程元件。

硬件部分的模拟调试主要是对电气控制柜或操作台的接线进行测试。可在操作台的接线端子上模拟 PLC 外部的开关量输入信号或操作按钮的指令开关,观察对应 PLC 输入点的状态。用编程软件将输出点强制 ON/OFF,观察对应的电气控制柜内 PLC 负载(指示灯、接触器等)的动作是否正常,或对应的接线端子上的输出信号的状态变化是否正确。

联机调试时,把编制好的程序下载到现场的 PLC 中。调试时,主电路一定要断电,只对控制电路进行联机调试。通过现场的联机调试,还会发现新的问题,还可以对某些控制功能进行改进。

3.3.4　PLC 程序设计常用的方法

PLC 程序设计常用的方法主要有经验设计法、继电器控制电路转换为梯形图法、逻辑设计法、顺序控制设计法等。

1. 经验设计法

经验设计法即在一些典型的控制电路程序的基础上,根据被控对象的具体要求,进行选择组合,并多次反复调试和修改梯形图,有时需增加一些辅助触点和中间编程环节,才能达到控制要求。这种方法没有规律可遵循,设计所用的时间和设计质量与设计者的经验有很大的关系,所以称为经验设计法。经验设计法用于较简单的梯形图设计。应用经验设计法必须熟记一些典型的控制电路,如起保停电路、脉冲发生电路等。

2. 继电器控制电路转换为梯形图法

继电器控制系统经过长期的使用,已有一套能完成系统要求的控制功能并经过验证的控制电路图,而 PLC 控制的梯形图和继电器控制电路图很相似,因此可以直接将经过验证的继电器控制电路图转换成梯形图。主要步骤如下:

(1) 熟悉现有的继电器控制电路;

(2) 对照 PLC 的 I/O 端子接线图,将继电器控制电路图上的被控器件(如接触器线圈、指示灯、电磁阀等)换成接线图上对应的输出点的编号,将控制电路图上的输入装置(如传感器、按钮开关、行程开关等)触点都换成对应的输入点的编号;

(3) 将继电器控制电路图中的中间继电器、定时器,用 PLC 的辅助继电器、定时器来代替;

(4) 画出全部梯形图,并予以简化和修改。

这种方法对简单的控制系统是可行的,比较方便,但对较复杂的控制系统就不适用了。

3.4　PLC 应用系统设计实例

3.4.1　弹射附属设施起动控制

电磁弹射系统除了核心的主要模块外,还包括大量的附属设施,如解决散热问题的水泵、解决润滑问题的油泵等设备。下面以水泵的起停电路为例来介绍 PLC 的具体应用。

图 3.22 为水泵电动机 Y/△降压起动控制主电路和电气控制的原理图。

1. 工作要求

工作要求如下:按下起动按钮 SB2,KM1、KM3、KT 通电并自保,电动机接成 Y 形起动;2 s 后,KT 动作,使 KM3 断电,KM2 通电吸合,电动机接成△形运行;按下停止按钮 SB1,电动机停止运行。

2. I/O 分配

输入		输出	
停止按钮 SB1:I0.0		KM1:Q0.0	KM2:Q0.1
起动按钮 SB2:I0.1		KM3:Q0.2	
过载保护 FR:I0.2			

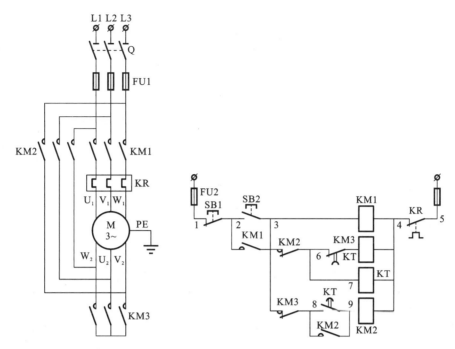

图 3.22　电动机 Y/△降压起动控制主电路和电气控制的原理图

3. 梯形图程序

按照梯形图语言中的语法规定简化和修改梯形图。为了简化电路,当多个线圈都受某一串并联电路控制时,可在梯形图中设置该电路控制的存储器的位,如 M0.0。简化后的梯形图程序如图 3.23 所示。

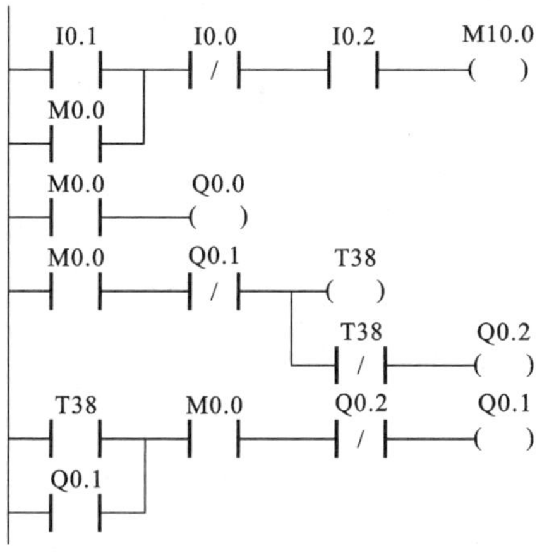

图 3.23　简化后的梯形图程序

3.4.2　高压开关控制

电磁弹射系统的储能分系统前端包括高压开关及移相整流变压器。由于移相整流变压器的功率较大,达到兆瓦级,因此变压器的合闸浪涌电流非常大。为了解决合闸浪涌的问题,可以在变压器的原边串联功率电阻,当功率电阻串入电路工作满一定时间后,将功率电阻切除即

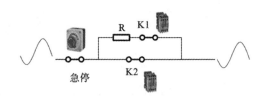

图 3.24　高压开关示意图

可。下面以单相的功率电阻高压开关为例来说明 PLC 的具体应用。

1. 工作要求

工作要求如下：急停按钮处于常闭工作状态，当弹射系统需要给飞轮系统储存能量时，首先开启开关 K1，交流接触器 K1 得电，变压器原边串入了限流电阻 R，K1 闭合保持 2 s 后，K2 由断开转入闭合，此时，K1 和 K2 同时保持闭合状态 2 s，如图 3-24 所示；然后断开 K1，将限流电阻从电路中切除，系统起动流程完成。在这个工作过程中，要保证当 K1 没有闭合时，K2 手动合闸失效。当然，紧急情况下，一旦系统出现大的故障，按下急停按钮，原边将失电。

2. I/O 分配

输入		输出	
停止按钮 SB1：I0.0		KM1：Q0.0	KM2：Q0.1
起动按钮 SB2：I0.1			

3. 梯形图程序

根据前面的工作要求，设计的梯形图程序如图 3.25 所示，包括两个延时定时器及 K1 和 K2 的互锁处理。

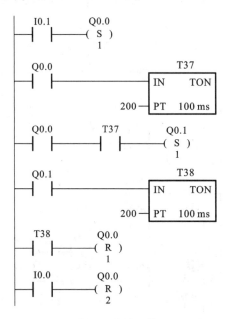

图 3.25　高压开关控制梯形图程序

小　　结

1. 重点掌握常用元件的功能与地址分配。
2. 掌握梯形图编程的规则。
3. 掌握基本位逻辑指令、定时器指令。
4. 掌握运用基本指令进行系统设计的方法。

习　题

1. 用 3 个开关(I0.0/I0.1/I0.2)控制一盏灯 Q1.0,要求任何一个开关都可以独立控制灯的亮灭,并且与其他开关的状态无关。

2. 如图 3.26 所示,用 PLC 构成交通灯控制系统。要求如下:信号灯受一个启动开关控制,当启动开关接通时,信号灯系统开始工作,且南北红灯先亮 25 s,东西绿灯亮 20 s 后再闪烁 3 s 熄灭。在东西绿灯熄灭时,东西黄灯亮 2 s 后熄灭,东西红灯亮,同时,南北红灯熄灭,绿灯亮,东西红灯亮 25 s。南北绿灯亮 20 s,然后闪烁 3 s 熄灭。南北黄灯亮 2 s 后熄灭,这时南北红灯亮,东西绿灯亮。如此周而复始。当启动开关断开时,所有信号灯都熄灭。

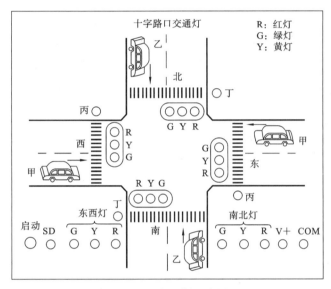

图 3.26　交通灯示意图

3. 如图 3.27 所示,用 PLC 构成水塔水位自动控制系统。要求如下:当水池水位低于水

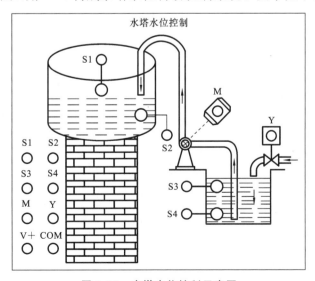

图 3.27　水塔水位控制示意图

池低水位界(S4 为 ON),阀 Y 打开(Y 为 ON)并进水,定时器开始定时,4 s 后,如果 S4 还不为 OFF,那么阀 Y 指示灯闪烁,表示阀 Y 没有进水,出现故障,S3 为 ON 后,阀 Y 关闭(Y 为 OFF)。当 S4 为 OFF 且水塔水位低于水塔低水位界时 S2 为 ON,电机 M 运转,向水塔抽水。当水塔水位高于水塔高水位界(S1 为 ON)时,电机 M 停止运转。

第4章 ARM 概述及编程入门

前面两章我们学习了 PLC,很多型号的 PLC 所采用的 CPU 就是 ARM。ARM 微处理器已经应用到生活的方方面面,当然也大量应用在电磁发射系统中,例如逆变器中大量的监控数据就是采用 ARM 芯片处理的。本章主要介绍 ARM,同时介绍嵌入式 ARM 的编程特点和编程模板。

4.1 ARM 微处理器概述

4.1.1 ARM 的产生及发展

目前,采用 ARM 技术知识产权(IP)核的微处理器,即我们通常所说的 ARM 微处理器,已遍及工业控制、消费类电子产品、通信系统、网络系统、无线系统等各类产品市场,基于 ARM 技术的微处理器应用占据了 32 位 RISC(精简指令集计算机)微处理器 75% 以上的市场份额,ARM 技术正在逐步渗入我们生活的各个方面。

ARM 公司是专门从事基于 RISC 技术的芯片设计开发的公司,作为知识产权供应商,本身不直接从事芯片生产,而是转让设计许可由合作公司生产各具特色的芯片。世界各大半导体生产商从 ARM 公司购买其设计的 ARM 微处理器 IP 核,根据各自不同的应用领域,加入适当的外围电路,从而形成自己的 ARM 微处理器芯片并投入市场。目前,全世界几十家大的半导体公司都使用 ARM 公司的授权,使得 ARM 技术更容易获得更多的第三方工具、制造技术、软件的支持,又使整个系统成本降低,使产品更容易进入市场被消费者所接受,更具有竞争力。

为什么会有品种如此之多的 ARM 处理器和 ARM 架构? ARM 公司于 1990 年成立,当初的名字是"Advanced RISC Machines Ltd.",当时它是三家公司——苹果电脑公司、Acorn 电脑公司、VLSI 技术公司的合资公司。1991 年,ARM 公司推出了 ARM6 处理器家族,VLSI 公司则是"第一个吃螃蟹的人"。后来,陆续有其他巨头,包括 TI、NEC、Sharp、ST 等,都获取了 ARM 授权,它们真正地把 ARM 处理器大面积铺开,使得 ARM 处理器在手机、硬盘控制器、PDA(即掌上电脑)、家庭娱乐系统以及其他消费电子产品中都大展雄才。

如今,ARM 芯片的出货量每年都比上一年多 20 亿片以上。ARM 公司从不制造和销售具体的处理器芯片,取而代之的是把处理器的设计授权给相关的商务合作伙伴,让他们去根据自己的强项设计具体的芯片,这种商业模式就是所谓的"知识产权授权"。除了设计处理器,ARM 公司也设计系统级 IP 和软件 IP。同时,ARM 公司开发了许多配套的基础开发工具、硬件以及软件产品。使用这些工具,合作伙伴可以更加舒心地开发他们自己的产品。

如今 ARM(advanced RISC machines),既可以认为是一个公司的名字,也可以认为是对一类微处理器的通称,更可以认为是一种技术的名字。

4.1.2 ARM 的应用领域及特点

1. 应用领域

到目前为止,ARM 微处理器及技术的应用几乎已经深入各个领域。

(1)工业控制领域:具有 32 位 RISC 架构的基于 ARM 核的微控制器芯片不但占据了高端微控制器市场的大部分市场份额,同时也逐渐向低端微控制器应用领域扩展。ARM 微控制器的低功耗、高性价比特点,向传统的 8 位/16 位微控制器提出了挑战。

(2)无线通信领域:目前已有超过 85% 的无线通信设备采用了 ARM 技术。ARM 以其高性能和低成本优势,在该领域的地位日益稳固。

(3)网络应用:随着宽带技术的推广,采用 ARM 技术的 ADSL(非对称数字用户线路)芯片正逐步获得竞争优势。此外,ARM 在语音及视频处理上进行了优化,并获得广泛支持,也对 DSP 的应用领域提出了挑战。

(4)消费类电子产品:ARM 技术在目前流行的数字音频播放器、数字机顶盒和游戏机中广泛应用。

(5)成像和安全产品:现在流行的数码相机和打印机中,绝大部分采用 ARM 技术。手机中的 32 位 SIM(用户身份识别)智能卡也采用了 ARM 技术。

除此以外,ARM 微处理器及技术还应用于许多其他不同的领域,并会在将来取得更加广泛的应用。

2. 特点

采用 RISC 架构的 ARM 微处理器一般具有如下特点:

(1)体积小、功耗低、成本低、性能高;

(2)支持 Thumb(16 位)/ARM(32 位)双指令集,能很好地兼容 8 位/16 位器件;

(3)大量使用寄存器,指令执行速度更快;

(4)大多数数据操作都在寄存器中完成;

(5)寻址方式灵活简单,执行效率高;

(6)指令长度固定。

4.1.3 ARM 微处理器结构

传统的 CISC(complex instruction set computer,复杂指令集计算机)结构有其固有的缺点,即随着计算机技术的发展而不断引入新的复杂的指令集,为支持这些新增的指令,计算机的体系结构会越来越复杂。然而,指令集中各种指令的使用频率却相差悬殊,大约 20% 的指令会被反复使用,占整个程序代码的 80%,而余下的 80% 的指令却不经常使用,在程序设计中只占 20%。显然,这种结构是不太合理的。

基于以上的不合理性,1979 年美国加州大学伯克利分校提出了 RISC(reduced instruction set computer,精简指令集计算机)的概念。RISC 并非只是简单地去减少指令,而是把着眼点放在了如何使计算机的结构更加简单以合理地提高运算速度上。RISC 结构采取优先选用频率最高的简单指令,避免复杂指令;将指令长度固定,使指令格式和寻址方式种类减少;以控制逻辑为主,不用或少用微码控制等措施来达到上述目的。到目前为止,RISC 体系结构也还没有严格的定义,一般认为,RISC 体系结构应具有如下特点:

(1) 采用固定长度的指令格式,指令归整、简单,基本寻址方式有 2~3 种;

(2) 使用单周期指令,便于流水线操作执行;

(3) 大量使用寄存器,数据处理指令只对寄存器进行操作,只有加载/存储指令可以访问存储器,以提高指令的执行效率。

除此以外,RISC 体系结构还采用了一些特别的技术,在保证高性能的前提下尽量缩小芯片的面积,并降低功耗:

(1) 所有的指令都可根据前面的执行结果决定是否执行,从而提高指令的执行效率;

(2) 可用加载/存储指令批量传输数据,以提高数据的传输效率;

(3) 可在一条数据处理指令中同时完成逻辑处理和移位处理;

(4) 在循环处理中使用地址的自动增减来提高运行效率。

当然,和 CISC 架构相比较,尽管 RISC 架构有上述优点,但决不能认为 RISC 架构就可以取代 CISC 架构。事实上,RISC 和 CISC 各有优势,而且界限并不那么明显。现代的 CPU 往往采用 CISC 的外围,内部加入了 RISC 的特性,如超长指令集 CPU 就融合了 RISC 和 CISC 的优势,成为未来的 CPU 发展方向之一。

4.2　典型 Cortex-M3 微控制器简介

4.2.1　Cortex-M3 Stellaris 系列微控制器

Luminary Micro 公司(现在已经被 TI 公司收购)所提供的 Stellaris 系列微控制器是首款基于 ARM Cortex-M3 的控制器,它们为对成本尤其敏感的嵌入式微控制器应用方案带来了高性能的 32 位运算能力。这些具备领先技术的芯片使用户能够以传统的 8 位和 16 位器件的价位来享受 32 位的性能,而且所有型号都是以小面积封装形式提供的。

该 Stellaris 系列芯片能够提供高效的性能、广泛的集成功能以及按照要求定位的选择,适用于各种关注成本并明确要求具有过程控制以及连接能力的应用方案。Stellaris LM3S2000 系列芯片是针对控制器局域网(CAN)应用方案而设计的一组芯片,使用更大的片上存储器、增强型电源管理和扩展 I/O 以及控制功能来扩展 Stellaris 家族,在 Stellaris 系列芯片的基础上扩展了 CAN 网络技术。Stellaris LM3S2000 系列芯片还标志着先进的 Cortex-M3 内核和 CAN 能力的首次结合运用。该 Stellaris LM3S6000 系列芯片结合了 10/100 以太网媒体访问控制(MAC)以及物理(PHY)层,标志着 ARM Cortex-M3 微控制单元(MCU)已经具备集成连接能力。

LM3S8962 微控制器是针对工业应用方案而设计的,功能及控制对象包括远程监控、电子贩售机、测试和测量设备、网络设备和交换机、工厂自动化、HVAC(供热通风与空气调节)和建筑控制、游戏设备、运动控制、医疗器械以及火警安防。

针对那些对功耗有特别要求的应用方案,LM3S8962 微控制器还具有一个电池备用休眠模块,能够有效地使 LM3S8962 芯片在未被激活的时候进入低功耗状态。一个上电/掉电序列发生器、连续的时间计数器(RTC)、一对匹配寄存器、一个到系统总线的 APB(外围总线)接口以及专用的非易失性存储器、休眠模块等功能组件使 LM3S8962 微控制器极其适合电池的应用。

除此之外，LM3S8962 微控制器的优势还在于能够方便地运用多种 ARM 开发工具和片上系统（SoC）的底层 IP 应用方案，拥有广大的用户群体。该微控制器使用了兼容 ARM 的 Thumb2 指令集来降低存储容量的需求，并以此达到降低成本的目的。最后，LM3S8962 微控制器与 Stellaris 系列的所有成员是代码兼容的，这为用户提供了灵活性，能够适应各种精确的需求。

Stcllaris 系列产品基于实现了革命性突破的 ARM Cortex-M3 技术，是业界领先的高可靠性实时微处理器产品。Stellaris 系列 32 位 MCU 将先进灵活的混合信号片上系统集成优势同实时多任务功能进行了完美结合。功能强大、编程便捷的低成本 Stellaris MCU 现在可轻松实现此前使用原有 MCU 所无法实现的复杂应用。Stellaris 系列拥有 160 多种产品，可提供业界最广泛的精确兼容型 MCU 以供选择。

Stellaris 系列产品实施了业界首个最全面的 Cortex-M3 和 Thumb2 指令集，具有令人惊叹的快速响应能力。Thumb2 指令集将 16 位和 32 位指令相结合，使代码密度和性能达到了最佳平衡。Thumb2 指令集比纯 32 位指令代码使用的内存要少 26%，从而降低了系统成本，同时将系统性能提高了 25%。

Stellaris MCU 和 ARM Cortex-M3 使开发人员能够直接使用业界最强大的开发工具、软件和知识系统。新型 Stellaris MCU 包含用于运动控制应用的唯一 IP、智能模拟功能和高级扩展连接选项，可以为工业应用提供各种高性价比的解决方案。除了经配置后可用于通用实时系统的 MCU 之外，Stellaris 系列还可针对下列各种应用提供功能独特的解决方案，如高级运动控制与能源转换应用、实时网络与实时网络互连，以及包括互连运动控制与硬实时联网等在内的上述应用的组合。

4.2.2　Stellaris 系列微处理器的分类

1. Stellaris X00 系列

1）800 类器件

该类器件具有 64 KB 的单周期闪存、8 KB 的单周期 SRAM（静态随机存储器）和 50 MHz 的性能。Stellaris LM3S800 微处理器非常适用于要求复杂算法的嵌入式控制应用，同时保持小型封装。LM3S800 系列中的模拟功能模块包括多达 3 个模拟比较器和多达 8 通道的 10 位 ADC（模数转换器），采样速度高达 1 MB/s。运动控制功能模块包括多达 6 个适用于精密运动控制和正交编码器输入的 PWM 发生器。

2）600 类器件

该类器件具有 32 KB 的单周期闪存、8 KB 的单周期 SRAM 和 50 MHz 的性能。LM3S600 系列中的运动控制功能模块包括多达 6 个适用于精密运动控制和正交编码器输入的 PWM 发生器。模拟功能模块包括多达 3 个模拟比较器和多达 8 通道的 10 位 ADC，采样速度高达 1 MB/s。

3）300 类器件

该类器件具有 16 KB 的单周期闪存、4 KB 的单周期 SRAM 和 25 MHz 的性能。此外，还包括多达 6 个适用于运动控制的 PWM 发生器。模拟功能模块包括多达 3 个模拟比较器和多达 8 通道的 10 位 ADC,采样速度达 500 KB/s。

4) 100 类器件

该类器件具有 8 KB 的单周期闪存、2 KB 的单周期 SRAM、20MHz 的性能、模拟比较器以及经济高效的 48 引脚 LQFP(四方扁平封装)和 48 引脚 QFN(无引线四方扁平封装)。Stellaris LM3S100 系列入门级微处理器非常适用于基础嵌入式应用和 8/16 位升级。

2. Stellaris 1000 系列

Stellaris LM3S1000 系列具有新组合的扩展通用 I/O、更大容量的片上存储器和电池备份应用的低功耗优化。LM3S1000 系列的每个微处理器都采用了电池备份休眠模块,该模块包括实时时钟、大量 256 B 的非易失性电池备份存储器、低电量检测、信令、中断检测,以及一个能够激活实时时钟匹配、外部中断引脚或低电量事件的休眠模式。此外,LM3S1000 系列的多个 MCU 都提供了已预先编入节省内存的只读存储器的 Stellaris 软件特性。

3. Stellaris 2000 系列

LM3S2000 系列(主要针对 CAN 应用)使用博世 CAN 联网技术扩展了 Stellaris 系列,标志着具有革命性突破的 ARM Cortex-M3 内核的 CAN 功能的首次集成。此外,LM3S2000 系列的多个 MCU 都提供了已预先编入节省内存的只读存储器的 Stellaris 软件特性。

4. Stellaris 3000 系列

LM3S3000 系列使用 USB 2.0 全速 USB OTG、主机和器件扩展了 Stellaris 系列,标志着具有革命性突破的 ARM Cortex-M3 内核的 USB OTG 功能的首次集成。此外,LM3S3000 系列的每个 MCU 都提供了多个已预先编入节省内存的只读存储器的 Stellaris 软件特性。

5. Stellaris 5000 系列

LM3S5000 系列(主要针对 CAN 应用)使用结合了 USB 2.0 全速 USB OTG、主机和器件的博世 CAN 联网技术扩展了 Stellaris 系列,标志着 CAN 和具有革命性突破的 ARM Cortex-M3 内核的 USB OTG 功能的首次集成。此外,LM3S5000 系列的每个 MCU 都提供了多个已预先编入节省内存的只读存储器的 Stellaris 软件特性。

6. Stellaris 6000 系列

LM3S6000 系列提供世界首款采用具有 ARM 架构兼容性的完全集成 10/100 Mbit/s 以太网解决方案的 MCU。LM3S6000 器件将媒体接入控制器(MAC)和物理层完美结合,标志着 ARM Cortex-M3 MCU 首次提供集成连接。

7. Stellaris 8000 系列

LM3S8000 系列将 CAN 与 ARM 架构 MCU 中的全面集成 10/100 Mbit/s 以太网解决方案完美结合。LM3S8000 器件将最多三个 CAN 接口与以太网媒体接入控制器(MAC)和物理(PHY)层完美结合,标志着集成 CAN 和以太网连接首次在 ARM Cortex-M3 MCU 中同时可供使用。

8. Stellaris 9000 系列

LM3S9000 系列具有片上组合的 10/100 Mbit/s 以太网 MAC/PHY、USB OTG/主机/器件以及控制器局域网。除了几个产品性能增强以外,LM3S9000 系列产品还增加了新功能,例如拥有支持 SDRAM(同步动态随机存取存储器)、SRAM/闪存、主机总线和 M2M 模式的多用途外围设备接口(EPI),集成音频(I2S)接口,同步双路 ADC 功能,适用于安全关键型应用的具有独立时钟的秒表看门狗定时器(除了 Stellaris 软件库以外,还支持 IEC 60730 库)和 16 MHz 软件微调 1% 精密振荡器。此外,LM3S9000 系列的每个 MCU 都提供了多个已预先编入节省内存的只读存储器的 Stellaris 软件特性。

Stellaris 各系列处理器的接口如表 4.1 所示。

表 4.1　Stellaris 各系列处理器接口

系　　列	CAN 接口	以太网接口	USB 接口
LM3Sxxx	无	无	无
LM3S1xxx	无	无	无
LM3S2xxx	有	无	无
LM3S3xxx	无	无	有
LM3S5xxx	有	无	有
LM3S6xxx	无	有	无
LM3S8xxx	有	有	无
LM3S9xxx	有	有	有

4.2.3　LM3S8962 接口特性和引脚功能

一个嵌入式处理器自己是不能独立工作的,必须给它供电,加上时钟信号,并提供复位信号,如果芯片没有片内程序存储器,则还要加上存储器系统,然后嵌入式处理器才可能工作。这些提供嵌入式处理器运行所必须的条件的电路与嵌入式处理器共同构成了这个嵌入式处理器的最小系统。而大多数的微处理器都有调试接口,这部分在芯片实际工作时不是必需的,但这部分在开发时很重要,所以把这部分也归入最小系统中。

图 4.1 为嵌入式微控制器的最小系统组成框图,其中存储器系统是可选的,这是因为很多面向嵌入式领域的嵌入式微处理器内部集成了程序存储器和数据存储器,存储器系统不需要自行设计。本书中介绍的 Cortex-M3 内核存储器集成在芯片内部,不需要外部扩展。调试测试接口不是必需的,但它在开发工程中发挥极大作用,所以至少在样品开发阶段需要设计这部分电路。基于 Cortex-M3 内核处理器的最小系统也如图 4.1 所示。

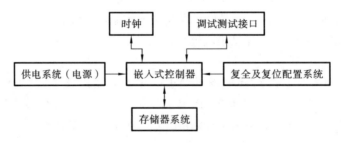

图 4.1　最小系统组成框图

1. LM3S8962 接口特性

LM3S8962 微控制器包括下列产品特性。

1) 32 位 RISC 性能

(1) 采用为小封装应用方案而优化的 32 位 ARM Cortex-M3 v7M 架构。

(2) 提供系统时钟,包括一个简单的 24 位写清零、递减、自装载计数器 SysTick,同时具有灵活的控制机制。

（3）仅采用与 Thumb 兼容的 Thumb2 指令集以获取更高的代码密度。

（4）工作频率为 50 MHz。

（5）硬件除法和单周期乘法。

（6）集成嵌套向量中断控制器（NVIC）使中断的处理更为简捷。

（7）36 中断具有 8 个优先等级。

（8）带存储器保护单元（MPU），提供特权模式来保护操作系统的功能。

（9）提供非对齐式数据访问，使数据能够更为有效地安置到存储器中。

（10）精确的位操作（bit-banding），不仅最大限度地利用了存储器空间，而且改良了对外设的控制。

2）内部存储器

（1）256 KB 单周期闪存：

① 可由用户管理对闪存块的保护，以 2 KB 为单位；

② 可由用户管理对闪存的编程；

③ 可由用户定义和管理闪存保护块。

（2）64 KB 单周期访问的 SRAM。

3）通用定时器

（1）4 个通用定时器模块（GPTM），每个模块提供 2 个 16 位定时器，每个模块可被独立配置进行操作：

① 作为一个 32 位定时器；

② 作为一个 32 位的实时时钟（RTC）来捕获事件；

③ 用于脉宽调制（PWM）发生器；

④ 触发模数转换。

（2）32 位定时器模式：

① 可编程单次触发定时器；

② 可编程周期定时器；

③ 当接入 32.768 kHz 外部时钟输入时可作为实时时钟使用；

④ 在调试期间，当控制器发出 CPU 暂停标志时，在周期和单次触发模式中用户可以使能中止；

⑤ ADC 事件触发器。

（3）16 位定时器模式：

① 通用定时器功能，并带一个 8 位的预分频器；

② 可编程单次触发定时器；

③ 可编程周期定时器；

④ 在调试的时候，当控制器发出 CPU 暂停标志时，用户可设定暂停周期或者单次模式下的计数；

⑤ ADC 事件触发器。

（4）16 位输入捕获模式：

① 提供输入边沿计数捕获功能；

② 提供输入边沿时间捕获功能。

（5）16 位 PWM 模式：简单的 PWM 模式，对 PWM 信号输出的取反可由软件编程决定。

4）兼容 ARM 的看门狗定时器

（1）32 位向下计数器，带可编程的装载寄存器。

（2）带使能功能的独立看门狗时钟。

（3）带中断屏蔽功能的可编程中断产生逻辑。

（4）软件跑飞时可锁定寄存器以提供保护。

（5）带使能/禁能的复位产生逻辑。

（6）在调试的时候，当控制器发出 CPU 暂停标志时，用户可以设定暂停定时器的周期。

5）CAN

（1）支持 CAN 协议版本 2.0 part A/B。

（2）传输位速率可达 1 Mbit/s。

（3）32 个消息对象，每个都带有独立的标识符屏蔽。

（4）可屏蔽的中断。

（5）可禁止 TTCAN（时间触发控制器局域网）的自动重发模式。

（6）可编程设定的自循环自检操作。

6）10/100 以太网控制器

（1）符合 IEEE 802.3—2002 规范。

（2）遵循 IEEE 1588—2002 精确时间协议（PTP）。

（3）在 100 Mbit/s 和 10 Mbit/s 速率下支持全双工和半双工的运作方式。

（4）集成 10/100 Mbit/s 收发器（PHY 物理层）。

（5）自动 MDI/MDI-X 交叉校验。

（6）可编程 MAC 地址。

（7）节能和断电模式。

7）同步串行接口（SSI）

（1）主机或者从机方式运作。

（2）可编程控制的时钟位速率和预分频。

（3）独立的发送和接收 FIFO（先进先出），8×16 位宽的深度。

（4）可编程控制的接口，可与飞思卡尔的 SPI 接口、MICROWIRE 或者 TI 器件的同步串行接口相连。

（5）可编程决定数据帧大小，范围为 4～16 位。

（6）内部循环自检模式可用于诊断/调试。

8）UART

（1）2 个完全可编程的 16C550 UART（通用异步收发传输器），支持 IrDA 红外连接技术。

（2）带有独立的 16×8 发送（TX）以及 16×12 接收（RX）FIFO，可减轻 CPU 中断服务的负担。

（3）可编程的波特率产生器，并带有分频器。

（4）可编程设置 FIFO 长度，包括 1 字节深度的操作，以提供传统的双缓冲接口。

（5）FIFO 触发水平可设为 1/8、1/4、1/2、3/4 和 7/8。

（6）标准异步通信位：开始位、停止位、奇偶位。

（7）无效起始位检测。

（8）行中止的产生和检测。

9）ADC

（1）独立和差分输入配置。

（2）用作单端输入时有 4 个 10 位的通道（输入）。

（3）采样速率为 500000 次/秒。

（4）灵活、可配置的模数转换。

（5）4 个可编程的采样转换序列，1～8 个入口长，每个序列均带有相应的转换结果 FIFO。

（6）每个序列都可以由软件或者内部事件，如定时器、模拟比较器、PWM 或 GPIO（通用输入/输出）触发。

（7）片上温度传感器。

10）模拟比较器

（1）1 个集成的模拟比较器。

（2）可以把输出配置为：驱动输出管脚、产生中断或启动 ADC 采样序列。

（3）比较两个外部管脚输入或者将外部管脚输入与内部可编程参考电压相比较。

11）I^2C

（1）在标准模式下主机和从机接收和发送操作的速度可达 100 Kbit/s，在快速模式下可达 400 Kbit/s。

（2）中断的产生。

（3）主机带有仲裁和时钟同步功能，支持多个主机以及 7 位寻址模式。

12）PWM

（1）3 个 PWM 信号发生模块，每个模块都带有 1 个 16 位的计数器、2 个 PWM 比较器，1 个 PWM 信号发生器以及 1 个死区发生器。

（2）16 位的计数器：

① 运行在递减或递减模式。

② 输出频率由一个 16 位的装载值控制。

③ 可同步更新装载值。

④ 当计数器的值到达零或者装载值的时候生成输出信号。

（3）PWM 比较器：

① 比较器值的更新可以同步。

② 在匹配的时候产生输出信号。

（4）PWM 信号发生器：

① 根据计数器和 PWM 比较器的输出信号来产生 PWM 输出信号。

② 可产生两个独立的 PWM 信号。

（5）死区发生器：

① 产生 2 个带有可编程死区延时的 PWM 信号，适合驱动半 H 桥（half-H bridge）。

② 可以被旁路，不修改输入 PWM 信号。

（6）灵活的输出控制模块，每个 PWM 信号都具有 PWM 输出使能：

① 每个 PWM 信号都具有 PWM 输出使能。

② 每个 PWM 信号都可以选择将输出反相（极性控制）。

③ 每个 PWM 信号都可以选择进行故障处理。

④ PWM 发生器模块的定时器同步。

⑤ PWM 发生器模块的定时器/比较器更新同步。

⑥ PWM 发生器模块中断状态被汇总。

(7) 可启动一个 ADC 采样序列。

13) QEI（增量式编码器）

(1) 2 个 QEI 模块。

(2) 硬件位置积分器追踪编码器的位置。

(3) 使用内置的定时器进行速率捕获。

(4) 在出现索引脉冲、速度定时器时间到、方向改变问题，以及检测到正交错误时产生中断。

14) GPIO

(1) 5～42 个 GPIO 接口，具体数目取决于配置。

(2) 输入/输出可承受 5 V。

(3) 中断产生可编程为边沿触发或电平检测。

(4) 在读和写操作中通过地址线进行位屏蔽。

(5) 可启动一个 ADC 采样序列。

(6) GPIO 接口配置的可编程控制：

① 弱上拉或下拉电阻。

② 2 mA、4 mA 和 8 mA 接口驱动。

③ 8 mA 驱动的斜率控制。

④ 开漏使能。

⑤ 数字输入使能。

15) 功率

(1) 片内低压差（LDO）稳压器，具有可编程的输出电压，用户可调节的范围为 2.25～2.75 V。

(2) 休眠模块处理 3.3 V 通电/断电序列，并控制内核的数字逻辑和模拟电路。

(3) 控制器的低功耗模式：睡眠模式和深度睡眠模式。

(4) 外设的低功耗模式：软件控制单个外设的关断。

(5) LDO 带有检测不可调整电压和自动复位的功能，可由用户控制使能。

(6) 3.3 V 电源掉电检测，可通过中断或复位来报告。

16) 灵活的复位源

(1) 上电复位。

(2) 复位管脚有效。

(3) 掉电（BOR）检测器向系统发出电源下降的警报。

(4) 软件复位。

(5) 看门狗定时器复位，内部低压差稳压器输出变为不可调整。

17) 其他特性

(1) 6 个复位源。

(2) 可编程的时钟源控制。

(3) 可对单个外设的时钟进行选通以节省功耗。

(4) 遵循 IEEE 1149.1—1990 标准的测试访问端口（TAP）控制器。

(5) 通过 JTAG（联合测试工作组）和串行线接口进行调试访问。

(6) 完整的 JTAG 边界扫描。

18）工业范围内遵循 RoHS 标准的 100 脚 LQFP 封装

LM3S8962 处理器结构简图如图 4.2 所示。

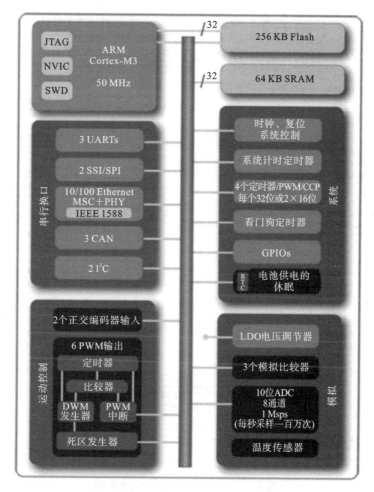

图 4.2　LM3S8962 处理器结构简图

2. LM3S8962 引脚

LM3S8962 器件封装及引脚如图 4.3 所示。该芯片的引脚主要包括以下几个部分。

1）电源供电电路

供电电源是单片机的能源。电源设计有特殊要求，即在 LDO 和 GND 引脚之间需要一个 1 μF 或更大的外部电容，本系统设计使用了 4.7 μF 的电容。若没有外部电容，则按照电压和功率供电在 VDD 和 GND 引脚间连接 100 nF 的退耦滤波电容。

2）晶体振荡器电路

晶体振荡器简称为晶振，被称为处理器的心脏，它有一个重要的参数，即负载电容值。选择与负载电容值相等的并联电容，就可以得到晶振标称的谐振频率。一般的晶振电路都是在一个反相放大器（注意是放大器不是反相器）的两端接入晶振，再用两个电容分别接到晶振的两端，每个电容的另一端接地而成的。这两个电容串联的容量值应该等于负载电容值。请注意，一般 IC 的引脚都有等效输入电容，这个不能忽略。一般的晶振的负载电容值为 15 pF 或 12.5 pF，如果考虑元件引脚的等效输入电容，则两个 22 pF 的电容构成晶振的

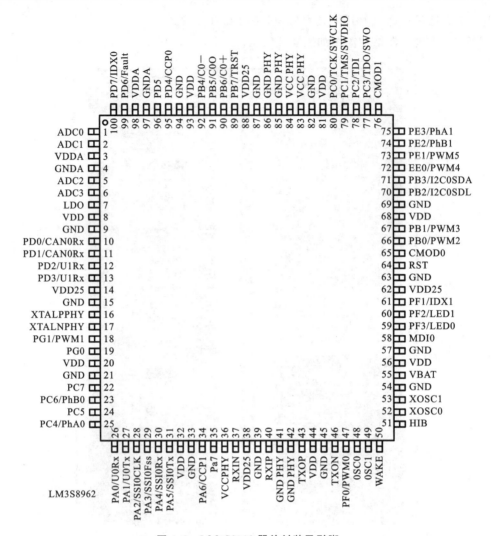

图 4.3　LM3S8962 器件封装及引脚

振荡电路就是比较好的选择。晶振分为无源晶振和有源晶振两种类型。无源晶振与有源晶振(谐振)的英文名称不同,无源晶振为 crystal(晶体),而有源晶振则叫作 oscillator(振荡器)。无源晶振需要借助于时钟电路才能产生振荡信号,自身无法振荡起来,有源晶振是一个完整的谐振振荡器。

　　3)复位电路

　　电子电路特别是数字逻辑电路,在上电后的状态有时是不确定的,复位电路的作用是控制CPU 的复位状态,也就是使其进入一个已知的状态。

　　复位电路主要由电容串联电阻构成,由电容电压不能突变的性质可知,系统上电后,nRST 脚将会出现低电平,并且这个低电平持续的时间由电路的 RC 值来决定。典型的Cortex-M3 处理器在 nRST 脚的低电平持续 2 个机器周期以上就将复位,所以,适当的 RC 值可以保证可靠的复位。一般教科书推荐 C 取 $10\ \mu\mathrm{F}$, R 取 $8.2\ \mathrm{k}\Omega$。当然也有其他取值,原则就是要让电阻与电容组合可以在 nRST 脚上产生不少于 2 个机器周期的低电平。

　　4)调试电路

　　处理器必须有调试接口以便于开发者使用。现在一般的处理器都通过 JTAG 接口进行程序调试和下载。其实 JTAG 是一种协议,大部分人用 JTAG 调试都是为了调试代码,可以设置一些硬件寄存器来帮助调试某些漏洞(bug)。

LM3S8962 具体的引脚描述见表 4.2。

表 4.2　LM3S8962 引脚描述

功能模块	功能名称	GPIO	编　号	缓冲区类型	描　　述
ADC	ADC0		1	模拟量	模数转换输入 0
	ADC1		2	模拟量	模数转换输入 1
	ADC2		5	模拟量	模数转换输入 2
	ADC3		6	模拟量	模数转换输入 3
I²C	I²C0SCL	PB2	70	OD	I²C0 模块时钟
	I²C0SDA	PB3	71	OD	I²C0 模块数据
JTAG、SWD、SWO	SWCLK	PC0	80	TTL	JTAG/SWD
	SDDIO	PC1	79	TTL	JTAG
	SWO	PC3	77	TTL	JTAG
	TCK	PC0	80	TTL	JTAG
	TDI	PC2	78	TTL	JTAG
	TDO	PC3	77	TTL	JTAG
	TMS	PC1	79	TTL	JTAG
PWM	PWM0	PF0	47	TTL	PWM0
	PWM1	PG1	18	TTL	PWM1
	PWM2	PB0	66	TTL	PWM2
	PWM3	PB1	67	TTL	PWM3
	PWM4	PE0	72	TTL	PWM4
	PWM5	PE1	73	TTL	PWM5
	Fault	PD6	99	TTL	PWM 错误
QEI	IDX0	PD7	100	TTL	QEI 模块 0 索引
	IDX1	PF1	61	TTL	QEI 模块 1 索引
	PhA0	PC4	25	TTL	QEI 模块 0 相位 A
	PhA1	PE3	75	TTL	QEI 模块 1 相位 A
	PhB0	PC6	23	TTL	QEI 模块 0 相位 B
	PhB1	PE2	74	TTL	QEI 模块 1 相位 B
SSI	SSI0CLK	PA2	28	TTL	SSI 模块 0 时钟
	SSI0Fss	PA3	29	TTL	SSI 模块 0 帧
	SSI0Rx	PA4	30	TTL	SSI 模块 0 接收
	SSI0Tx	PA5	31	TTL	SSI 模块 0 发送

续表

功能模块	功能名称	GPIO	编　号	缓冲区类型	描　　述
UART	U0Rx	PA0	26	TTL	UART 模块 0 接收。在 IrDA 模式下,该信号具有 IrDA 调制
	U0Tx	PA1	27	TTL	UART 模块 1 发送。在 IrDA 模式下,该信号具有 IrDA 调制
	U1Rx	PD2	12	TTL	UART 模块 1 接收。在 IrDA 模式下,该信号具有 IrDA 调制
	U1Tx	PD3	13	TTL	UART 模块 1 发送。在 IrDA 模式下,该信号具有 IrDA 调制
CAN	CAN0Rx	PD0	10	TTL	CAN 模块 0 接收
	CAN0Tx	PD1	11	TTL	CAN 模块 0 发送
以太网 PHY	GNDPHY		41、42、85、86	TTL	以太网 PHY 的 GND
	LED0	PF3	59	TTL	MII LED0
	LED1	PF2	60	TTL	MII LED1
	MDIO		58	TTL	以太网 PHY 的 MDIO
	RXIN		37	模拟量	以太网 PHY 的 RXIN
	RXIP		40	模拟量	以太网 PHY 的 RXIP
	TXON		46	模拟量	以太网 PHY 的 RXON
	TXOP		43	模拟量	以太网 PHY 的 RXOP
	VCCPHY		36、83、84	TTL	以太网 PHY 的 VCC
	XTALNPHY		17	TTL	以太网 PHY 的 XTALN
	XTALPPHY		16	TTL	以太网 PHY 的 XTALP
模拟比较器	C0+	PB6	90	模拟量	模拟比较器 0 正极输入
	C0−	PB4	92	模拟量	模拟比较器 0 负极输入
	C0O	PB5	91	TTL	模拟比较器 0 输出
电源	GND		9、15、21、33、39、45、54、57、63、69、82、87、94、	电源	逻辑和 I/O 管脚的地参考
	GNDA		4、97	电源	模拟电路(ADC、模拟比较器等)的地参考。这些电源与 GND 独立,以最大限度减少 VDD 上的电气噪声,使其不影响模拟功能
	HIB		51	TTL	该输出表示处理器在水面模式下

续表

功能模块	功能名称	GPIO	编　号	缓冲区类型	描　　述
电源	LDO		7	电源	低压差稳压器输出电压。在这个管脚和 GND 之间需要一个 1 μF 或更大的外部电容,当使用片内 DO 给逻辑电路提供电源时,除了去耦电容(decoupling capacitor)外,LDO 管脚还必须连接到板极的 VDD25 管脚
	VBAT		55	电源	休眠模块的电源供应源。它通常连接到电池的正极并用作备用电池/休眠模块电源供应源
	VDD		8、20、32、44、56、68、81、93	电源	I/O 和某些逻辑的正极电源
	VDD25		14、38、62、88	电源	大多数逻辑功能(包括处理器内核和大部分外设)的电源正极
	VDDA		3、98	电源	模拟电路(ADC、模拟比较器等)的电源正极(3.3 V)。这些电源与 VDD 独立,以最大限度地减少 VDD 上的电气噪声,使其不影响模拟功能
	nWAKE		50	OD	有效时,外部输入将处理器从休眠模式中唤醒
系统控制 & 时钟控制	CMOD0		65	TTL	CPU 模式位 0。输入必须设为逻辑 0(地);其他编码保留
	CMOD1		76	TTL	CPU 模式位 1。输入必须设为逻辑 0(地);其他编码保留
	OSC0		48	模拟	主振荡器晶体输入或外部时钟参考输入
	OSC1		49	模拟	主振荡器晶体输出
	RST		64	TTL	系统复位输入
	TRST	PB7	89	TTL	JTAG TRSTn
	XOSC0		52	模拟	休眠模块振荡器晶体输入或外部时钟参考输入。注意:这是用于休眠模块 RTC 的 4.19 MHz 晶体或 32.768 kHz 振荡器
	XOSC1		53	模拟	休眠模块振荡器晶体输出
通用定时器	CCP0	PD4	95	TTL	捕获/比较/PWM 0
	CCP1	PA6	34	TTL	捕获/比较/PWM 1

4.3　嵌入式编程模板

4.3.1　空的 main( )函数

一个最简单的 C 语言程序是什么呢？程序清单 4-1 给出了经典的答案,就是空的 main( )函数,什么也不做。

程序清单 4-1　C 语言经典的空 main( )函数

```
int main(void)
    {
            return(0);
    }
```

我们注意到,在程序清单 4-1 里,main( )函数的原型是"int main(void)",即参数为 void,返回类型为 int,这是标准的格式,具有非常好的兼容性,不会出现编译警告。今后,我们的例程都将采用这一格式。在经典的 main( )函数里,要明确地用 return 语句返回数值 0,用来通知操作系统(或者其他的上一层调用者)是正常的返回。

但是,在嵌入式系统编程里,main( )函数往往不允许返回,尤其是在不使用操作系统的场合,如果执行了返回操作,则可能引起程序跑飞或死机。因此,在针对 Stellaris 系列 ARM 编程的 main( )函数里,我们做了一个改动:删除 return 语句,并安排一个 for 死循环(也可以是 while(1)死循环),永远不返回,如程序清单 4-2 所示。

程序清单 4-2　Stellaris 系列 main( )函数基本形式

```
int main(void)
{
    for(;;)
    {
        }
    }
```

4.3.2　实用工程模板

在本书提供的代码范例中,有 IAR EWARM 开发环境的实用工程模板"Demo"。有了该 Demo 例程,我们就不需要从头开始一步步新建工程,因为这样太烦琐了,而是直接通过修改 Demo 工程来编写用户程序。程序清单 4-3 列出了 Demo 工程里程序文件"main. c""systemInit. h"和"systemInit. c"的全部内容。

程序清单 4-3　实用工程模板 Demo

文件:main. c

```
#include "systemInit.h"
// 主函数(程序入口)
int main(void)
```

```
{
    jtagWait();              // 防止 JTAG 失效。这个函数有的处理器需要,有的处理器不需要
    clockInit();             // 时钟初始化:晶振及锁相环选择
    for (;;)
    {
    }
}
```

文件:systemInit. h

```
#ifndef __SYSTEM_INIT_H__
#define __SYSTEM_INIT_H__
// 包含必要的头文件
#include < hw_types.h>
#include < hw_memmap.h>
#include < hw_ints.h>
#include < interrupt.h>
#include < sysctl.h>
#include < gpio.h>
//将较长的标识符定义成较短的形式
#define  SysCtlPeriEnable      SysCtlPeripheralEnable
#define  SysCtlPeriDisable     SysCtlPeripheralDisable
#define  GPIOPinTypeIn         GPIOPinTypeGPIOInput
#define  GPIOPinTypeOut        GPIOPinTypeGPIOOutput
#define  GPIOPinTypeOD         GPIOPinTypeGPIOOutputOD
extern unsigned long  TheSysClock;          // 声明全局的系统时钟变量
extern void  jtagWait(void);                // 防止 JTAG 失效
extern void  clockInit(void);               // 系统时钟初始化
#endif                                      // __SYSTEM_INIT_H__
```

文件:systemInit. c

```
#include  "systemInit.h"

// 定义全局的系统时钟变量
unsigned long TheSysClock= 12000000UL;

// 定义 KEY
#define  KEY_PERIPH        SYSCTL_PERIPH_GPIOG
#define  KEY_PORT          GPIO_PORTG_BASE
#define  KEY_PIN           GPIO_PIN_5

//防止 JTAG 失效
void jtagWait(void)
{
    SysCtlPeriEnable(KEY_PERIPH);              //使能 KEY 所在的 GPIO 端口
    GPIOPinTypeIn(KEY_PORT, KEY_PIN);          //设置 KEY 所在管脚为输入
    if (GPIOPinRead(KEY_PORT, KEY_PIN)= = 0x00) //若复位时按下 KEY,则进入死循环,
                                               //   以等待 JTAG 连接
```

```
    {
        for(;;);
    }

    SysCtlPeriDisable(KEY_PERIPH);                    //禁止 KEY 所在的 GPIO 端口
}


//系统时钟初始化
void clockInit(void)
{
    SysCtlLDOSet(SYSCTL_LDO_2_50V);                   //设置 LDO 输出电压
    SysCtlClockSet(SYSCTL_USE_OSC |                   //系统时钟设置
                   SYSCTL_OSC_MAIN |                  //采用主振荡器
                   SYSCTL_XTAL_6MHZ |                 //外接 6 MHz 晶振
                   SYSCTL_SYSDIV_1);                  //不分频
    TheSysClock= SysCtlClockGet();                    //获取当前的系统时钟频率
}
```

因为是模板程序,所以在 main( )函数里只做了两件事情,即预防 JTAG 连接失效、系统时钟初始化。接着是 for 死循环。

本书用的是基于 Stellaris 外设驱动库的编程方法。在整个驱动库里,头文件"hw_type. h"和"hw_memmap. h"处于基础性的地位,基本上每个例程里都要包含它们。其中前缀"hw_"表示 hardware(硬件)。另外几个头文件是关于中断控制、系统控制和 GPIO 的,也极为常用。表 4.3 给出了这些头文件的解释。在后续章节里,我们会对库里的每个功能模块进行详细讲解。

表 4.3　Demo 例程里的头文件

头　文　件	功　能　描　述
hw_types. h	硬件类型定义:包括对布尔类型 tBoolean、硬件寄存器访问 HWREG( )等的定义
hw_memmap. h	硬件存储器映射:包括对全部片内外设模块寄存器集的基址定义
hw_ints. h	硬件中断定义:包括对所有中断源的定义
interrupt. h	中断控制头文件:包括中断控制相关的库函数原型声明等
sysctl. h	系统控制头文件:包括系统控制模块库函数原型声明、参数宏定义等
gpio. h	GPIO 头文件:包括 GPIO 模块库函数原型声明、参数宏定义等

Stellaris 系列 ARM 支持多种系统时钟来源,如外接晶振、内部振荡器、内部锁相环(PLL)等。在 Demo 例程中,clockInit( )函数给出了采用外部 6 MHz 晶振和采用内部 PLL 的典型配置方法。程序默认的配置是外接 6 MHz 晶振。

在 clockInit( )函数里,库函数 SysCtlLDOSet( )的作用是设置 LDO 的输出电压。LDO 是片内集成的低压差线性稳压器,这就为用户节省了一个外部的电源稳压器。LDO 输出电压在 2.25～2.75 V 之间,步进 50 mV,可通过调用库函数 SysCtlLDOSet( )来设置。LDO 输出一般会直接连到 VDD25 管脚(有的型号是在内部连接的),为处理器内核提供稳定可靠的电源。

芯片内部有个 PLL 单元,能够把输入的较低频率时钟信号锁定到 200 MHz 输出。当然处理器内核最高只能工作在 50 MHz,因此必须要进行 4 以上的分频。但是,要当心:在启用

PLL 之前必须把 LDO 输出电压设置在最高的 2.75 V。这是因为 PLL 单元会消耗较大的功率,再加上芯片的其他功耗,如果 LDO 电压不够高就容易造成死机。

clockInit( )函数在最后会将设置好的系统时钟频率保存到全局变量 TheSysClock 里,可供程序的其他部分利用。

4.3.3　LED 闪烁发光

下面我们利用上述模板来实现一个控制 LED(light-emitting diode,发光二极管)发光的程序。如图 4.4 所示为 Stellaris 系列 GPIO 管脚直接驱动小功率 LED 的电路,要注意与 LED 串联的限流电阻不可省略。

程序清单 4-4 是控制 LED 闪烁发光的简单例程。该程序实际上是实用工程模板 Demo 的一个应用,直接从 main( )函数开始编写。

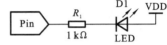

图 4.4　GPIO 管脚驱动小功率 LED 的电路

在 main( )函数的前面,定义了 LED 所在的 GPIO 端口和管脚。控制 LED 分三步:

(1) 调用函数 SysCtlPeriEnable( )使能 LED 所在的 GPIO 模块;

(2) 调用函数 GPIOPinTypeOut( )配置 LED 所在的 GPIO 管脚为推挽输出(关于推挽输出的概念在第 5 章会有详细介绍);

(3) 调用函数 GPIOPinWrite( )对 LED 所在的 GPIO 管脚写 0 和写 1 来控制 LED 的亮灭,并在中间插入函数 SysCtlDelay( )进行延时控制,以达到闪烁发光的效果。

对 GPIO 引脚的控制与上述步骤基本一致。

程序清单 4-4　控制 LED 闪烁发光

```c
#include "systemInit.h"

//定义 LED
#define  LED_PERIPH      SYSCTL_PERIPH_GPIOF
#define  LED_PORT        GPIO_PORTF_BASE
#define  LED_PIN         GPIO_PIN_2

//主函数(程序入口)
int main(void)
{
    //jtagWait();                              //防止 JTAG 失效,该处理器可以不用
    clockInit();                               //时钟初始化:晶振,6 MHz

    SysCtlPeriEnable(LED_PERIPH);              //使能 LED 所在的 GPIO 端口
    GPIOPinTypeOut(LED_PORT, LED_PIN);         //设置 LED 所在管脚为输出

    for(;;)
    {
        GPIOPinWrite(LED_PORT, LED_PIN, 0x00); //点亮 LED
        SysCtlDelay(850*(TheSysClock / 3000)); //延时约 850 ms
```

```
        GPIOPinWrite(LED_PORT, LED_PIN, 0xFF);      //熄灭 LED
        SysCtlDelay(500* (TheSysClock / 3000));     //延时约 500 ms
    }
}
```

小　　结

本章介绍了嵌入式系统的概念、嵌入式系统的组成,给出了 LM3S8962 芯片的主要特性,最后介绍了 ARM 编程的基本模板。

习　　题

1. 列举生活中常见的嵌入式系统应用的例子,思考嵌入式系统与通用 PC 的区别。

2. 阐述典型嵌入式系统的组成。

3. RISC 与 CISC 相比,有哪些优点和缺点? ARM 的设计采用了哪些先进的理念?

4. LM3S8962 微处理器有哪些外设模块?

5. 编写一个函数 char data_set_bit(char temp, int bit),要求对指定的一个字符中指定的位进行置位,同时返回该字符。

6. 编写一个函数 char data_clr_bit(char temp, int bit),要求对指定的一个字符中指定的位进行置位,同时返回该字符。

7. 分析 ARM 程序模板中死循环扮演的角色。

8. ARM 的编程包括基于寄存器的编程和基于库函数的编程,它们各有什么优劣?

第 5 章 GPIO 接口及中断

GPIO 接口是通用型输入输出接口的简称,它区别于特殊的输入输出接口,是所有微控制器都具备的基本外设,其中通用输入接口一般可用于对按钮、位置开关等进行检测,而通用输出接口则用于驱动指示灯、电磁阀等控制元件。在输入输出的编程中,查询和中断是两种风格不同的编程方式,而中断是微控制器的一种快速响应机制。

5.1 GPIO 接口

5.1.1 GPIO 概述

I/O(input/output,输入/输出)接口是一个微控制器必须具备的基本外设。在 Stellaris 系列 ARM 里,所有 I/O 都是通用的,称为 GPIO(general purpose input/output)。GPIO 模块由 3~8 个物理 GPIO 块组成,一个块对应一个 GPIO 端口(PA、PB、PC、PD、PE、PF、PG、PH)。大部分 GPIO 端口包含 8 个管脚,如 PA 端口的管脚是 PA0~PA7。GPIO 模块支持多达 60 个可编程输入/输出管脚(具体取决于与 GPIO 复用的外设的使用情况)。GPIO 模块包含以下特性:

(1) 可编程控制 GPIO 中断:

① 屏蔽中断发生;

② 边沿触发(上升沿、下降沿、双边沿);

③ 电平触发(高电平、低电平)。

(2) 输入/输出可承受最大电压为 5 V。

(3) 在读和写操作中通过地址线进行位屏蔽。

(4) 可编程控制 GPIO 管脚配置:

① 弱上拉或弱下拉电阻;

② 2 mA、4 mA、8 mA 驱动,以及带转换速率(slew rate)控制的 8 mA 驱动;

③ 开漏使能;

④ 数字输入使能。

(5) 高速总线(AHB)访问(可单周期反转 GPIO 输出状态)。

1. 高阻输入(input)

图 5.1 所示为 GPIO 管脚在高阻输入模式下的等效结构示意图。这是一个管脚的情况,其他管脚的结构也是同样的。输入模式的结构比较简单,就是一个带有施密特触发输入(Schmitt-triggered input)的三态缓冲器(U1),并具有很高的直流输入等效阻抗。施密特触发输入的作用是将缓慢变化的或者是畸变的输入脉冲信号整形成比较理想的矩形脉冲信号。

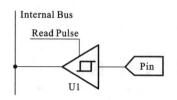

图 5.1　GPIO 管脚在高阻输入模式下的等效结构示意图

执行 GPIO 管脚读操作时，在读脉冲（read pulse）的作用下把管脚（pin）的当前电平状态读到内部总线（internal bus）上。不执行读操作时，外部管脚与内部总线之间是断开的。

2. 推挽输出（output）

图 5.2 所示为 GPIO 管脚在推挽输出模式下的等效结构示意图。U1 是输出锁存器，执行 GPIO 管脚写操作时，在写脉冲（write pulse）的作用下，数据被锁存到 Q 和 $\overline{Q}$。T1 和 T2 构成 CMOS（互补金属氧化物半导体）反相器，T1 导通或 T2 导通时都表现出较低的阻抗，但 T1 和 T2 不会同时导通或同时关闭，最后形成的是推挽输出。在 Stellaris 系列 ARM 中，T1 和 T2 实际上是多组可编程选择的晶体管，驱动能力可配置为 2 mA、4 mA、8 mA，以及带转换速率控制的 8 mA 驱动。在推挽输出模式下，GPIO 还具有回读功能，实现回读功能的是一个简单的三态门 U2。注意：执行回读功能时，读到的是管脚的输出锁存状态，而不是外部管脚的状态。

3. 开漏输出（outputOD）

图 5.3 所示为 GPIO 管脚在开漏输出模式下的等效结构示意图。开漏输出和推挽输出相比结构基本相同，但只有下拉晶体管 T1 而没有上拉晶体管。同样，T1 实际上也是多组可编程选择的晶体管。开漏输出的实际作用就相当于一个开关，输出"1"时断开，输出"0"时连接到 GND（有一定等效内阻）。回读功能读到的仍是输出锁存器的状态，而不是外部管脚的状态，因此开漏输出模式是不能用来输入的。开漏输出结构没有内部上拉电阻，因此在实际应用时通常都要外接合适的上拉电阻（通常阻值为 4.7～10 kΩ）。开漏输出能够方便地实现"线与"逻辑功能，即多个开漏的管脚可以直接并在一起（不需要缓冲隔离）使用，并统一外接一个合适的上拉电阻，就自然形成"逻辑与"关系。开漏输出的另一种用途是能够方便地实现不同逻辑电平之间的转换（如 3.3 V 到 5 V），只需外接一个上拉电阻，而不需要额外的转换电路。典型的应用例子就是基于开漏电气连接的 I^2C 总线。

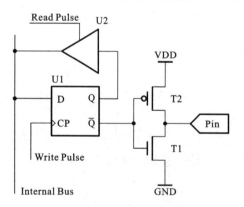

图 5.2　GPIO 管脚在推挽输出模式下的等效结构示意图

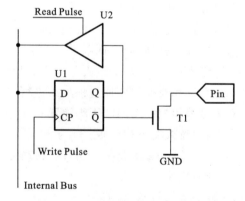

图 5.3　GPIO 管脚在开漏输出模式下的等效结构示意图

4. 钳位二极管

GPIO 内部具有钳位二极管，如图 5.4 所示。其作用是防止从外部管脚输入的电压过高或者过低。VDD 正常供电电压是 3.3 V，如果从外部管脚输入的信号（假设任何输入信号都有一定的内阻）电压超过 VDD 加上二极管 D1 的导通压降（假定在 0.6 V 左右），则二极管 D1 导通，会把多余的电流引到 VDD,而真正输入内部的信号电压不会超过 3.9 V。同理,如果从外部管脚输入的信号电压比 GND 的还低,则二极管 D2 会把实际输入内部的信号电压钳制在 −0.6 V 左右。

假设 VDD=3.3 V,GPIO 设置在开漏模式下,外接 10 kΩ 上拉电阻连接到 5 V 电源,在输出"1"时,我们通过测量发现:GPIO 管脚上的电压并不会达到 5 V,而是在 4 V 上下,这正是因为内部钳位二极管在起作用。虽然输出电压达不到满幅的 5 V,但对于实际的数字逻辑电路,通常 3.5 V 以上就算是高电平了。

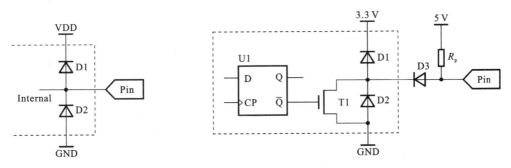

图 5.4　GPIO 钳位二极管示意图　　　　图 5.5　解决开漏模式上拉电压不足的方法

如果确实想进一步提高输出电压,一种简单的做法是先在 GPIO 管脚上串联一只二极管(如 1N4148),然后再接上拉电阻。参见图 5.5,虚线框内是芯片内部电路。向管脚写"1"时,T1 关闭,在外部管脚处得到的电压是 3.3 V+VD1+VD3=4.5 V,电压提升效果明显;向管脚写"0"时,T1 导通,在外部管脚处得到的电压是 VD3=0.6 V,仍属低电平。

5. 上拉电阻

(1) 当 TTL 电路(晶体管-晶体管逻辑电路)驱动 CMOS 电路时,如果 TTL 电路输出的高电平低于 CMOS 电路的最低高电平(一般为 3.5 V),这时就需要在 TTL 的输出端接上拉电阻,以提高输出高电平的值。

(2) OC(集电极开路)门电路必须加上拉电阻才能使用。

(3) 为加大输出引脚的驱动能力,有的单片机管脚上也常使用上拉电阻。

(4) 在 CMOS 芯片上,为了防止静电造成损坏,不用的管脚不能悬空,一般接上拉电阻以降低输入阻抗,提供卸荷通路。

(5) 芯片的管脚加上拉电阻可提高输出电平,从而提高芯片输入信号的噪声容限,增强抗干扰能力。

(6) 提高总线的抗电磁干扰能力。管脚悬空就比较容易受外界电磁干扰。

(7) 长线传输中电阻不匹配容易引起反射波干扰,加上/下拉电阻进行电阻匹配,可有效地抑制反射波干扰。

5.1.2　GPIO 寄存器结构

如图 5.6 所示为 GPIO 寄存器结构。

1. 特殊功能管脚描述

除了 5 个 JTAG/SWD(串行调试)管脚(PB7 和 PC[3:0])之外,所有 GPIO 管脚默认都是三态管脚(GPIOAFSEL=0, GPIODEN=0, GPIOPDR=0, 且 GPIOPUR=0)。JTAG/SWD 管脚默认为 JTAG/SWD 功能(GPIOAFSEL=1, GPIODEN=1 且 GPIOPUR=1)。通

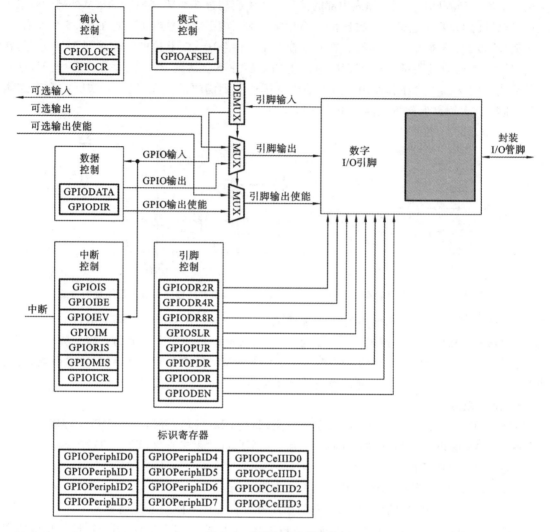

图 5.6　GPIO 寄存器结构

过上电复位(POR)或外部复位(RST),可以让这两组管脚都回到其默认状态。

2. 数据方向操作

GPIO 方向(GPIODIR)寄存器用来将每个独立的管脚配置为输入或输出。当数据方向位设为 0 时,GPIO 配置为输入,并且对应的数据寄存器位将捕获和存储 GPIO 端口的值。当数据方向位设为 1 时,GPIO 配置为输出,并且对应的数据寄存器位将在 GPIO 端口输出。

3. 数据寄存器操作

为了提高软件的效率,通过将地址总线的位[9:2]用作屏蔽位,GPIO 端口允许对 GPIO 数据(GPIODATA)寄存器中的各个位进行修改。这样,软件驱动程序仅使用一条指令就可以对各个 GPIO 管脚进行修改,而不会影响其他管脚的状态。

这与通过执行"读—修改—写"操作来置位或清零单独的 GPIO 管脚的做法不同。为了提供这种特性,GPIODATA 寄存器包含了存储器映射中的 256 个单元。

在写操作过程中,如果与数据位相关联的地址位被设为 1,那么 GPIODATA 寄存器的值将发生变化;如果被清零,那么该寄存器的值将保持不变。

GPIODATA 写实例:将 0xEB 的值写入地址 GPIODATA+0x098 处,如图 5.7 所示。图中,u 表示没有被写操作改变的数据。

GPIODATA 读实例:在读操作过程中,如果与数据位相关联的地址位被设为 1,那么读取该值。如果与数据位相关联的地址位被设为 0,那么不管它的实际值是什么,都将该值读作 0。例如,读取地址 GPIODATA+0x0C4 处的值,如图 5.8 所示。

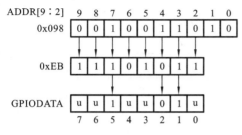

图 5.7 GPIODATA 写实例

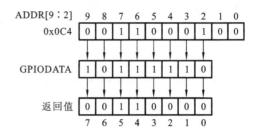

图 5.8 GPIODATA 读实例

4. 中断控制

每个 GPIO 端口的中断能力都由 7 个一组的寄存器控制。通过这些寄存器可以选择中断源、中断极性以及边沿属性。当一个或多个 GPIO 输入产生中断时,只将一个中断输出发送到供所有 GPIO 端口使用的中断控制器。对于边沿触发中断,为了使能其他中断,软件必须清除该中断。对于电平触发中断,假设外部源保持电平不发生变化,以便中断能被控制器识别。使用 3 个寄存器来对产生中断的边沿或触发信号进行定义:

(1) GPIO 中断检测(GPIOIS)寄存器;

(2) GPIO 中断双边沿(GPIOIBE)寄存器;

(3) GPIO 中断事件(GPIOIEV)寄存器。

5. GPIO 寄存器

所列的偏移量是十六进制的,并按照寄存器地址递增,与 GPIO 端口对应的基址如下:

(1) GPIO 端口 A:0x4000.4000;

(2) GPIO 端口 B:0x4000.5000;

(3) GPIO 端口 C:0x4000.6000;

(4) GPIO 端口 D:0x4000.7000;

(5) GPIO 端口 E:0x4002.4000;

(6) GPIO 端口 F:0x4002.5000;

(7) GPIO 端口 G:0x4002.6000。

5.1.3 GPIO 库函数

1. 使能 GPIO

通常,Stellaris 系列 ARM 所有片内外设只有在使能以后才可以工作,否则被禁止。暂时不用的片内外设被禁止后可以节省功耗。GPIO 也不例外,复位时所有 GPIO 模块都被禁止,在使用 GPIO 模块之前必须首先使能。例如:

```
SysCtlPeripheralEnable(SYSCTL_PERIPH_GPIOB);        //使能 GPIOB 模块
SysCtlPeripheralEnable(SYSCTL_PERIPH_GPIOG);        //使能 GPIOG 模块
```

2. GPIO 基本设置

GPIO 基本设置库函数用来设置 GPIO 管脚的方向和模式、电流驱动强度和类型,但是在实际编程中并不常用。实际编程时常采用更加方便的 GPIOPinType 系列函数来代替这些函数。

GPIO 管脚的方向可以设置为输入方向或输出方向。很多片内外设的特定功能管脚,如 UART 模块的 Rx 和 Tx 管脚、Timer 模块的 CCP 管脚等,都与 GPIO 管脚复用。如果要使用这些特定功能,则必须先把 GPIO 管脚的模式设置为硬件自动管理,参见表 5.1 和表 5.2。

表 5.1　函数 GPIODirModeSet( )

函数名称	函数 GPIODirModeSet( )
功能	设置所选 GPIO 端口指定管脚的方向和模式
原型	void GPIODirModeSet(unsigned long ulPort, unsigned char ucPins, unsigned long ulPinIO)
参数	ulPort:所选 GPIO 端口的基址,应当取下列值之一 　　GPIO_PORTA_BASE　　　　// GPIOA 的基址(0x40004000) 　　GPIO_PORTB_BASE　　　　// GPIOB 的基址(0x40005000) 　　GPIO_PORTC_BASE　　　　// GPIOC 的基址(0x40006000) 　　GPIO_PORTD_BASE　　　　// GPIOD 的基址(0x40007000) 　　GPIO_PORTE_BASE　　　　// GPIOE 的基址(0x40024000) 　　GPIO_PORTF_BASE　　　　// GPIOF 的基址(0x40025000) 　　GPIO_PORTG_BASE　　　　// GPIOG 的基址(0x40026000) 　　GPIO_PORTH_BASE　　　　// GPIOH 的基址(0x40027000) 在 2008 年新推出的 DustDevil 家族(LM3S3xxx/5xxx 系列,以及部分 LM3S1xxx/2xxx 型号)里新增了一项 AHB 功能。如果已经用函数 SysCtlGPIOAHBEnable( )使能了 AHB 功能,则参数 ulPort 应当取下列值之一: 　　GPIO_PORTA_AHB_BASE　　// GPIOA 的 AHB 基址 　　GPIO_PORTB_AHB_BASE　　// GPIOB 的 AHB 基址 　　GPIO_PORTC_AHB_BASE　　// GPIOC 的 AHB 基址 　　GPIO_PORTD_AHB_BASE　　// GPIOD 的 AHB 基址 　　GPIO_PORTE_AHB_BASE　　// GPIOE 的 AHB 基址 　　GPIO_PORTF_AHB_BASE　　// GPIOF 的 AHB 基址 　　GPIO_PORTG_AHB_BASE　　// GPIOG 的 AHB 基址 　　GPIO_PORTH_AHB_BASE　　// GPIOH 的 AHB 基址 ucPins:指定管脚的位组合表示,应当取下列值之一或者它们之间的任意"或运算"组合形式 　　GPIO_PIN_0　　　　// GPIO 管脚 0 的位表示(0x01) 　　GPIO_PIN_1　　　　// GPIO 管脚 1 的位表示(0x02) 　　GPIO_PIN_2　　　　// GPIO 管脚 2 的位表示(0x04) 　　GPIO_PIN_3　　　　// GPIO 管脚 3 的位表示(0x08) 　　GPIO_PIN_4　　　　// GPIO 管脚 4 的位表示(0x10) 　　GPIO_PIN_5　　　　// GPIO 管脚 5 的位表示(0x20) 　　GPIO_PIN_6　　　　// GPIO 管脚 6 的位表示(0x40) 　　GPIO_PIN_7　　　　// GPIO 管脚 7 的位表示(0x80) ulPinIO:管脚的方向或模式,应当取下列值之一 　　GPIO_DIR_MODE_IN　　　　// 输入方向 　　GPIO_DIR_MODE_OUT　　　// 输出方向 　　GPIO_DIR_MODE_HW　　　 // 硬件控制
返回	无

表 5.2 函数 GPIODirModeGet( )

函数名称	函数 GPIODirModeGet( )
功能	获取所选 GPIO 端口指定管脚的方向和模式
原型	unsigned long GPIODirModeGet(unsigned long ulPort, unsigned char ucPin)
参数	与表 5.1 的相同
返回	无

GPIO 管脚的电流驱动强度可以选择 2 mA、4 mA、8 mA 或者带转换速率控制的 8 mA 驱动。驱动强度越大表明负载能力越强,但功耗也越高。在绝大多数应用场合,选择 2 mA 驱动即可满足要求。GPIO 管脚类型可以配置成输入、推挽、开漏三大类,每一类当中还有上拉、下拉的区别。对于配置用作输入端口的管脚,端口可按照要求设置,但是对输入唯一真正有影响的是上拉或下拉终端的配置,参见表 5.3 和表 5.4。

表 5.3 函数 GPIOPadConfigSet( )

函数名称	函数 GPIOPadConfigSet( )	
功能	设置所选 GPIO 端口指定管脚的驱动强度和类型	
原型	void GPIOPadConfigSet (unsigned long ulPort, unsigned char ucPins, unsigned long ulStrength, unsigned long ulPadType)	
参数	ulPort:所选 GPIO 端口的基址 ucPins:指定管脚的位组合表示 ulStrength:指定输出驱动强度,应当取下列值之一	
	GPIO_STRENGTH_2MA	// 2 mA 驱动
	GPIO_STRENGTH_4MA	// 4 mA 驱动
	GPIO_STRENGTH_8MA	// 8mA 驱动
	GPIO_STRENGTH_8MA_SC	// 带转换速率控制的 8 mA 驱动
	ulPadType:指定管脚类型,应当取下列值之一	
	GPIO_PIN_TYPE_STD	// 推挽
	GPIO_PIN_TYPE_STD_WPU	// 带弱上拉的推挽
	GPIO_PIN_TYPE_STD_WPD	// 带弱下拉的推挽
	GPIO_PIN_TYPE_OD	// 开漏
	GPIO_PIN_TYPE_OD_WPU	// 带弱上拉的开漏
	GPIO_PIN_TYPE_OD_WPD	// 带弱下拉的开漏
	GPIO_PIN_TYPE_ANALOG	// 模拟比较器
返回	无	

表 5.4 函数 GPIOPadConfigGet( )

函数名称	函数 GPIOPadConfigGet( )
功能	获取所选 GPIO 端口指定管脚的驱动强度和类型
原型	void GPIOPadConfigGet (unsigned long ulPort, unsigned char ucPins, unsigned long ulStrength, unsigned long ulPadType)

函数名称	函数 GPIOPadConfigGet( )
参数	ulPort:所选 GPIO 端口的基址 ucPins:指定管脚的位组合表示 pulStrength:指针,指向保存输出驱动强度信息的存储单元 pulPadType:指针,指向保存输出驱动类型信息的存储单元
返回	无

　　关于转换速率,对输出信号采取适当舒缓的转换速率控制对抑制信号在传输线上的反射和电磁干扰非常有效。按照 Stellaris 系列 ARM 数据手册里给出的数据:在 2 mA 驱动下 GPIO 输出的上升和下降时间为 17 ns(典型值,下同);而在 8 mA 驱动下加快到 6 ns,电磁干扰现象可能比较突出;但在使能 8 mA 转换速率控制以后,上升和下降时间分别为 10 ns 和 11 ns,有了明显的延缓。8 mA 驱动在使能其转换速率控制后,并不影响其直流驱动能力,仍然是 8 mA。

3. GPIO 管脚类型设置

　　这是一系列以 GPIOPinType 开头的函数。其中前三个函数(见表 5.5、表 5.6、表 5.7)用来配置 GPIO 管脚的类型,很常用,其他函数(见表 5.8、表 5.9)用于将 GPIO 管脚配置为其他外设模块的硬件功能。

表 5.5　函数 GPIOPinTypeGPIOInput( )

函数名称	函数 GPIOPinTypeGPIOInput( )
功能	设置所选 GPIO 端口指定的管脚为高阻输入模式
原型	void GPIOPinTypeGPIOInput(unsigned long ulPort, unsigned char ucPins)
参数	ulPort:所选 GPIO 端口的基址 ucPins:指定管脚的位组合表示
返回	无

表 5.6　函数 GPIOPinTypeGPIOOutput( )

函数名称	函数 GPIOPinTypeGPIOOutput( )
功能	设置所选 GPIO 端口指定的管脚为推挽输出模式
原型	GPIOPinTypeGPIOOutput(unsigned long ulPort, unsigned char ucPins)
参数	ulPort:所选 GPIO 端口的基址 ucPins:指定管脚的位组合表示
返回	无

表 5.7　函数 GPIOPinTypeGPIOOutputOD( )

函数名称	函数 GPIOPinTypeGPIOOutputOD( )
功能	设置所选 GPIO 端口指定的管脚为开漏输出模式
原型	GPIOPinTypeGPIOOutputOD(unsigned long ulPort, unsigned char ucPins)
参数	ulPort:所选 GPIO 端口的基址 ucPins:指定管脚的位组合表示
返回	无

由于前三个函数名称太长,所以在实际编程中我们常常采用如下简短的定义:

```
# define GPIOPinTypeIn      GPIOPinTypeGPIOInput
# define GPIOPinTypeOut     GPIOPinTypeGPIOOutput
# define GPIOPinTypeOD      GPIOPinTypeGPIOOutputOD
```

表 5.8　函数 GPIOPinTypeADC( )

函数名称	函数 GPIOPinTypeADC( )
功能	设置所选 GPIO 端口指定的管脚为 ADC 功能
原型	void GPIOPinTypeADC(unsigned long ulPort, unsigned char ucPins)
参数	ulPort:所选 GPIO 端口的基址 ucPins:指定管脚的位组合表示
返回	无
备注	对于 Sandstorm 和 Fury 家族,ADC 管脚是独立存在的,没有与任何 GPIO 管脚复用,因此使用 ADC 功能时不需要调用本函数。对于 2008 年新推出的 DustDevil 家族,ADC 管脚与 GPIO 管脚是复用的,因此使用 ADC 功能时就必须要调用本函数进行配置

表 5.9　其他函数

函数名称	函数 GPIOPinTypeCAN( ); 函数 GPIOPinTypeComparator( ); 函数 GPIOPinTypeI2C( );函数 GPIOPinTypePWM( ); 函数 GPIOPinTypeQEI( );函数 GPIOPinTypeSSI( ); 函数 GPIOPinTypeTimer( );函数 GPIOPinTypeUART( ); 函数 GPIOPinTypeUSBDigital( );
功能	设置所选 GPIO 端口指定的管脚为 CAN、Comparator、I^2C、PWM、QEI、SSI、Timer、UART、USBDigital 功能
原型	void GPIOPinTypeCAN/ Comparator/ I2C/PWM/QEI/SSI/Timer/UART/USBDigital (unsigned long ulPort, unsigned char ucPins)
参数	ulPort:所选 GPIO 端口的基址 ucPins:指定管脚的位组合表示
返回	无
备注	这些功能都大同小异,在此不一一列出

4. GPIO 管脚读写

对 GPIO 管脚的读写操作是通过函数 GPIOPinWrite( )和 GPIOPinRead( )实现的,这是两个非常重要而且很常用的库函数,参见表 5.10 和表 5.11 的描述。

表 5.10　函数 GPIOPinWrite( )

函数名称	函数 GPIOPinWrite( )
功能	向所选 GPIO 端口的指定管脚写入一个值,以更新管脚状态
原型	void GPIOPinWrite(unsigned long ulPort, unsigned char ucPins, unsigned char ucVal);

函数名称	函数 GPIOPinWrite( )
参数	ulPort：所选 GPIO 端口的基址 ucPins：指定管脚的位组合表示 ucVal：写入指定管脚的值 注：ucPins 指定的管脚对应的 ucVal 中的位如果是 1，则置位相应的管脚；如果是 0，则清零相应的管脚。ucPins 未指定的管脚不受影响
返回	无

函数使用示例如下。

（1）清除 PA3：

```
GPIOPinWrite(GPIO_PORTA_BASE, GPIO_PIN_3, 0x00);
```

（2）置位 PB5：

```
GPIOPinWrite(GPIO_PORTB_BASE, GPIO_PIN_5, 0xFF);
```

（3）置位 PD2、PD6：

```
GPIOPinWrite(GPIO_PORTD_BASE, GPIO_PIN_2 | GPIO_PIN_6, 0xFF);
```

（4）变量 ucData 输出到 PA0～PA7：

```
GPIOPinWrite(GPIO_PORTA_BASE, 0xFF, ucData);
```

表 5.11　函数 GPIOPinRead( )

函数名称	函数 GPIOPinRead( )
功能	读取所选 GPIO 端口指定管脚的值
原型	long GPIOPinRead(unsigned long ulPort，unsigned char ucPins)
参数	ulPort：所选 GPIO 端口的基址 ucPins：指定管脚的位组合表示
返回	返回 1 个位组合的字节。该字节提供了 ucPins 指定管脚的状态，对应的位值表示 GPIO 管脚的高低状态。ucPins 未指定的管脚位值是 0。返回值已强制转换为 long 型，因此位 31:8 应该忽略

函数使用示例如下。

（1）读取 PA4，返回值保存在 ucData 里，可能的值是 0x00 或 0x10：

```
ucData= GPIOPinRead(GPIO_PORTA_BASE, GPIO_PIN_4);
```

（2）同时读取 PB1、PB2 和 PB6，返回 PB1、PB2 和 PB6 的位组合，保存在 ucData 里：

```
ucData= GPIOPinRead(GPIO_PORTB_BASE, GPIO_PIN_1 | GPIO_PIN_2 | GPIO_PIN_6);
```

（3）读取整个 PF 端口：

```
ucData= GPIOPinRead(GPIO_PORTF_BASE, 0xFF);
```

5.2 中　　断

5.2.1 中断基本概念

中断(interrupt)是 MCU 实时地处理内部或外部事件的一种机制。当某种内部或外部事件发生时,MCU 的中断系统将迫使 CPU 暂停正在执行的程序,转而处理中断事件,中断处理完毕后,又返回被中断的程序处,继续执行下去。

图 5.9 为中断过程示意图。主程序正在执行,当遇到中断请求(interrupt request)时,CPU 暂停主程序的执行转而去执行中断服务例程(interrupt service routine,ISR),称为响应;中断服务例程执行完毕后返回到主程序断点处并继续执行主程序。

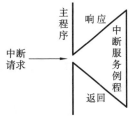

图 5.9　中断过程示意图

5.2.2 Stellaris 中断基本编程方法

利用 Stellaris 外设驱动库编写一个中断程序的基本方法如下。

1. 使能相关片内外设,并进行基本配置

对于中断源所涉及的片内外设必须首先使能,使能的方法是调用头文件〈sysctl.h〉中的函数 SysCtlPeripheralEnable( )。使能该片内外设以后,还要进行必要的基本配置。

2. 设置具体中断的类型或触发方式

不同片内外设的中断类型或触发方式也各不相同。在使能中断之前,必须对其进行正确的设置。以 GPIO 为例,中断触发方式分为边沿触发、电平触发两大类,共包含五种,这要通过调用函数 GPIOIntTypeSet( )来进行设置。

3. 使能中断

对于 Stellaris 系列 ARM,使能一个片内外设的具体中断,通常要采取分三步走的方法:

(1) 调用片内外设具体中断的使能函数;

(2) 调用函数 IntEnable( ),使能片内外设的总中断;

(3) 调用函数 IntMasterEnable( ),使能处理器总中断。

4. 编写中断服务函数

C 语言是函数式语言,ISR 可以称为中断服务函数。中断服务函数在形式上与普通函数类似,但在命名及具体的处理上有所不同。

1) 中断服务函数命名

在 Keil 或 IAR 开发环境下,中断服务函数的名称可以由程序员自行指定,但是为了提高程序的可移植性,我们还是建议采用标准的中断服务函数名称,参见表 5.12。例如,GPIOB 端口的中断服务函数名称是 GPIO_Port_B_ISR,对应的函数头应当是 void GPIO_Port_B_ISR(void)。注意:参数和返回值都必须是 void 类型。

2) 中断状态查询

一个具体的片内外设可能存在多个子中断源,但是都共用同一个中断向量。例如 GPIOA

表 5.12　中断服务函数标准名称

向量号	中断服务函数名称	向量号	中断服务函数名称	向量号	中断服务函数名称
0	（堆栈初值）	22	UART1_ISR	44	System_Control_ISR
1	reset_handler	23	SSI_ISR 或 SSI0_ISR	45	FLASH_Control_ISR
2	Nmi_ISR	24	I2C_ISR 或 I2C0_ISR	46	GPIO_Port_F_ISR
3	Fault_ISR	25	PWM_Fault_ISR	47	GPIO_Port_G_ISR
4	（MPU）	26	PWM_Generator_0_ISR	48	GPIO_Port_H_ISR
5	（Bus fault）	27	PWM_Generator_1_ISR	49	UART2_ISR
6	（Usage fault）	28	PWM_Generator_2_ISR	50	SSI1_ISR
7	（Reserved）	29	QEI_ISR 或 QEI0_ISR	51	Timer3A_ISR
8	（Reserved）	30	ADC_Sequence_0_ISR	52	Timer3B_ISR
9	（Reserved）	31	ADC_Sequence_1_ISR	53	I2C1_ISR
10	（Reserved）	32	ADC_Sequence_2_ISR	54	QEI1_ISR
11	SVCall_ISR	33	ADC_Sequence_3_ISR	55	CAN0_ISR
12	（Debug monitor）	34	Watchdog_Timer_ISR	56	CAN1_ISR
13	（Reserved）	35	Timer0A_ISR	57	CAN2_ISR
14	PendSV_ISR	36	Timer0B_ISR	58	ETHERNET_ISR
15	SysTick_ISR	37	Timer1A_ISR	59	HIBERNATE_ISR
16	GPIO_Port_A_ISR	38	Timer1B_ISR	60	USB0_ISR
17	GPIO_Port_B_ISR	39	Timer2A_ISR	61	PWM_Generator_3_ISR
18	GPIO_Port_C_ISR	40	Timer2B_ISR	62	uDMA_ISR
19	GPIO_Port_D_ISR	41	Analog_Comparator_0_ISR	63	uDMA_Error_ISR
20	GPIO_Port_E_ISR	42	Analog_Comparator_1_ISR		
21	UART0_ISR	43	Analog_Comparator_2_ISR		

有 8 个管脚，每个管脚都可以产生中断，但是都共用同一个中断向量号 16，任一管脚发生中断时都会进入同一个中断服务函数。为了能够准确区分每一个子中断源，需要利用中断状态查询函数，例如，GPIO 的中断状态查询函数是 GPIOPinIntStatus( )。如果不使能中断，而采取纯粹的"轮询"编程方式，则也要利用中断状态查询函数来确定是否发生了中断，以及具体是哪个子中断源产生的中断。

3）中断清除

对于 Stellaris 系列 ARM 的所有片内外设，在进入其中断服务函数后，中断状态并不能自动清除，而必须采用软件清除（但是属于 Cortex-M3 内核的中断源例外，因为它们不属于外设）。如果中断未被及时清除，则在退出中断服务函数时会立即再次触发中断而造成混乱。清除中断的方法是调用相应片内外设的中断清除函数。例如，GPIO 端口的中断清除函数是

GPIOPinIntClear( )。

　　程序清单 5-1 以 GPIOA 中断为例,给出了外设中断服务函数的经典编写方法。其关键是先将外设的中断状态读到变量 ulStatus 中,然后及时、放心地清除全部中断状态,剩下的工作就是排列多个 if 语句分别进行处理了。

程序清单 5-1　中断服务函数经典编写方法

```
//  GPIOA 的中断服务函数
void GPIO_Port_A_ISR(void)
{
  unsigned long ulStatus;

  ulStatus= GPIOPinIntStatus(GPIO_PORTA_BASE, true);   // 读取中断状态
  GPIOPinIntClear(GPIO_PORTA_BASE, ulStatus);          // 清除中断状态,重要

  if (ulStatus & GPIO_PIN_0)                           //如果 PA0 的中断状态有效
  {
     //在这里添加 PA0 的中断处理代码
  }
  if (ulStatus & GPIO_PIN_1)                           //如果 PA1 的中断状态有效
   {
   //在这里添加 PA1 的中断处理代码
   }
  //如果还有其他管脚的中断需要处理,请继续并列类似的 if 语句
  }
```

5. 注册中断服务函数

　　现在,中断服务函数虽然已经编写完成,但是当中断事件产生时程序还无法找到它,因为还缺少最后一个步骤——注册中断服务函数。注册方法有两种,一种是直接利用中断注册函数,优点是操作简单、可移植性好,缺点是把中断向量表重新映射到 SRAM 中会导致执行效率下降;另一种方法需要修改启动文件,优点是执行效率很高,缺点是可移植性不够好。经过权衡后,我们还是推荐大家采用后一种方法,因为效率优先,操作也并不复杂。在不同的软件开发环境下,通过修改启动文件注册中断服务函数的方法也各不相同。

　　在 IAR 开发环境下,启动文件"startup_ewarm.c"是用 C 语言写的,很好理解。仍以中断服务函数"void I2C_ISR(void)"为例,先在向量表的前面插入函数声明:

```
void I2C_ISR(void);
```

　　然后在向量表里,根据注释内容找到外设 I2C0 的位置,把相应的"IntDefaultHandler"替换为"I2C_ISR",完成。

　　在上述几个步骤完成后,就可以等待中断事件的到来了。当中断事件产生时,程序就会自动跳转到对应的中断服务函数。

5.2.3　中断库函数

1. 中断使能与禁止

调用库函数 IntMasterEnable( )将使能 ARM Cortex-M3 处理器内核总中断,调用库函

数 IntMasterDisable( )将禁止 ARM Cortex-M3 处理器内核响应所有中断,参见表 5.13 和表 5.14 的描述。例外情况是复位、不可屏蔽中断、硬故障中断,它们可能随时发生而无法通过软件禁止。

表 5.13　函数 IntMasterEnable( )

函数名称	IntMasterEnable( )
功能	使能处理器中断
原型	tBoolean IntMasterEnable(void)
参数	无
返回	如果在调用该函数之前处理器中断是使能的,则返回 false 如果在调用该函数之前处理器中断是禁止的,则返回 true
备注	对复位(reset)、不可屏蔽中断(NMI)、硬故障(hard fault)无效

表 5.14　函数 IntMasterDisable( )

函数名称	IntMasterDisable( )
功能	禁止处理器中断
原型	tBoolean IntMasterDisable(void)
参数	无
返回	如果在调用该函数之前处理器中断是使能的,则返回 false 如果在调用该函数之前处理器中断是禁止的,则返回 true

库函数 IntEnable( )和 IntDisable( )的作用是对某个片内功能模块的中断进行总体上的使能控制。中断分为两大类:一类是属于 ARM Cortex-M3 内核的,如 NMI、SysTick 等,中断向量号在 15 及以内;另一类是 Stellaris 系列 ARM 特有的,如 GPIO、UART、PWM 等,中断向量号在 16 及以上。详见表 5.15、表 5.16 和表 5.17 的描述。

表 5.15　函数 IntEnable( )

函数名称	IntEnable( )
功能	使能一个片内外设的中断
原型	void IntEnable(unsigned long ulInterrupt)
参数	ulInterrupt:指定被使能的片内外设中断,具体取值请参考表 5.12 的描述
返回	无

表 5.16　函数 IntDisable( )

函数名称	IntDisable( )
功能	禁止一个片内外设的中断
原型	void IntDisable(unsigned long ulInterrupt)
参数	ulInterrupt:指定被使能的片内外设中断,具体取值请参考表 5.12 的描述
返回	无

表 5.17　Stellaris 系列 ARM 的中断

中 断 名 称	中断向量号	功 能 描 述
FAULT_NMI	2	NMI fault(不可屏蔽中断故障)
FAULT_HARD	3	Hard fault(硬故障)
FAULT_MPU	4	MPU fault(存储器保护单元故障)
FAULT_BUS	5	Bus fault(总线故障)
FAULT_USAGE	6	Usage fault(使用故障)
FAULT_SVCALL	11	SVCall(软件中断)
FAULT_DEBUG	12	Debug monitor(调试监控)
FAULT_PENDSV	14	PendSV(系统服务请求)
FAULT_SYSTICK	15	System Tick(系统节拍定时器)
INT_GPIOA	16	GPIO Port A(GPIO 端口 A)
INT_GPIOB	17	GPIO Port B(GPIO 端口 B)
INT_GPIOC	18	GPIO Port C(GPIO 端口 C)
INT_GPIOD	19	GPIO Port D(GPIO 端口 D)
INT_GPIOE	20	GPIO Port E(GPIO 端口 E)
INT_UART0	21	UART0 Rx and Tx(UART0 收发)
INT_UART1	22	UART1 Rx and Tx(UART1 收发)
INT_SSI	23	SSI Rx and Tx(SSI 收发)
INT_SSI0	23	SSI0 Rx and Tx(SSI0 收发,与 INT_SSI 相同)
INT_I2C	24	I^2C Master and Slave(I^2C 主从)
INT_I2C0	24	I^2C0 Master and Slave(I^2C0 主从,与 INT_I2C 相同)
INT_PWM_FAULT	25	PWM fault(PWM 故障)
INT_PWM0	26	PWM Generator 0(PWM 发生器 0)
INT_PWM1	27	PWM Generator 1(PWM 发生器 1)
INT_PWM2	28	PWM Generator 2(PWM 发生器 2)
INT_QEI	29	Quadrature Encoder(正交编码器)
INT_QEI0	29	Quadrature Encoder 0(正交编码器 0,与 INT_QEI 相同)
INT_ADC0	30	ADC Sequence 0(ADC 采样序列 0)
INT_ADC1	31	ADC Sequence 1(ADC 采样序列 1)
INT_ADC2	32	ADC Sequence 2(ADC 采样序列 2)
INT_ADC3	33	ADC Sequence 3(ADC 采样序列 3)
INT_WATCHDOG	34	Watchdog timer(看门狗定时器)
INT_TIMER0A	35	Timer 0 subtimer A(定时器 0 子定时器 A)

续表

中断名称	中断向量号	功能描述
INT_TIMER0B	36	Timer 0 subtimer B(定时器 0 子定时器 B)
INT_TIMER1A	37	Timer 1 subtimer A(定时器 1 子定时器 A)
INT_TIMER1B	38	Timer 1 subtimer B(定时器 1 子定时器 B)
INT_TIMER2A	39	Timer 2 subtimer A(定时器 2 子定时器 A)
INT_TIMER2B	40	Timer 2 subtimer B(定时器 2 子定时器 B)
INT_COMP0	41	Analog Comparator 0(模拟比较器 0)
INT_COMP1	42	Analog Comparator 1(模拟比较器 1)
INT_COMP2	43	Analog Comparator 2(模拟比较器 2)
INT_SYSCTL	44	System Control(PLL, OSC, BO)(系统控制,PLL,OSC,BO)
INT_FLASH	45	Flash Control(闪存控制)
INT_GPIOF	46	GPIO Port F(GPIO 端口 F)
INT_GPIOG	47	GPIO Port G(GPIO 端口 G)
INT_GPIOH	48	GPIO Port H(GPIO 端口 H)
INT_UART2	49	UART2 Rx and Tx(UART2 收发)
INT_SSI1	50	SSI1 Rx and Tx(SSI1 收发)
INT_TIMER3A	51	Timer 3 subtimer A(定时器 3 子定时器 A)
INT_TIMER3B	52	Timer 3 subtimer B(定时器 3 子定时器 B)
INT_I2C1	53	I^2C1 Master and Slave(I^2C1 主从)
INT_QEI1	54	Quadrature Encoder 1(正交编码器 1)
INT_CAN0	55	CAN0(CAN 总线 0)
INT_CAN1	56	CAN1(CAN 总线 1)
INT_CAN2	57	CAN2(CAN 总线 2)
INT_ETH	58	Ethernet(以太网)
INT_HIBERNATE	59	Hibernation module(冬眠模块)
INT_USB0	60	USB 0 Controller(USB0 控制器)
INT_PWM3	61	PWM Generator 3(PWM 发生器 3)
INT_UDMA	62	μDMA Controller(μDMA 控制器)
INT_UDMAERR	63	μDMA Error(μDMA 错误)

2. 中断优先级

ARM Cortex-M3 处理器内核可以配置的中断优先级最多为 256 级。虽然 Stellaris 系列 ARM 只实现了 8 个中断优先级,但对于实际的应用来说已经足够了。在较为复杂的控制系统中,中断优先级的设置会显得非常重要。

函数 IntPrioritySet( )和 IntPriorityGet( )用来管理一个片内外设的优先级,参见表 5.18

和表 5.19 的描述。当多个中断源同时产生时,优先级最高的中断首先被处理器响应并得到
处理。正在处理较低优先级中断时,如果有较高优先级的中断产生,则处理器立即转去处理较
高优先级的中断。正在处理的中断不能被同级或较低优先级的中断所打断。

表 5.18　函数 IntPrioritySet( )

函数名称	IntPrioritySet( )
功能	设置一个中断的优先级
原型	void IntPrioritySet(unsigned long ulInterrupt, unsigned char ucPriority)
参数	ulInterrupt:指定的中断源,具体取值请参考表 5.17 的描述 ucPriority:要设定的优先级,应当取值 0~7,数值越小优先级越高
返回	无

表 5.19　函数 IntPriorityGet( )

函数名称	IntPriorityGet( )
功能	获取一个中断的优先级
原型	long IntPriorityGet(unsigned long ulInterrupt)
参数	ulInterrupt:指定的中断源,具体取值请参考表 5.17 的描述
返回	返回中断优先级数值,该返回值除以 32(即右移 5 位)后才能得到优先级数 0~7。如果指定了一个无效的中断,则返回-1

函数 IntPriorityGroupingSet( )和 IntPriorityGroupingGet( )用来管理抢占式优先级和
子优先级的分组设置,参见表 5.20 和表 5.21 的描述。

表 5.20　函数 IntPriorityGroupingSet( )

函数名称	IntPriorityGroupingSet( )
功能	设置中断控制器的优先级分组
原型	void IntPriorityGroupingSet(unsigned long ulBits)
参数	ulBits:指定抢占式优先级位数,取值 0~7,但对 Stellaris 系列 ARM 取值 3~7 效果等同
返回	无

表 5.21　函数 IntPriorityGroupingGet( )

函数名称	IntPriorityGroupingGet( )
功能	获取中断控制器的优先级分组
原型	unsigned long IntPriorityGroupingGet(void)
参数	无
返回	返回抢占式优先级位数,取值 0~7,但对 Stellaris 系列 ARM 返回值 3~7 效果等同

重要规则:对于多个抢占式优先级相同的中断源,不论子优先级是否相同,如果某个中断
已经在服务当中,则其他中断源都不能打断它(可以末尾连锁);只有抢占式优先级高的中断
才可以打断其他抢占式优先级低的中断。

由于 Stellaris 系列 ARM 只实现了 3 个优先级位,因此实际有效的抢占式优先级位数只

能设为 0~3。如果抢占式优先级位数为 3,则子优先级都是 0,实际上可嵌套的中断层数是 8 层;如果抢占式优先级位数为 2,则子优先级为 0~1,实际可嵌套的中断层数为 4 层;以此类推,当抢占式优先级位数为 0 时,实际可嵌套的中断层数为 1 层,即不允许中断嵌套。

5.3　弹射开关 GPIO 设计实例

设计要求:电磁弹射系统包括众多的电气控制柜,对于每个电气控制柜,都有本地控制和遥控两种方式,其中本地控制一般包括启动、急停、自检等功能。对于本地控制的按键,一般将这些按键信号转变为高低电平信号后交给 GPIO 进行处理即可。由于电磁弹射系统包含大量的大功率变流设备,功率器件在高速开关过程中无疑对 GPIO 有一定的影响,因此,对于弹射中的 GPIO 设计来讲,首先硬件上要进行充分的抗干扰处理。一般按键的抗干扰电路如图 5.10 所示。

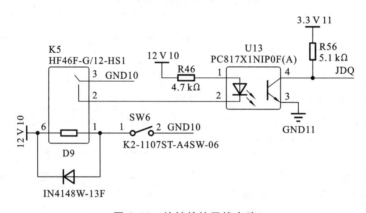

图 5.10　按键的抗干扰电路

在硬件电路中,对于 GPIO 的输入,主要考虑两个问题。首先,按键一般安装在柜体上,距离嵌入式 CPU 有一定的距离,因此输入的信号需要抬升电压,一般采用 24 V 或者 12 V。其次,抗干扰是重点考虑的问题,电磁弹射装置功率大,功率器件工作在瞬时状态,功率器件在工作时电磁干扰将会影响嵌入式系统的 GPIO 模块。为了解决干扰问题,对于 GPIO 而言,要增加光电隔离措施,比如采用光耦或者光纤来传输 GPIO 信号。在上述电路中,当按钮 SW 闭合后,继电器 K5 的常开触点闭合,光耦 PC817 光敏三极管工作,输出的信号 JDQ 被拉到低电平,而缺省情况下,信号 JDQ 则被拉高到高电平了。按键的抗干扰处理程序清单 5-2 如下。

程序清单 5-2　按键的抗干扰处理

```
// 定义 LED
#define  LED_PERIPH          SYSCTL_PERIPH_GPIOF
#define  LED_PORT            GPIO_PORTF_BASE
#define  LED_PIN             GPIO_PIN_3
// 定义 KEY
#define  KEY_PERIPH          SYSCTL_PERIPH_GPIOD
#define  KEY_PORT            GPIO_PORTD_BASE
#define  KEY_PIN             GPIO_PIN_7
#define  KEY_TIMER           1000
unsigned int key_count=0;
```

```
//  主函数(程序入口)
int main(void)
{
    clockInit();
    SysCtlPeriEnable(LED_PERIPH);
    GPIOPinTypeOut(LED_PORT, LED_PIN);
    GPIOPinWrite(LED_PORT, LED_PIN, 0xff);
    SysCtlPeriEnable(KEY_PERIPH);
    GPIOPinTypeIn(KEY_PORT, KEY_PIN);

    SysTickPeriodSet(600UL);
    SysTickIntEnable();
    IntMasterEnable();
    SysTickEnable();
    for (;;)
    {
    }
}


void SysTick_ISR(void)
{

    if (GPIOPinRead(KEY_PORT, KEY_PIN)= = 0x00)
    {
        key_count+ + ;
        if(key_count> = KEY_TIMER)
        {
            GPIOPinWrite(LED_PORT, LED_PIN, 0x00);
            key_count= 0;
        }
    }
    else
        key_count= 0;
}
```

小　结

本章介绍了 LM3S8962 微处理器的 GPIO 模块,结合 GPIO 的输入编程,重点分析了 LM3S8962 微处理器的中断编程机制。

习　题

1. 列举 GPIO 在电磁发射嵌入式系统中的应用。

2. 编写某一 GPIO 引脚(PD5)输出 50 Hz 的方波程序,注意采用普通的延时函数。

3. 编写某一 GPIO 引脚(PF2)控制板载红灯,实现呼吸灯效果,注意采用普通的延时函数。

4. 对于按键的编程,查询编程与中断编程有什么本质区别? 各有什么优点和缺点?

5. LM3S8962 微处理器的中断编程有哪几个关键步骤?

6. 中断向量表的修改有哪些注意事项?

第6章 定时器及PWM

在电磁发射系统中,有很多周期性的控制任务,包括定时采集电流、电压,定时判断设备是否温度过高、压力过大;同时还需要进行脉冲宽度调制(pulse-width modulation,PWM)信号的输出任务等。这些控制任务的完成都离不开定时器模块和PWM模块。

6.1 系统节拍定时器

SysTick 是一个简单的系统时钟节拍计数器,它属于 ARM Cortex-M3 内核嵌套向量中断控制器 NVIC 里的一个功能单元,而非片内外设。SysTick 常用于操作系统(如 μC/OS-Ⅱ、FreeRTOS 等)的系统节拍定时。本节主要介绍 SysTick 的功能、基本操作函数、SysTick 中断控制函数和应用示例函数。

6.1.1 SysTick 功能简介

由于 SysTick 属于 ARM Cortex-M3 内核里的一个功能单元,因此可使用 SysTick 作为操作系统节拍定时器,使得操作系统代码在不同厂家的 ARM Cortex-M3 内核芯片上都能够方便地进行移植。

SysTick 被捆绑在 NVIC 中,用于产生 SysTick 异常(异常号:15)。在传统的方式下,操作系统及所有使用了时基的系统,都必须由硬件定时器来产生需要的滴答中断,作为整个系统的时基。滴答中断对操作系统尤其重要。例如,操作系统可以为多个任务许以不同数目的时间片,确保没有一个任务能霸占系统,或者为每个定时器周期的某个时间范围赐予特定任务等,以及操作系统提供的各种功能,都与滴答定时器有关。因此需要一个定时器来产生周期性中断,最好还要让用户程序不能随意访问它的寄存器,以维持操作系统"心跳"的节律。

SysTick 是一个 24 位的计数器,采用倒计时方式工作。SysTick 设定初值并使能后,每经过一个系统时钟周期,计数值就减 1。计数到 0 时,SysTick 自动重装初值并继续运行,同时申请中断,以通知系统下一步做何动作。当然,在不采用操作系统的场合下,SysTick 完全可以作为一般的定时/计数器使用。SysTick 有如下使用方法:

(1)用作 RTOS(实时操作系统)的时钟节拍定时器,以编程设定的频率启动,调用一个 SysTick 程序。

(2)用作系统时钟的高速报警定时器。

(3)用作速率可变的报警或信号定时器。它的定时时间取决于使用的参考时钟和计数器的动态范围。

(4)用作简单计数器。软件可以使用它来测量完成操作的时间。

(5)根据未到达/到达的时间来控制内部时钟。作为动态时钟管理循环的一个部分,

SysTick 控制和状态寄存器中的 COUNTFLAG 域可以用来决定某项操作是否在设定时间内完成。

6.1.2　SysTick 基本操作

利用 Stellaris 外设驱动库操作 SysTick 是非常简单的。无论是配置还是操作,SysTick 的用法都比一般片内外设简单。函数 SysTickPeriodSet( )用于设置 SysTick 的周期值。函数 SysTickPeriodGet( )用于获取当前设定的 SysTick 周期值。

函数 SysTickEnable( )用于使能 SysTick,开始倒计数;函数 SysTickDisable( )用于关闭 SysTick,停止计数。函数 SysTickValueGet( )用于获取 SysTick 的当前值。

这些库函数描述请参考表 6.1、表 6.2、表 6.3、表 6.4 和表 6.5。

表 6.1　函数 SysTickPeriodSet( )

函数名称	SysTickPeriodSet( )
功能	设置 SysTick 的周期值
原型	void SysTickPeriodSet(unsigned long ulPeriod)
参数	ulPeriod:SysTick 每个周期的时钟节拍数,取值 1~16777216
返回	无

表 6.2　函数 SysTickPeriodGet( )

函数名称	SysTickPeriodGet( )
功能	获取 SysTick 的周期值
原型	unsigned long SysTickPeriodGet(void)
参数	无
返回	1~16777216

表 6.3　函数 SysTickEnable( )

函数名称	SysTickEnable( )
功能	使能 SysTick,开始倒计数
原型	void SysTickEnable(void)
参数	无
返回	无

表 6.4　函数 SysTickDisable( )

函数名称	SysTickDisable( )
功能	关闭 SysTick,停止计数
原型	void SysTickDisable(void)
参数	无
返回	无

表 6.5　函数 SysTickValueGet( )

函数名称	SysTickValueGet( )
功能	获取 SysTick 的当前值
原型	unsigned long SysTickValueGet(void)
参数	无
返回	SysTick 的当前值,该值的范围是:0～函数 SysTickPeriodSet( )设定的初值－1

程序清单 6-1 是 SysTick 的一个简单应用,能利用其计算一段程序的执行时间,结果通过 UART 输出。在程序中,被计算执行时间的是 SysCtlDelay( )这个函数,延时时间为 50000 μs,最终实际运行的结果是 50004 μs,误差很小。

程序清单 6-1　SysTick 例程:计算一段程序的执行时间

文件:main.c

```c
#include  "systemInit.h"
#include  "uartGetPut.h"
#include  <systick.h>
#include  <stdio.h>
//  主函数(程序入口)
int main(void)
{
    unsigned long ulStart, ulStop;
    unsigned long ulInterval;
    char s[40];
    clockInit();                            //时钟初始化:晶振,6 MHz
    uartInit();                             //UART 初始化
    SysTickPeriodSet(6000000UL);            //设置 SysTick 的周期值
    SysTickEnable();                        //使能 SysTick
    ulStart= SysTickValueGet();             //读取 SysTick 当前值(初值)
    SysCtlDelay(50* (TheSysClock / 3000));  //延时一段时间
    ulStop= SysTickValueGet();              //读取 SysTick 当前值(终值)
    SysTickDisable();                       //关闭 SysTick
    ulInterval=ulStart-ulStop;              //计算时间间隔
    sprintf(s, "% ld us\r\n", ulInterval/6);//输出结果,单位为 μs
    uartPuts(s);
    for (;;)
    {
    }
}
```

6.1.3　SysTick 中断控制

SysTick 的中断控制也非常简单,配置时只需要使能 SysTick 中断和处理器中断,而且进入中断服务函数后硬件会自动清除中断状态,无须手工清除。

　　函数 SysTickIntEnable( )用于使能 SysTick 中断,函数 SysTickIntDisable( )用于禁止 SysTick 中断;函数 SysTickIntRegister( )用于注册一个 SysTick 中断的中断服务函数,函数 SysTickIntUnregister( )用于注销一个 SysTick 中断的中断服务函数。

　　这些库函数描述请参考表 6.6、表 6.7、表 6.8 和表 6.9。

表 6.6　函数 SysTickIntEnable( )

函数名称	SysTickIntEnable( )
功能	使能 SysTick 中断
原型	void SysTickIntEnable(void)
参数	无
返回	无

表 6.7　函数 SysTickIntDisable( )

函数名称	SysTickIntDisable( )
功能	禁止 SysTick 中断
原型	void SysTickIntDisable(void)
参数	无
返回	无

表 6.8　函数 SysTickIntRegister( )

函数名称	SysTickIntRegister( )
功能	注册一个 SysTick 中断的中断服务函数
原型	void SysTickIntRegister(void (* pfnHandler)(void))
参数	pfnHandler:指向 SysTick 中断产生时被调用的函数的指针
返回	无

表 6.9　函数 SysTickIntUnregister( )

函数名称	SysTickIntUnregister( )
功能	注销一个 SysTick 中断的中断服务函数
原型	void SysTickIntUnregister(void)
参数	无
返回	无

　　程序清单 6-2 是 SysTick 中断的简单示例。在 SysTick 中断服务函数 SysTick_ISR( )中不需要手工清除中断状态,直接执行用户代码即可。程序运行后,LED 会不断闪烁。

　　设计思路:通过将 SysTick 的时钟定时器作为中断,在中断函数内控制 LED 灯的闪烁。编程实现时主要完成时钟初始化、使能 LED 所在的 GPIO 端口、设置 LED 所在管脚为输出、设置 SysTick 的周期值、使能 SysTick 中断、使能处理器中断、使能 SysTick,然后主程序进入等待中断时间。当中断时间到来时,进入 SysTick 的中断服务函数,在中断函数中实现 LED 翻转,实现闪烁。

程序清单 6-2　SysTick 例程：中断操作

文件：main. c

```c
#include  "systemInit.h"
#include  <systick.h>

//定义 LED
#define   LED_PERIPH          SYSCTL_PERIPH_GPIOG
#define   LED_PORT            GPIO_PORTG_BASE
#define   LED_PIN             GPIO_PIN_2

//主函数(程序入口)
int main(void)
{
    clockInit();                            //时钟初始化:晶振,6 MHz
    SysCtlPeriEnable(LED_PERIPH);           //使能 LED 所在的 GPIO 端口
    GPIOPinTypeOut(LED_PORT, LED_PIN);      //设置 LED 所在管脚为输出
    SysTickPeriodSet(3000000UL);            //设置 SysTick 的周期值
    SysTickIntEnable();                     //使能 SysTick 中断
    IntMasterEnable();                      //使能处理器中断
    SysTickEnable();                        //使能 SysTick
    for (;;)
    {
    }
}
//SysTick 的中断服务函数
void SysTick_ISR(void)
{                                           //硬件自动清除 SysTick 中断状态
    unsigned char ucVal;
    ucVal=GPIOPinRead(LED_PORT, LED_PIN);   //反转 LED
    GPIOPinWrite(LED_PORT, LED_PIN, ~ ucVal);
}
```

6.2　通用定时器

本节主要介绍通用定时器总体特性、功能、定时器库函数及应用例程。定时器工作模式包括 32 位单次触发定时、32 位周期定时、32 位 RTC(实时时钟)定时、16 位单次触发定时(预分频)、16 位周期定时(预分频)、16 位输入边沿计数捕获、16 位输入边沿定时捕获、16 位 PWM。

6.2.1　定时器功能概述

定时器用 Timer 表示。Timer 模块的功能在总体上可以分成 32 位模式和 16 位模式两大类。在 32 位模式下，TimerA 和 TimerB 被连在一起形成一个完整的 32 位计数器，对 Timer 的各项操作，如装载初值、运行控制、中断控制等，都用对 TimerA 的操作作为总体上的

32 位控制,而对 TimerB 的操作无任何效果。在 16 位模式下,对 TimerA 的操作仅对 TimerA 有效,对 TimerB 的操作仅对 TimerB 有效,即对两者的操控是完全独立进行的。

每一个 Timer 模块对应两个 CCP 管脚。CCP 是"capture compare PWM"的缩写,意为 "捕获/比较/脉宽调制"。在 32 位单次触发和周期定时模式下,CCP 功能无效(与之复用的 GPIO 管脚功能仍然正常)。在 32 位 RTC 模式下,偶数 CCP 管脚(CCP0、CCP2、CCP4 等) 作为 RTC 的输入,而奇数 CCP 管脚(CCP1、CCP3、CCP5 等)无效。在 16 位模式下,计数捕 获、定时捕获、PWM 功能都会用到 CCP 管脚,对应关系是:Timer0A 对应 CCP0,Timer0B 对 应 CCP1;Timer1A 对应 CCP2,Timer1B 对应 CCP3;依此类推。比如 LM3S8962 仅有 CCP0 和 CCP1,则对应 Timer0A 和 Timer0B。

1. 32 位单次触发/周期定时

在 32 位单次触发/周期定时这两种模式中,Timer 都被配置成一个 32 位的递减计数器, 用法类似,只是单次触发模式只能定时一次,如果需要再次定时则必须重新配置,而周期模式 则可以周而复始地定时,除非被关闭。在计数到 0x00000000 时,可以在软件的控制下触发中 断或输出一个内部的单时钟周期脉冲信号,该信号可以用来触发 ADC 采样。

2. 32 位 RTC 定时

在该模式中,Timer 被配置成一个 32 位的递增计数器。

RTC 功能的时钟源要求来自偶数 CCP 管脚,即 CCP0、CCP2 或 CCP4 的输入。在 LM3S101/102 中,RTC 时钟信号从专门的"32 kHz"管脚输入。输入的时钟频率应当为精准 的 32.768 kHz,在芯片内部有一个 RTC 专用的预分频器,固定为 32768 分频。因此最终输入 到 RTC 计数器的时钟频率正好是 1 Hz,即每过 1 s RTC 计数器增 1。

RTC 计数器从 0x00000000 开始至计满需要 2^{32} s,这是个极长的时间,约 136 年。因此 RTC 真正的用法是:初始化后不需要更改配置(调整时间或日期时例外),只需要修改匹配寄 存器的值,而且要保证匹配值总是超前于当前计数值。每次匹配时可产生中断(如果中断已被 使能),据此可以计算出当前的年月日、时分秒以及星期。在中断服务函数里应当重新设置匹 配值,并且匹配值仍要超前于当前的计数值。

注意:在实际应用中一般不会真正采用 Timer 模块的 RTC 功能来实现一个低功耗万年 历系统,因为芯片一旦遇到复位或断电的情况就会清除 RTC 计数值。取而代之的是冬眠模 块(hibernation module)的 RTC 功能,由于采用了后备电池,因此不怕复位和 VDD 断电,并 且功耗很低。

3. 16 位单次触发/周期定时(预分频)

一个 32 位的 Timer 可以被拆分为两个单独运行的 16 位定时/计数器,每一个都可以被 配置成带 8 位预分频(可选功能)的 16 位递减计数器。如果使用 8 位预分频功能,则相当于 24 位定时器。具体用法与 32 位单次触发/周期定时模式类似,不同的是对 TimerA 和 TimerB 的操作是独立进行的。

4. 16 位输入边沿计数捕获

在该模式中,TimerA 或 TimerB 被配置为能够捕获外部输入脉冲边沿事件的递减计数 器。共有 3 种边沿事件类型:正边沿、负边沿、双边沿。

该模式的工作过程是:设置装载值,并预设一个匹配值(应当小于装载值);计数使能后, 在特定的 CCP 管脚每输入 1 个脉冲(正边沿、负边沿或双边沿有效),计数值就减 1;当计数 值与匹配值相等时停止运行并触发中断(如果中断已被使能)。如果需要再次捕获外部脉冲,则要重新进行配置。

5. 16 位输入边沿定时捕获

在该模式中,TimerA 或 TimerB 被配置为自由运行的 16 位递减计数器,允许在输入信号的上升沿或下降沿捕获事件。

该模式的工作过程是:设置装载值(默认为 0xFFFF),捕获边沿类型;计数器被使能后开始自由运行,从装载值开始递减计数,计数到 0 时重装初值,继续计数;如果从 CCP 管脚上出现有效的输入脉冲边沿事件,则当前计数值被自动复制到一个特定的寄存器里,该值会一直保存不变,直至遇到下一个有效输入边沿时被刷新。为了能够及时读取捕获到的计数值,应当使能边沿事件捕获中断,并在中断服务函数里读取。

6. 16 位 PWM

Timer 模块还可以用来产生简单的 PWM 信号。在 Stellaris 系列 ARM 众多型号中,片内未集成专用 PWM 模块的,可以利用 Timer 模块的 16 位 PWM 功能来产生 PWM 信号,只不过功能较为简单;片内已集成专用 PWM 模块的,如果仍然不够用,可以从 Timer 模块借用。

在 PWM 模式中,TimerA 或 TimerB 被配置为 16 位的递减计数器,通过设置适当的装载值(决定 PWM 周期)和匹配值(决定 PWM 占空比)来自动产生 PWM 方波信号,从相应的 CCP 管脚输出。在软件上,还可以控制输出反相(参见后文函数 TimerControlLevel( )的描述)。

6.2.2　Timer 库函数

在使用某个 Timer 模块之前,应当首先将其使能,方法为:

```
#define  SysCtlPeriEnable     SysCtlPeripheralEnable
    SysCtlPeriEnable(SYSCTL_PERIPH_TIMERn);      //末尾的 n 取 0、1、2 或 3
```

由于 RTC、计数捕获、定时捕获、PWM 等功能需要用到相应的 CCP 管脚作为信号的输入或输出,因此必须对 CCP 所在的 GPIO 端口进行配置。以 CCP0 为例,假设在 PD4 管脚上,则配置方法为:

```
#define  CCP0_PERIPH    SYSCTL_PERIPH_GPIOD
#define  CCP0_PORT      GPIO_PORTD_BASE
#define  CCP0_PIN       GPIO_PIN_4
SysCtlPeripheralEnable(CCP0_PERIPH);              //使能 CCP0 管脚所在的 GPIOD
GPIOPinTypeTimer(CCP0_PORT, CCP0_PIN);            //配置 CCP0 管脚为 Timer 功能
```

读者可以在后面的 RTC、PWM、输入边沿捕获、输入边沿定时捕获示例中看到相关的 CCPx 的应用。

1. 配置与控制

函数 TimerConfigure( )用来配置 Timer 模块的工作模式,这些模式包括 32 位单次触发定时、32 位周期定时、32 位 RTC 定时、16 位输入边沿计数捕获、16 位输入边沿定时捕获和 16 位 PWM。在 16 位模式下,Timer 被拆分为两个独立的定时/计数器 TimerA 和 TimerB,该函数能够分别对它们进行配置,详见表 6.10 的描述。

表 6.10　函数 TimerConfigure( )

函数名称	TimerConfigure( )
功能	配置 Timer 模块的工作模式
原型	void TimerConfigure(unsigned long ulBase, unsigned long ulConfig)
参数	ulBase：Timer 模块的基址，取值 TIMERn_BASE(n 为 0、1、2 或 3) ulConfig：Timer 模块的配置 在 32 位模式下应当取下列值之一： 　　TIMER_CFG_32_BIT_OS　　　　　//32 位单次触发定时器 　　TIMER_CFG_32_BIT_PER　　　　//32 位周期定时器 　　TIMER_CFG_32_RTC　　　　　　//32 位 RTC 定时器 在 16 位模式下，一个 32 位的 Timer 被拆分成两个独立运行的子定时器 TimerA 和 TimerB。配置 TimerA 的方法是参数 ulConfig 先取值 TIMER_CFG_16_BIT_PAIR，再与下列值之一进行"或运算"： 　　TIMER_CFG_A_ONE_SHOT　　　　//TimerA 为单次触发定时器 　　TIMER_CFG_A_PERIODIC　　　　//TimerA 为周期定时器 　　TIMER_CFG_A_CAP_COUNT　　　//TimerA 为边沿事件计数器 　　TIMER_CFG_A_CAP_TIME　　　　//TimerA 为边沿事件定时器 　　TIMER_CFG_A_PWM　　　　　　//TimerA 为 PWM 输出 配置 TimerB 的方法是参数 ulConfig 先取值 TIMER_CFG_16_BIT_PAIR，再与下列值之一进行"或运算"： 　　TIMER_CFG_B_ONE_SHOT　　　　//TimerB 为单次触发定时器 　　TIMER_CFG_B_PERIODIC　　　　//TimerB 为周期定时器 　　TIMER_CFG_B_CAP_COUNT　　　//TimerB 为边沿事件计数器 　　TIMER_CFG_B_CAP_TIME　　　　//TimerB 为边沿事件定时器 　　TIMER_CFG_B_PWM　　　　　　//TimerB 为 PWM 输出
返回	无

函数使用示例如下。

(1) 配置 Timer0 为 32 位单次触发定时器：

```
TimerConfigure(TIMER0_BASE, TIMER_CFG_32_BIT_OS);
```

(2) 配置 Timer1 为 32 位周期定时器：

```
TimerConfigure(TIMER1_BASE, TIMER_CFG_32_BIT_PER);
```

(3) 配置 Timer2 为 32 位 RTC 定时器：

```
TimerConfigure(TIMER2_BASE, TIMER_CFG_32_RTC);
```

(4) 在 Timer0 当中，配置 TimerA 为单次触发定时器(不配置 TimerB)：

```
TimerConfigure(TIMER0_BASE, TIMER_CFG_16_BIT_PAIR | TIMER_CFG_A_ONE_SHOT);
```

(5) 在 Timer0 当中，配置 TimerB 为周期定时器(不配置 TimerA)：

```
TimerConfigure(TIMER0_BASE, TIMER_CFG_16_BIT_PAIR | TIMER_CFG_B_PERIODIC);
```

（6）在 Timer0 当中，配置 TimerA 为单次触发定时器，同时配置 TimerB 为周期定时器：

```
TimerConfigure(TIMER0_BASE, TIMER_CFG_16_BIT_PAIR |
                TIMER_CFG_A_ONE_SHOT | TIMER_CFG_B_PERIODIC);
```

（7）在 Timer1 当中，配置 TimerA 为边沿事件计数器、TimerB 为边沿事件定时器：

```
TimerConfigure(TIMER1_BASE, TIMER_CFG_16_BIT_PAIR |
                TIMER_CFG_A_CAP_COUNT | TIMER_CFG_B_CAP_TIME);
```

（8）在 Timer2 当中，TimerA、TimerB 都配置为 PWM 输出：

```
TimerConfigure(TIMER2_BASE, TIMER_CFG_16_BIT_PAIR |
                TIMER_CFG_A_PWM | TIMER_CFG_B_PWM);
```

函数 TimerControlStall( )可以控制 Timer 在程序单步调试时暂停运行，这为用户随时观察相关寄存器的内容提供了方便，否则在单步调试时 Timer 可能还在飞速运行，从而影响互动的调试效果。但是该函数对 32 位 RTC 定时模式无效，即 RTC 定时器一旦使能就会独立地运行，除非被禁止计数。详见表 6.11 的描述。

表 6.11　函数 TimerControlStall( )

函数名称	TimerControlStall( )
功能	控制 Timer 暂停运行（对 32 位 RTC 模式无效）
原型	void TimerControlStall(unsigned long ulBase, unsigned long ulTimer, tBoolean bStall)
参数	ulBase：Timer 模块的基址，取值 TIMERn_BASE(n 为 0、1、2 或 3) ulTimer：指定的 Timer，取值 TIMER_A、TIMER_B 或 TIMER_BOTH 　　　　在 32 位模式下只能取值 TIMER_A，作为总体上的控制，取值 TIMER_B 或 TIMER_BOTH 都无效。在 16 位模式下取值 TIMER_A 只对 TimerA 有效，取值 TIMER_B 只对 TimerB 有效，取值 TIMER_BOTH 同时对 TimerA 和 TimerB 有效 bStall：如果取值 true，则在单步调试模式下暂停计数 　　　　如果取值 false，则在单步调试模式下继续计数
返回	无

函数 TimerControlTrigger( )可以控制 Timer 在单次触发/周期定时器溢出时产生一个内部的单时钟周期脉冲信号，该信号可以用来触发 ADC 采样。详见表 6.12 的描述。

表 6.12　函数 TimerControlTrigger( )

函数名称	TimerControlTrigger( )
功能	控制 Timer 的输出触发功能使能或禁止
原型	void TimerControlTrigger(unsigned long ulBase, unsigned long ulTimer, tBoolean bEnable)
参数	ulBase：Timer 模块的基址，取值 TIMERn_BASE(n 为 0、1、2 或 3) ulTimer：指定的 Timer，取值 TIMER_A、TIMER_B 或 TIMER_BOTH bEnable：如果取值 true，则使能输出触发 　　　　如果取值 false，则禁止输出触发
返回	无

函数 TimerControlEvent( )用于两种 16 位输入边沿捕获模式,可以控制有效的输入边沿,详见表 6.13 的描述。

表 6.13　函数 TimerControlEvent( )

函数名称	TimerControlEvent( )
功能	控制 Timer 在捕获模式中的边沿事件类型
原型	void TimerControlEvent(unsigned long ulBase, unsigned long ulTimer, unsigned long ulEvent)
参数	ulBase:Timer 模块的基址,取值 TIMERn_BASE(n 为 0、1、2 或 3) ulTimer:指定的 Timer,取值 TIMER_A、TIMER_B 或 TIMER_BOTH ulEvent:指定的边沿事件类型,应当取下列值之一 　　TIMER_EVENT_POS_EDGE　　　　//正边沿事件 　　TIMER_EVENT_NEG_EDGE　　　　//负边沿事件 　　TIMER_EVENT_BOTH_EDGES　　　//双边沿事件(正边沿和负边沿都有效) 注:在 16 位输入边沿计数捕获模式下,可以取三种边沿事件的任何一种;但在 16 位输入边沿定时模式下仅支持正边沿和负边沿,不能支持双边沿
返回	无

函数 TimerControlLevel( )可以控制 Timer 在 16 位 PWM 模式下的方波有效输出电平是高电平还是低电平,即可以控制 PWM 方波反相输出,详见表 6.14 的描述。

表 6.14　函数 TimerControlLevel( )

函数名称	TimerControlLevel( )
功能	控制 Timer 在 16 位 PWM 模式下的有效输出电平
原型	void TimerControlLevel(unsigned long ulBase, unsigned long ulTimer, tBoolean bInvert)
参数	ulBase:Timer 模块的基址,取值 TIMERn_BASE(n 为 0、1、2 或 3) ulTimer:指定的 Timer,取值 TIMER_A、TIMER_B 或 TIMER_BOTH bInvert:当取值 false 时 PWM 输出高电平有效(默认) 　　　　当取值 true 时 PWM 输出低电平有效(即输出反相)
返回	无

2. 计数值的装载与获取

函数 TimerLoadSet( )用来设置 Timer 的装载值。装载寄存器与计数器不同,它是独立存在的。在调用函数 TimerEnable( )时会自动把装载值加载到计数器里,以后每输入一个脉冲计数器值就加 1 或减 1(取决于配置的工作模式),而装载寄存器的值不变。另外,除了单次触发定时器模式以外,其他模式在计数器溢出时会自动重新加载装载值。函数 TimerLoadGet( )用来获取装载寄存器的值。详见表 6.15 和表 6.16 的描述。

表 6.15　函数 TimerLoadSet( )

函数名称	TimerLoadSet( )
功能	设置 Timer 的装载值
原型	void TimerLoadSet(unsigned long ulBase, unsigned long ulTimer, unsigned long ulValue)

续表

函数名称	TimerLoadSet( )
参数	ulBase：Timer 模块的基址，取值 TIMERn_BASE(n 为 0、1、2 或 3) ulTimer：指定的 Timer，取值 TIMER_A、TIMER_B 或 TIMER_BOTH ulValue：32 位装载值(32 位模式)或 16 位装载值(16 位模式)
返回	无

表 6.16　函数 TimerLoadGet( )

函数名称	TimerLoadGet( )
功能	获取 Timer 的装载值
原型	unsigned long TimerLoadGet(unsigned long ulBase, unsigned long ulTimer)
参数	ulBase：Timer 模块的基址，取值 TIMERn_BASE(n 为 0、1、2 或 3) ulTimer：指定的 Timer，取值 TIMER_A、TIMER_B 或 TIMER_BOTH
返回	32 位装载值(32 位模式)或 16 位装载值(16 位模式)

注意：函数 TimerValueGet( )用来获取当前 Timer 计数器的值，但在 16 位输入边沿定时捕获模式里，获取的是捕获寄存器的值，而非计数器值。详见表 6.17 的描述。

表 6.17　函数 TimerValueGet( )

函数名称	TimerValueGet( )
功能	获取当前的 Timer 计数值(在 16 位输入边沿定时捕获模式下，获取的是捕获寄存器值)
原型	unsigned long TimerValueGet(unsigned long ulBase, unsigned long ulTimer)
参数	ulBase：Timer 模块的基址，取值 TIMERn_BASE(n 为 0、1、2 或 3) ulTimer：指定的 Timer，取值 TIMER_A、TIMER_B 或 TIMER_BOTH
返回	当前 Timer 计数值(在 16 位输入边沿定时捕获模式下，返回的是捕获寄存器值)

3. 运行控制

函数 TimerEnable( )用来使能 Timer 开始计数，而函数 TimerDisable( )用来禁止 Timer 计数，参见表 6.18 和表 6.19 的描述。

表 6.18　函数 TimerEnable( )

函数名称	TimerEnable( )
功能	使能 Timer 计数(即启动 Timer)
原型	void TimerEnable(unsigned long ulBase, unsigned long ulTimer)
参数	ulBase：Timer 模块的基址，取值 TIMERn_BASE(n 为 0、1、2 或 3) ulTimer：指定的 Timer，取值 TIMER_A、TIMER_B 或 TIMER_BOTH
返回	无

表 6.19　函数 TimerDisable( )

函数名称	TimerDisable( )
功能	禁止 Timer 计数(即关闭 Timer)

函数名称	TimerDisable( )
原型	void TimerDisable(unsigned long ulBase，unsigned long ulTimer)
参数	ulBase：Timer 模块的基址，取值 TIMERn_BASE(n 为 0、1、2 或 3) ulTimer：指定的 Timer，取值 TIMER_A、TIMER_B 或 TIMER_BOTH
返回	无

在 32 位 RTC 定时器模式下，为了能够使 RTC 开始计数，需要同时调用函数 TimerEnable( )和 TimerRTCEnable( )。函数 TimerRTCEnable( )用于禁止 RTC 计数时。详见表 6.20 和表 6.21 的描述。

表 6.20　函数 TimerRTCEnable( )

函数名称	TimerRTCEnable( )
功能	使能 RTC 计数
原型	void TimerRTCEnable(unsigned long ulBase)
参数	ulBase：Timer 模块的基址，取值 TIMERn_BASE(n 为 0、1、2 或 3)
返回	无
备注	启动 RTC 时，除了要调用本函数外，还必须要调用函数 TimerEnable( )

表 6.21　函数 TimerRTCDisable( )

函数名称	TimerRTCDisable( )
功能	禁止 RTC 计数
原型	void TimerRTCDisable(unsigned long ulBase)
参数	ulBase：Timer 模块的基址，取值 TIMERn_BASE(n 为 0、1、2 或 3)
返回	无

调用函数 TimerQuiesce( )可以复位 Timer 模块的所有配置。这为快速停止 Timer 工作或重新配置 Timer 为另外的工作模式提供了一种简便的手段。详见表 6.22 的描述。

表 6.22　函数 TimerQuiesce( )

函数名称	TimerQuiesce( )
功能	使 Timer 进入复位状态
原型	void TimerQuiesce(unsigned long ulBase)
参数	ulBase：Timer 模块的基址，取值 TIMERn_BASE(n 为 0、1、2 或 3)
返回	无

4. 匹配与预分频

函数 TimerMatchSet( )和 TimerMatchGet( )用来设置和获取 Timer 匹配寄存器的值。Timer 开始运行后，当计数器的值与预设的匹配值相等时可以触发某种动作，如中断、捕获、PWM 等。详见表 6.23 和表 6.24 的描述。

表 6.23 函数 TimerMatchSet( )

函数名称	TimerMatchSet( )
功能	设置 Timer 的匹配值
原型	void TimerMatchSet(unsigned long ulBase, unsigned long ulTimer, unsigned long ulValue)
参数	ulBase:Timer 模块的基址,取值 TIMERn_BASE(n 为 0、1、2 或 3) ulTimer:指定的 Timer,取值 TIMER_A、TIMER_B 或 TIMER_BOTH ulValue:32 位匹配值(32 位 RTC 模式)或 16 位匹配值(16 位模式)
返回	无

表 6.24 函数 TimerMatchGet( )

函数名称	TimerMatchGet( )
功能	获取 Timer 的匹配值
原型	unsigned long TimerMatchGet(unsigned long ulBase, unsigned long ulTimer)
参数	ulBase:Timer 模块的基址,取值 TIMERn_BASE(n 为 0、1、2 或 3) ulTimer:指定的 Timer,取值 TIMER_A、TIMER_B 或 TIMER_BOTH
返回	32 位匹配值(32 位 RTC 模式)或 16 位匹配值(16 位模式)

在 Timer 的 16 位单次触发/周期定时模式下,输入计数器的脉冲可以先经 8 位预分频器进行 1~256 分频,这样,16 位定时器就被扩展成了 24 位。该功能是可选的,预分频器默认值是 0,即不分频。函数 TimerPrescaleSet( )和 TimerPrescaleGet( )用来设置和获取 8 位预分频器的值。详见表 6.25 和表 6.26 的描述。

表 6.25 函数 TimerPrescaleSet( )

函数名称	TimerPrescaleSet( )
功能	设置 Timer 预分频值(仅对 16 位单次触发/周期定时模式有效)
原型	void TimerPrescaleSet(unsigned long ulBase, unsigned long ulTimer, unsigned long ulValue)
参数	ulBase:Timer 模块的基址,取值 TIMERn_BASE(n 为 0、1、2 或 3) ulTimer:指定的 Timer,取值 TIMER_A、TIMER_B 或 TIMER_BOTH ulValue:8 位预分频值(高 24 位无效),取值 0~255,对应的分频数是 1~256
返回	无

表 6.26 函数 TimerPrescaleGet( )

函数名称	TimerPrescaleGet( )
功能	获取 Timer 预分频值(仅对 16 位单次触发/周期定时模式有效)
原型	unsigned long TimerPrescaleGet(unsigned long ulBase, unsigned long ulTimer)
参数	ulBase:Timer 模块的基址,取值 TIMERn_BASE(n 为 0、1、2 或 3) ulTimer:指定的 Timer,取值 TIMER_A、TIMER_B 或 TIMER_BOTH
返回	8 位预分频值(高 24 位总是为 0)

5. 中断控制

Timer 模块有多个中断源,分超时中断、匹配中断和捕获中断三大类,又细分为七种。

函数 TimerIntEnable( )和 TimerIntDisable( )用来使能或禁止一个或多个 Timer 中断源。详见表 6.27 和表 6.28 的描述。

函数 TimerIntClear( )用来清除一个或多个 Timer 中断状态,函数 TimerIntStatus( )用来获取 Timer 的全部中断状态。在 Timer 中断服务函数里,这两个函数通常要配合使用。详见表 6.29 和表 6.30 的描述。

函数 TimerIntRegister( )和 TimerIntUnregister( )用来注册和注销 Timer 的中断服务函数,详见表 6.31 和表 6.32 的描述。

表 6.27　函数 TimerIntEnable( )

函数名称	TimerIntEnable( )
功能	使能 Timer 的中断
原型	void TimerIntEnable(unsigned long ulBase, unsigned long ulIntFlags)
参数	ulBase:Timer 模块的基址,取值 TIMERn_BASE(n 为 0、1、2 或 3) ulIntFlags:被使能的中断源,应当取下列值之一或者它们之间的任意"或运算"组合形式 　　　　TIMER_TIMA_TIMEOUT　　　　　　//TimerA 超时中断 　　　　TIMER_CAPA_MATCH　　　　　　　//TimerA 捕获模式匹配中断 　　　　TIMER_CAPA_EVENT　　　　　　　//TimerA 捕获模式边沿事件中断 　　　　TIMER_TIMB_TIMEOUT　　　　　　//TimerB 超时中断 　　　　TIMER_CAPB_MATCH　　　　　　　//TimerB 捕获模式匹配中断 　　　　TIMER_CAPB_EVENT　　　　　　　//TimerB 捕获模式边沿事件中断 　　　　TIMER_RTC_MATCH　　　　　　　//RTC 匹配中断
返回	无

表 6.28　函数 TimerIntDisable( )

函数名称	TimerIntDisable( )
功能	禁止 Timer 的中断(使能 I²C 从机模块)
原型	void TimerIntDisable(unsigned long ulBase, unsigned long ulIntFlags)
参数	ulBase:Timer 模块的基址,取值 TIMERn_BASE(n 为 0、1、2 或 3) ulIntFlags:被禁止的中断源,取值与表 6.27 当中的参数 ulIntFlags 相同
返回	无

表 6.29　函数 TimerIntClear( )

函数名称	TimerIntClear( )
功能	清除 Timer 的中断
原型	void TimerIntClear(unsigned long ulBase, unsigned long ulIntFlags)
参数	ulBase:I²C 从机模块的基址
返回	ulBase:Timer 模块的基址,取值 TIMERn_BASE(n 为 0、1、2 或 3) ulIntFlags:被清除的中断源,取值与表 6.27 当中的参数 ulIntFlags 相同

表 6.30　函数 TimerIntStatus( )

函数名称	TimerIntStatus( )
功能	获取当前 Timer 的中断状态
原型	unsigned long TimerIntStatus(unsigned long ulBase, tBoolean bMasked)
参数	ulBase：Timer 模块的基址，取值 TIMERn_BASE(n 为 0、1、2 或 3) bMasked：如果需要获取的是原始的中断状态，则取值 false 　　　　　 如果需要获取的是屏蔽的中断状态，则取值 true
返回	中断状态，数值与表 6.27 当中的参数 ulIntFlags 相同

表 6.31　函数 TimerIntRegister( )

函数名称	TimerIntRegister( )
功能	注册一个 Timer 的中断服务函数
原型	void TimerIntRegister(unsigned long ulBase, unsigned long ulTimer, void (* pfnHandler)(void))
参数	ulBase：Timer 模块的基址，取值 TIMERn_BASE(n 为 0、1、2 或 3) ulTimer：指定的 Timer，取值 TIMER_A、TIMER_B 或 TIMER_BOTH pfnHandler：函数指针，指向 Timer 中断出现时调用的函数
返回	无

表 6.32　函数 TimerIntUnregister( )

函数名称	TimerIntUnregister( )
功能	注销 Timer 中断服务函数
原型	void TimerIntUnregister(unsigned long ulBase, unsigned long ulTimer)
参数	ulBase：Timer 模块的基址，取值 TIMERn_BASE(n 为 0、1、2 或 3) ulTimer：指定的 Timer，取值 TIMER_A、TIMER_B 或 TIMER_BOTH
返回	无

6.2.3　定时器 32 位周期定时实例

程序清单 6-3 是 Timer 模块 32 位周期定时模式的例子。程序运行后，配置 Timer 为 32 位周期定时器，定时 0.5 s，并使能超时中断。当 Timer 倒计时到 0 时，自动重装初值，继续运行，并触发超时中断。在中断服务函数里翻转 LED 亮灭状态，因此程序运行的最后结果是 LED 指示灯每秒闪亮一次。

程序清单 6-3　Timer 例程：32 位周期定时

文件：main. c

```
#include "systemInit.h"
#include <timer.h>

// 定义 LED
#define LED_PERIPH          SYSCTL_PERIPH_GPIOF
```

```
#define  LED_PORT              GPIO_PORTF_BASE
#define  LED_PIN               GPIO_PIN_2

// 主函数(程序入口)
int main(void)
{
    clockInit();                                        //时钟初始化:晶振,6 MHz

    SysCtlPeriEnable(LED_PERIPH);                       //使能 LED 所在的 GPIO 端口
    GPIOPinTypeOut(LED_PORT, LED_PIN);                  //设置 LED 所在管脚为输出

    SysCtlPeriEnable(SYSCTL_PERIPH_TIMER0);            //使能 Timer 模块
    TimerConfigure(TIMER0_BASE, TIMER_CFG_32_BIT_PER); //配置 Timer 为 32 位周期定
                                                        //  时器
    TimerLoadSet(TIMER0_BASE, TIMER_A, 3000000UL);     //设置 Timer 初值,定时 500 ms
    TimerIntEnable(TIMER0_BASE, TIMER_TIMA_TIMEOUT);   //使能 Timer 超时中断
    IntEnable(INT_TIMER0A);                             //使能 Timer 中断
    IntMasterEnable();                                  //使能处理器中断
    TimerEnable(TIMER0_BASE, TIMER_A);                 //使能 Timer 计数
    for(;;)
    {
    }
}


// 定时器的中断服务函数
void Timer0A_ISR(void)
{
    unsigned char ucVal;
    unsigned long ulStatus;
    ulStatus= TimerIntStatus(TIMER0_BASE, true);        //读取中断状态
    TimerIntClear(TIMER0_BASE, ulStatus);               //清除中断状态,重要!
    if (ulStatus & TIMER_TIMA_TIMEOUT)                  //如果是 Timer 超时中断
    {
        ucVal= GPIOPinRead(LED_PORT, LED_PIN);          //反转 LED
        GPIOPinWrite(LED_PORT, LED_PIN, ~ ucVal);
    }
}
```

6.2.4　定时器 16 位输入边沿定时捕获实例

程序清单 6-4 是 Timer 模块 16 位输入边沿定时捕获模式的例子。同样,采用函数 pulseInit( )来产生捕获用的时钟源,频率为 1 kHz。在 ARM8962 开发板上做实验时,需要短接 PA6/CCP1 和 PD4/CCP0 管脚。

程序运行后,配置 Timer 模块为 16 位输入边沿定时捕获模式。函数 pulseMeasure( )利用捕获功能测量输入 CCP0 管脚的脉冲频率,结果通过 UART 显示。

程序清单 6-4　Timer 例程：16 位输入边沿定时捕获

文件：main. c

```
#include   "systemInit.h"
#include   "uartGetPut.h"
#include   <timer.h>
#include   <stdio.h>
#define   CCP0_PERIPH            SYSCTL_PERIPH_GPIOD
#define   CCP0_PORT             GPIO_PORTD_BASE
#define   CCP0_PIN              GPIO_PIN_4

#define   CCP1_PERIPH            SYSCTL_PERIPH_GPIOA
#define   CCP1_PORT             GPIO_PORTA_BASE
#define   CCP1_PIN              GPIO_PIN_6


//   在 CCP1 管脚产生 1 kHz 方波，为 Timer0 的 16 位输入边沿定时捕获功能提供时钟源
void pulseInit(void)
{
    SysCtlPeriEnable(SYSCTL_PERIPH_TIMER0);        //使能 TIMER0 模块
    SysCtlPeriEnable(CCP1_PERIPH);                 //使能 CCP1 所在的 GPIO 端口
    GPIOPinTypeTimer(CCP1_PORT, CCP1_PIN);         //配置相关管脚为 Timer 功能
    TimerConfigure(TIMER0_BASE, TIMER_CFG_16_BIT_PAIR|  //配置 TimerB 为 16 位 PWM
                        TIMER_CFG_B_PWM);

    TimerLoadSet(TIMER0_BASE, TIMER_B, 6000);       //设置 TimerB 初值
    TimerMatchSet(TIMER0_BASE, TIMER_B, 3000);      //设置 TimerB 匹配值
    TimerEnable(TIMER0_BASE, TIMER_B);
}


//   定时器 16 位输入边沿定时捕获功能初始化
void timerInitCapTime(void)
{
    SysCtlPeriEnable(SYSCTL_PERIPH_TIMER0);        //使能 Timer 模块
    SysCtlPeriEnable(CCP0_PERIPH);                 //使能 CCP0 所在的 GPIO 端口
    GPIOPinTypeTimer(CCP0_PORT, CCP0_PIN);         //配置 CCP0 管脚为脉冲输入

    TimerConfigure(TIMER0_BASE, TIMER_CFG_16_BIT_PAIR |  //配置 Timer 为 16 位事件
                        TIMER_CFG_A_CAP_TIME);         定时器

    TimerControlEvent(TIMER0_BASE,                    //控制 TimerA 捕获 CCP 正边沿
                    TIMER_A,
                    TIMER_EVENT_POS_EDGE);

    TimerControlStall(TIMER0_BASE, TIMER_A, true); //允许在调试时暂停定时器计数
    TimerIntEnable(TIMER0_BASE, TIMER_CAPA_EVENT); //使能 TimerA 事件捕获中断
    IntEnable(INT_TIMER0A);                         //使能 TimerA 中断
    IntMasterEnable();                              //使能处理器中断
```

```
    }

//   定义捕获标志
volatile tBoolean CAP_Flag= false;

//   测量输入脉冲频率并显示
void pulseMeasure(void)
{
    unsigned short i;
    unsigned short usVal[2];
    char s[40];
    TimerLoadSet(TIMER0_BASE, TIMER_A, 0xFFFF);          //设置计数器初值
    TimerEnable(TIMER0_BASE, TIMER_A);                   //使能 Timer 计数
    for(i=0;  i<2;  i++)
    {
        while (! CAP_Flag);                              //等待捕获输入脉冲
        CAP_Flag=false;                                  //清除捕获标志
        usVal[i]=TimerValueGet(TIMER0_BASE, TIMER_A);    //读取捕获值
    }
    TimerDisable(TIMER0_BASE, TIMER_A);                  //禁止 Timer 计数
    sprintf(s, "% d Us\r\n", (usVal[0]-usVal[1]) / 6);   //输出测定的脉冲频率
    uartPuts(s);
}

//   主函数(程序入口)
int main(void)
{
    clockInit();                                         //时钟初始化:晶振,6 MHz
    uartInit();                                          //UART 初始化
    pulseInit();
    timerInitCapTime();                                  //Timer 初始化:16 位定时捕获

    for(;;)
    {
        pulseMeasure();
        SysCtlDelay(1500* (TheSysClock/3000));
    }
}



//   Timer0 的中断服务函数
void Timer0A_ISR(void)
{
    unsigned long ulStatus;
    ulStatus=TimerIntStatus(TIMER0_BASE, true);          //读取当前中断状态
    TimerIntClear(TIMER0_BASE, ulStatus);                //清除中断状态,重要!
```

```
    if (ulStatus & TIMER_CAPA_EVENT)              //若是 TimerA 事件捕获中断
    {
        CAP_Flag=true;                            //置位捕获标志
    }
}
```

6.3　看门狗定时器

本节主要介绍看门狗的工作方式、功能，如何正确使用看门狗，看门狗库函数，以及两个实用的例子，分别为看门狗复位和看门狗作为普通定时器的使用。

6.3.1　看门狗功能简述

Watchdog，中文名称叫作"看门狗"，全称为 Watchdog Timer。从字面上我们可以知道其实它属于一种定时器，然而它与我们平常所接触的定时器在作用上又有所不同。普通的定时器一般起计时作用，计时超时（Timer out）则引起一个中断，例如触发一个系统时钟中断。熟悉 Windows 开发的朋友应该用过 Windows 的 Timer，Windows Timer 与普通定时器在功能上是相同的，只是 Windows Timer 属于软件定时器，若 Windows Timer 计时超时，则引起应用软件向系统发送一条消息从而触发某个事件。我们从以上描述可知，不论是软件定时器还是硬件定时器，它们的作用都是在某个时间点引起一个事件的发生。对于硬件定时器，这个事件可能通过中断的形式得以表现；对于软件定时器，这个事件则可通过系统消息的形式得以表现。Watchdog 本质上是一种定时器，那么普通定时器所拥有的特征它也应该具备，当它计时超时，也会引起事件的发生，只是这个事件除了可以是系统中断外，还可以是一个系统重启信号（reset signal）。因此，能发送系统重启信号的定时器，我们就叫它 Watchdog。

当一个硬件系统开启了 Watchdog 功能，那么运行在这个硬件系统之上的软件必须在规定的时间间隔内向 Watchdog 发送一个信号。这个行为简称为"喂狗"（feed dog），以免 Watchdog 计时超时引发系统重启。

嵌入式系统运行时若受到外部干扰或者发生系统错误，则程序可能会出现"跑飞"，导致整个系统瘫痪。为了防止这一现象的发生，在对系统稳定性要求较高的场合往往要加入看门狗电路。看门狗的作用就是在系统程序"跑飞"而进入死循环时，恢复系统的运行。

设系统程序完整运行一周期的时间是 T_p，看门狗的定时周期为 T_i，$T_i > T_p$，在程序运行一周期后就修改定时器的计数值，只要程序正常运行，定时器就不会溢出；若由于干扰等原因，系统不能在 T_p 时刻修改定时器的计数值，则定时器将在 T_i 时刻溢出，引发系统复位，使系统得以重新运行，从而起到监控作用。

在一个完整的嵌入式系统或单片机小系统中通常都有看门狗定时器，且一般集成在处理器芯片中，看门狗定时器在期满后将自动引起系统复位。

Stellaris 系列 ARM 里集成了硬件的看门狗定时器模块。看门狗定时器在到达超时值时会产生不可屏蔽的中断或复位。当系统由于软件错误而无法响应或外部器件不能以期望的方式响应时，使用看门狗定时器可重新获得控制。Stellaris 系列的看门狗定时器模块有以下特性：

（1）带可编程装载寄存器的 32 位倒计数器（以 6 MHz 系统时钟为例，最长定时接近 12 min）；

（2）带使能控制的独立看门狗时钟；

（3）带中断屏蔽的可编程中断产生逻辑；

（4）程序跑飞时由锁定寄存器提供保护；

（5）带使能/禁止控制的复位产生逻辑；

（6）在调试过程中用户可控制看门狗暂停。

看门狗定时器具有"二次超时"特性。当 32 位计数器在使能后倒计数到 0 状态时，看门狗定时器模块产生第一个超时信号，并产生中断触发信号。在发生了第一个超时事件后，32 位计数器自动重装并重新递减计数。如果没有清除第一个超时中断状态，则当计数器再次递减到 0，且复位功能已使能时，看门狗定时器会向处理器发出复位信号。如果中断状态在 32 位计数器到达其第二次超时之前被清除（即喂狗操作），则自动重装 32 位计数器，并重新开始计数，从而可以避免处理器被复位。

为了防止程序跑飞时意外修改看门狗模块的配置，特意引入一个锁定寄存器。在配置看门狗定时器之后，只要向锁定寄存器写入一个不是 0x1ACCE551 的任意数值，看门狗模块的所有配置就会被锁定，拒绝软件修改。因此以后要修改看门狗模块的配置，包括清除中断状态（即喂狗操作）时，都必须首先解锁。解锁方法是向锁定寄存器写入数值 0x1ACCE551。读锁定寄存器将得到看门狗模块是否被锁定的状态，而非写入的数值。

为了防止在调试软件时看门狗产生复位，看门狗模块还提供了允许暂停计数的功能。

6.3.2　如何正确使用看门狗

看门狗真正的用法应当是：在不用看门狗的情况下，硬件和软件经过反复测试已经通过，考虑到在实际应用环境中出现的强烈干扰可能造成程序跑飞的意外情况，再加入看门狗功能以进一步提高整个系统的工作可靠性。可见，看门狗只不过是万不得已的最后手段而已。

但是，有相当多的工程师，尤其是经验不多者，在调试自己的系统时，一出现程序跑飞就马上引入看门狗来解决，而没有真正去思考程序为什么会跑飞。实际上，程序跑飞的大部分原因是程序本身存在缺陷（bug），或者硬件电路可能存在故障，而并非受到了外部的干扰。试图用看门狗功能来"掩饰"此类潜在的问题，是相当不明智的，也是危险的，潜在的系统设计缺陷可能一直伴随着产品最终到用户手中。

综上，我们建议：在调试系统时，先不要使用看门狗，待完全调试通过，系统已经稳定工作了，再补上看门狗功能。

6.3.3　看门狗库函数

1. 运行控制

函数 WatchdogEnable( )的作用是使能看门狗定时器。该函数实际执行的操作是使能看门狗定时器中断功能，即等同于函数 WatchdogIntEnable( )。中断功能一旦被使能，则只有通过复位才能被清除。因此库函数里不会有对应的 WatchdogDisable( )函数。详见表 6.33 的描述。

表 6.33　函数 WatchdogEnable( )

函数名称	WatchdogEnable( )
功能	使能看门狗定时器
原型	void WatchdogEnable(unsigned long ulBase)
参数	ulBase:看门狗定时器模块的基址,取值 WATCHDOG_BASE
返回	无

函数 WatchdogRunning( )可以探测看门狗定时器是否已被使能,详见表 6.34 的描述。

表 6.34　函数 WatchdogRunning( )

函数名称	WatchdogRunning( )
功能	确定看门狗定时器是否已经被使能
原型	tBoolean WatchdogRunning(unsigned long ulBase)
参数	ulBase:看门狗定时器模块的基址,取值 WATCHDOG_BASE
返回	如果看门狗定时器已被使能则返回 true,否则返回 false

函数 WatchdogResetEnable( )使能看门狗定时器的复位功能,一旦看门狗定时器产生了二次超时事件,将引起处理器复位。函数 WatchdogResetDisable( )禁止看门狗定时器的复位功能,此时可以把看门狗作为一个普通定时器来使用。详见表 6.35 和表 6.36 的描述。

表 6.35　函数 WatchdogResetEnable( )

函数名称	WatchdogResetEnable( )
功能	使能看门狗定时器的复位功能
原型	void WatchdogResetEnable(unsigned long ulBase)
参数	ulBase:看门狗定时器模块的基址,取值 WATCHDOG_BASE
返回	无

表 6.36　函数 WatchdogResetDisable( )

函数名称	WatchdogResetDisable( )
功能	禁止看门狗定时器的复位功能
原型	void WatchdogResetDisable(unsigned long ulBase)
参数	ulBase:看门狗定时器模块的基址,取值 WATCHDOG_BASE
返回	无

在进行单步调试时,看门狗定时器仍然会独立地运行,这将很快导致处理器复位,从而破坏调试过程。函数 WatchdogStallEnable( )允许看门狗定时器暂停计数,可防止在调试时引起不期望的处理器复位。函数 WatchdogStallDisable( )将禁止看门狗定时器暂停。详见表 6.37 和表 6.38 的描述。

表 6.37　函数 WatchdogStallEnable( )

函数名称	WatchdogStallEnable( )
功能	允许在调试过程中暂停看门狗定时器
原型	void WatchdogStallEnable(unsigned long ulBase)
参数	ulBase:看门狗定时器模块的基址,取值 WATCHDOG_BASE
返回	无

表 6.38　函数 WatchdogStallDisable( )

函数名称	WatchdogStallDisable( )
功能	禁止在调试过程中暂停看门狗定时器
原型	void WatchdogStallDisable(unsigned long ulBase)
参数	ulBase:看门狗定时器模块的基址,取值 WATCHDOG_BASE
返回	无

2. 装载与锁定

函数 WatchdogReloadSet( )设置看门狗定时器的装载值,函数 WatchdogReloadGet( )获取该装载值。详见表 6.39 和表 6.40 的描述。

表 6.39　函数 WatchdogReloadSet( )

函数名称	WatchdogReloadSet( )
功能	设置看门狗定时器的装载值
原型	void WatchdogReloadSet(unsigned long ulBase, unsigned long ulLoadVal)
参数	ulBase:看门狗定时器模块的基址,取值 WATCHDOG_BASE ulLoadVal:32 位装载值
返回	无

表 6.40　函数 WatchdogReloadGet( )

函数名称	WatchdogReloadGet( )
功能	获取看门狗定时器的装载值
原型	unsigned long WatchdogReloadGet(unsigned long ulBase)
参数	ulBase:看门狗定时器模块的基址,取值 WATCHDOG_BASE
返回	已设置的 32 位装载值

函数 WatchdogValueGet( )能够获取看门狗定时器当前的计数值,详见表 6.41 的描述。

表 6.41　函数 WatchdogValueGet( )

函数名称	WatchdogValueGet( )
功能	获取看门狗定时器当前的计数值
原型	unsigned long WatchdogValueGet(unsigned long ulBase)
参数	ulBase:看门狗定时器模块的基址,取值 WATCHDOG_BASE
返回	当前的 32 位计数值

函数 WatchdogLock( )用来锁定看门狗定时器的配置,一旦锁定,拒绝软件对配置的修改操作。函数 WatchdogUnlock( )用来解除锁定。详见表 6.42 和表 6.43 的描述。

表 6.42　函数 WatchdogLock( )

函数名称	WatchdogLock( )
功能	使能看门狗定时器的锁定机制
原型	void WatchdogLock(unsigned long ulBase)
参数	ulBase:看门狗定时器模块的基址,取值 WATCHDOG_BASE
返回	无

表 6.43　函数 WatchdogUnlock( )

函数名称	WatchdogUnlock( )
功能	解除看门狗定时器的锁定机制
原型	void WatchdogUnlock(unsigned long ulBase)
参数	ulBase:看门狗定时器模块的基址,取值 WATCHDOG_BASE
返回	无

函数 WatchdogLockState( )用来探测看门狗定时器的锁定状态。详见表 6.44 的描述。

表 6.44　函数 WatchdogLockState( )

函数名称	WatchdogLockState( )
功能	获取看门狗定时器的锁定状态
原型	tBoolean WatchdogLockState(unsigned long ulBase)
参数	ulBase:看门狗定时器模块的基址,取值 WATCHDOG_BASE
返回	已锁定返回 true,未锁定返回 false

3. 中断控制

函数 WatchdogIntEnable( )用来使能看门狗定时器中断。中断功能一旦被使能,则只有通过复位才能被清除。因此库函数里不会有对应的 WatchdogIntDisable( )函数。详见表 6.45 的描述。

表 6.45　函数 WatchdogIntEnable( )

函数名称	WatchdogIntEnable( )
功能	使能看门狗定时器中断
原型	void WatchdogIntEnable(unsigned long ulBase)
参数	ulBase:看门狗定时器模块的基址,取值 WATCHDOG_BASE
返回	无

函数 WatchdogIntStatus( )可获取看门狗定时器的中断状态,函数 WatchdogIntClear( )用来清除中断状态。详见表 6.46 和表 6.47 的描述。

表 6.46　函数 WatchdogIntStatus( )

函数名称	WatchdogIntStatus( )
功能	获取看门狗定时器的中断状态
原型	unsigned long WatchdogIntStatus(unsigned long ulBase, tBoolean bMasked)
参数	ulBase:看门狗定时器模块的基址,取值 WATCHDOG_BASE bMasked:如果需要原始的中断状态则取值 false,如果需要获取屏蔽的中断状态则取值 true
返回	原始的或屏蔽的中断状态

表 6.47　函数 WatchdogIntClear( )

函数名称	WatchdogIntClear( )
功能	清除看门狗定时器的中断状态
原型	void WatchdogIntClear(unsigned long ulBase)
参数	ulBase:看门狗定时器模块的基址,取值 WATCHDOG_BASE
返回	无

　　函数 WatchdogIntRegister( )用来注册一个看门狗定时器的中断服务函数,而函数 WatchdogIntUnregister( )用来注销该函数。详见表 6.48 和表 6.49 的描述。

表 6.48　函数 WatchdogIntRegister( )

函数名称	WatchdogIntRegister( )
功能	注册一个看门狗定时器的中断服务函数
原型	void WatchdogIntRegister(unsigned long ulBase, void(* pfnHandler)(void))
参数	ulBase:看门狗定时器模块的基址,取值 WATCHDOG_BASE pfnHandler:函数指针,指向要注册的中断服务函数
返回	无

表 6.49　函数 WatchdogIntUnregister( )

函数名称	WatchdogIntUnregister( )
功能	注销看门狗定时器的中断服务函数
原型	void WatchdogIntUnregister(unsigned long ulBase)
参数	ulBase:看门狗定时器模块的基址,取值 WATCHDOG_BASE
返回	无

6.3.4　Watchdog 复位例程

　　程序清单 6-5 所示为看门狗定时器监控处理器的用法,即看门狗复位功能。函数 wdog-Init( )初始化看门狗模块,已知系统时钟为 6 MHz,设置的定时时间为 350 ms,使能复位功能,配置后锁定。函数 wdogFeed( )是喂狗操作,操作顺序为解锁、喂狗、锁定,并且使 LED 闪烁。程序一开始便点亮 LED,延时,再熄灭,以表示已复位。然后在主循环里每隔 500 ms 喂狗一次，由于看门狗具有二次超时特性，因此不会产生复位，除非喂狗间隔超过了 700（即 2×350）ms。

程序清单 6-5　看门狗复位

```
#include  "systemInit.h"
#include  "watchdog.h"

//  定义 LED
#define  LED_PERIPH          SYSCTL_PERIPH_GPIOF
#define  LED_PORT            GPIO_PORTF_BASE
#define  LED_PIN             GPIO_PIN_2

//  LED 初始化
void ledInit(void)
{
    SysCtlPeriEnable(LED_PERIPH);                 //使能 LED 所在的 GPIO 端口
    GPIOPinTypeOut(LED_PORT, LED_PIN);            //设置 LED 所在管脚为输出
    GPIOPinWrite(LED_PORT, LED_PIN, 0xFF);        //熄灭 LED
}


//  看门狗初始化
void wdogInit(void)
{
    unsigned long ulValue=350* (TheSysClock/1000);   //准备定时 350 ms

    SysCtlPeriEnable(SYSCTL_PERIPH_WDOG);         //使能看门狗模块
    WatchdogResetEnable(WATCHDOG_BASE);           //使能看门狗复位功能
    WatchdogStallEnable(WATCHDOG_BASE);           //使能调试器暂停看门狗计数
    WatchdogReloadSet(WATCHDOG_BASE, ulValue);    //设置看门狗装载值
    WatchdogEnable(WATCHDOG_BASE);                //使能看门狗
    WatchdogLock(WATCHDOG_BASE);                  //锁定看门狗
}


//  喂狗操作
void wdogFeed(void)
{
    WatchdogUnlock(WATCHDOG_BASE);                //解除锁定
    WatchdogIntClear(WATCHDOG_BASE);              //清除中断状态，即喂狗操作
    WatchdogLock(WATCHDOG_BASE);                  //重新锁定

    GPIOPinWrite(LED_PORT, LED_PIN, 0x00);        //点亮 LED
    SysCtlDelay(2* (TheSysClock/3000));           //短暂延时
    GPIOPinWrite(LED_PORT, LED_PIN, 0xFF);        //熄灭 LED
}


//  主函数 (程序入口)
int main(void)
```

```
{
    clockInit();                                          //时钟初始化:晶振,6 MHz
    ledInit();                                            //LED 初始化

    GPIOPinWrite(LED_PORT, LED_PIN, 0x00);                //点亮 LED,表明已复位
    SysCtlDelay(1500* (TheSysClock/3000));
    GPIOPinWrite(LED_PORT, LED_PIN, 0xFF);                //熄灭 LED
    SysCtlDelay(1500* (TheSysClock/3000));
    wdogInit();                                           //看门狗初始化

    for(;;)
    {
        wdogFeed();                                       //喂狗,每喂一次 LED 闪一下
        SysCtlDelay(500* (TheSysClock/3000)); //延时超过 700(即 2×350) ms 才会复位
    }
}
```

读者可以思考,设置哪个函数的哪个值,当值大于多少时,可使看门狗超时,产生复位。

6.4　PWM

脉冲宽度调制(PWM)控制技术以其控制简单、灵活和动态响应好的优点而成为电力电子技术中广泛应用的控制技术。Stellaris 系列 ARM 将 PWM 模块集成到片内,使得该系列芯片在电力电子领域的应用更加方便。模拟比较器用于电力电子的实时保护等方面非常重要,而将模拟比较器集成在片内,也是 Stellaris 系列 ARM 的一大特点。

6.4.1　PWM 总体特性

1. PWM 简介

脉冲宽度调制(pulse-width modulation,PWM)技术,也简称为脉宽调制技术,是一项功能强大的技术,它是一种对模拟信号电平进行数字化编码的方法。在脉宽调制中使用高分辨率计数器来产生方波,并且可以通过调整方波的占空比对模拟信号电平进行编码。PWM 通常使用在开关电源和电机控制中。

Stellaris 系列 ARM 提供 4 个 PWM 发生器模块和 1 个控制模块。每个 PWM 发生器模块包含 1 个定时器(16 位递减或先递增后递减计数器)、2 个 PWM 比较器、1 个 PWM 信号发生器、1 个死区发生器,以及 1 个中断/ADC 触发选择器。而控制模块决定了 PWM 信号的极性,以及将哪个信号传递到管脚,如图 6.1 所示。

一个 PWM 发生器模块产生两路 PWM 信号,这两路 PWM 信号可以是独立的信号(基于同一定时器因而频率相同的独立信号除外),也可以是一对插入了死区延迟的互补(complementary)信号。PWM 发生器模块的输出信号在传递到器件管脚之前由输出控制模块管理。

Stellaris 系列 ARM 的 PWM 模块具有极大的灵活性。它可以产生简单的 PWM 信号,如简易充电泵需要的信号;也可以产生带死区延迟的成对 PWM 信号,如半-H 桥(half-H bridge)驱动电路使用的信号。3 个发生器模块能够产生三相反逆变桥所需的 6 路 PWM

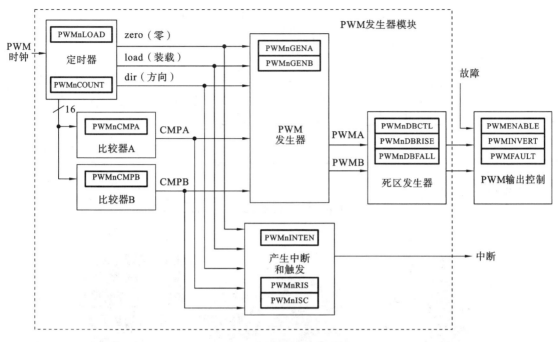

图 6.1　PWM 的控制器结构图

信号。

注意:每个 PWM 模块控制 2 个 PWM 输出引脚。

2. Stellaris 系列 ARM 的 PWM 特性

(1) 4 个 PWM 发生器模块,产生 8 路 PWM 信号;

(2) 灵活的 PWM 产生方法;

(3) 自带死区发生器;

(4) 灵活可控的输出控制模块;

(5) 安全可靠的错误检测保护功能;

(6) 丰富的中断机制和 ADC 触发。

6.4.2　PWM 功能概述

每个 PWM 发生器模块都包含一个 16 位定时器、两个 PWM 比较器,可以产生两路 PWM 信号。在 PWM 发生器模块运作时,定时器不断计数并将数值和两个比较器的值进行比较,可以在定时器数值与比较器数值相等时,定时器计数值为零时或定时器数值为装载值时对输出的 PWM 信号产生影响。在使能 PWM 发生器之前,配置好定时器的计数速度、计数方式,定时器的转载值,两个比较器的数值,以及 PWM 受什么事件的影响和有什么影响后,就可以产生许多复杂的 PWM 波形。

Stellaris 系列 ARM 提供的 PWM 模块功能非常强大,可以应用于众多方面:

(1) PWM 作为 16 位高分辨率 D/A,如图 6.2 所示。

(2) PWM 调节 LED 亮度:不需要低通滤波器,通过功率管还可以控制电灯泡的亮度。

(3) PWM 演奏乐曲、语音播放:PWM 方波可直接用于乐曲演奏。作为 D/A 经功率放大

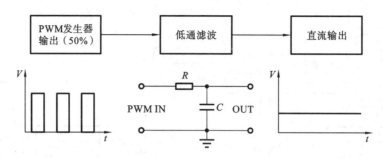

图 6.2　PWM 作为 D/A 输出

器电路可播放语音。

（4）PWM 控制各类电机，如直流电机、交流电机、步进电机等，如图 6.3 所示。

直流电机　　　　　　　　交流电机　　　　　　　　步进电机

图 6.3　各类电机

1. PWM 定时器

每个 PWM 定时器有两种工作模式：递减计数模式或先递增后递减计数模式。在递减计数模式中，定时器从装载值开始递减计数，计数到零时又返回到装载值并继续递减计数。在先递增后递减计数模式中，定时器从零开始递增计数，一直计数到装载值，然后从装载值递减到零，接着再递增到装载值，依此类推。通常，递减计数模式用来产生左对齐或右对齐的 PWM 信号，而先递增后递减计数模式用来产生中心对齐的 PWM 信号。

PWM 定时器输出三个信号：一个是方向信号（dir），在递减计数模式中，该信号始终为低电平，在先递增后递减计数模式中，则是在高低电平之间切换；另外两个信号为零脉冲信号（zero）和装载脉冲信号（load）。当计数器计数值为零时，零脉冲信号发出一个宽度等于时钟周期的高电平脉冲；当计数器计数值等于装载值时，装载脉冲信号也发出一个宽度等于时钟周期的高电平脉冲。这些信号在生成 PWM 信号的过程中使用。

注：在递减计数模式中，零脉冲信号之后紧跟着一个装载脉冲信号。

2. PWM 比较器

PWM 发生器含两个比较器，用于监控计数器的值。当比较器的值与计数器的值相等时，比较器输出宽度为单时钟周期的高电平脉冲。在先递增后递减计数模式中，比较器在递增和递减计数时都要进行比较，因此必须通过计数器的方向信号来限定。这些限定脉冲在生成 PWM 信号的过程中使用。如果任一比较器的值大于计数器的装载值，则该比较器不会输出高电平脉冲。

下面是两种常见的波形产生过程。

如图 6.4 所示,PWMA 和 PWMB 为左对齐的一对 PWM 信号的波形。

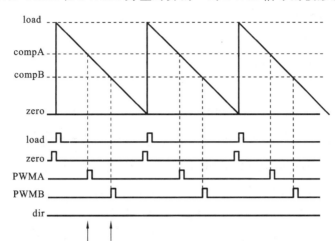

图 6.4　左对齐 PWM 信号波形图

图 6.5 所示是一对中心对齐的 PWM 信号的波形图,这时定时器的计数模式是先递增后递减计数模式。

注:左对齐的 PWM 方波实际上也可以理解为右对齐。

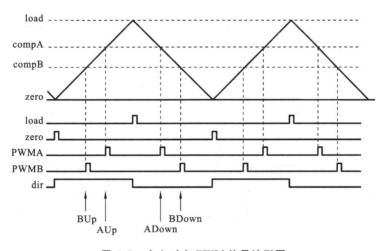

图 6.5　中心对齐 PWM 信号波形图

3. PWM 信号发生器

PWM 信号发生器捕获这些脉冲(由方向信号来限定),并产生两个 PWM 信号。在递减计数模式中,能够影响 PWM 信号的事件有 4 个:零、装载、匹配 A 递减、匹配 B 递减。在先递增后递减计数模式中,能够影响 PWM 信号的事件有 6 个:零、装载、匹配 A 递减、匹配 A 递增、匹配 B 递减、匹配 B 递增。当匹配 A 或匹配 B 事件与零或装载事件重合时,它们可以被忽略。如果匹配 A 与匹配 B 事件重合,则第一个信号 PWMA 只根据匹配 A 事件生成,第二个信号 PWMB 只根据匹配 B 事件生成。

各个事件对 PWM 输出信号的影响都是可编程的:可以保留(忽略该事件),可以翻转,可以驱动为低电平或驱动为高电平。这些动作可用来产生一对位置和占空比不同的 PWM 信号,这对信号可以重叠或不重叠。图6.6就是在先递增后递减计数模式中产生的一对中心对齐、占空比不同的重叠的PWM信号。

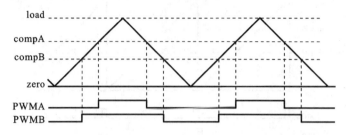

图6.6　在先递增后递减计数模式中产生的PWM信号

在该示例中,第一个PWM信号发生器设置为在出现匹配A递增事件时驱动为高电平,出现匹配A递减事件时驱动为低电平,并忽略其他4个事件。第二个PWM信号发生器设置为在出现匹配B递增事件时驱动为高电平,出现匹配B递减事件时驱动为低电平,并忽略其他4个事件。改变比较器A的值可改变PWMA信号的占空比,改变比较器B的值可改变PWMB信号的占空比。

4. 死区发生器

从PWM发生器模块产生的两个PWM信号被传递到死区发生器(见图6.7)。如果死区发生器禁能,则PWM信号只简单地通过该模块,而不会发生改变。如果死区发生器使能,则丢弃第二个PWM信号,并在第一个PWM信号基础上产生两个PWM信号。第一个输出PWM信号为带上升沿延迟的输入信号,延迟时间可编程。第二个输出PWM信号为输入信号的反相信号,在输入信号的下降沿和这个新信号的上升沿之间增加了可编程的延迟时间。对电机应用来讲,延迟时间一般仅需要几百纳秒到几微秒。

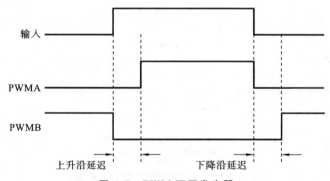

图6.7　PWM死区发生器

PWMA和PWMB是一对高电平有效的信号,并且其中一个信号在跳变处的那段可编程延迟时间之外都为高电平。这样,这两个信号便可用来驱动半-H桥(half-H bridge)。又由于它们带有死区延迟,因此还可以避免冲过电流(shoot through current)破坏电力电子管。

5. 输出控制模块

PWM发生器模块产生的是两个原始的PWM信号,输出控制模块在PWM信号进入芯片管脚之前要对其最后的状态进行控制。输出控制模块主要有3项功能:

(1)输出使能,只有被使能的PWM信号才能反映到芯片管脚上;

(2)输出反相控制,如果使能,则PWM信号输出到管脚时会180°反相;

(3)故障控制,外部传感器检测到系统故障时能够直接禁止PWM输出。

6. PWM 故障检测

LM3S 系列单片机的 PWM 功能常用于对电机等大功率设备的控制。大功率设备往往也是具有一定危险性的设备,如电梯系统。如果系统意外产生某种故障,应当立即使电机停止运行(即令 PWM 输出无效),以避免其长时间处于危险的运行状态。

LM3S 系列单片机专门提供了一个故障检测输入管脚 Fault。输入 Fault 的信号来自监测系统运行状态的传感器。从 Fault 管脚输入的信号不会经过处理器内核,而是直接送至输出控制模块,所以即使处理器内核忙碌甚至死机,Fault 信号照样可以关闭 PWM 信号输出,这显著增强了系统的安全性。

7. 中断/ADC 触发控制单元

PWM 模块的 5 个事件,即 zero、load、dir、cmpA、cmpB 事件都可以触发中断,或者触发 ADC 转换,使控制非常灵活。用户可以选择这些事件中的一个或者一组作为中断源,只要其中一个所选事件发生,中断就会产生。此外,可以选择相同事件、不同事件、同组事件或不同组事件作为 ADC 触发源。

6.4.3　PWM 库函数

1. PWM 发生器配置与控制

函数 PWMGenConfigure( )用于对指定的 PWM 发生器模式进行设置,包括定时器的计数模式、同步模式、调试下的行为及故障模式的设置,调用该函数后,完成这些配置,PWM 发生器仍然处于禁止状态,还没有开始运行。注意:在调用这个函数改变了定时器的计时模式后,必须重新调用函数 PWMGenPeriodSet( )和 PWMPulseWidthSet( ),对 PWM 的周期和占空比进行设置。

函数 PWMGenPeriodSet( )用于设定指定的 PWM 发生器的周期,周期数值的大小为 PWM 定时器计时时钟数。每次调用该函数都会对之前的值进行覆盖重写。函数 PWMGenPeriodGet( )用于获取 PWM 发生器周期。

函数 PWMPulseWidthSet( )用于设定指定的 PWM 发生器的占空比,占空比数值的大小也是 PWM 定时器计时时钟数,这个数值不能大于函数 PWMGenPeriodSet( )中设置的值,也就是占空比不能大于 100%。函数 PWMPulseWidthGet( )用于获取 PWM 输出宽度。

调用函数 PWMGenEnable( )开始允许 PWM 时钟驱动相应的 PWM 发生器的定时器开始运行。反之,调用函数 PWMGenDisable( )则禁止 PWM 定时器运作。

上述函数详见表 6.50 至表 6.56 的描述。

表 6.50　函数 PWMGenConfigure( )

函数名称	PWMGenConfigure( )
功能	PWM 发生器基本配置
原型	void PWMGenConfigure(unsigned long ulBase, unsigned long ulGen, unsigned long ulConfig)
参数	ulBase:PWM 端口的基址,取值 PWM_Base ulGen:PWM 发生器的编号,取下列值之一 　　　PWM_GEN_0 　　　PWM_GEN_1 　　　PWM_GEN_2

函数名称	PWMGenConfigure( )
参数	PWM_GEN_3 ulConfig：PWM 发生器的设置，取下列各组数值之间的"或运算"组合形式 ● PWM 定时器的计数模式 PWM_GEN_MODE_DOWN　　　　　　　　　//递减计数模式 PWM_GEN_MODE_UP_DOWN　　　　　　　//先递增后递减模式 ● 计数器装载和比较器的更新模式 PWM_GEN_MODE_SYNC　　　　　　　　　//同步更新模式 PWM_GEN_MODE_NO_SYNC　　　　　　　//异步更新模式 ● 计数器在调试模式中的行为 PWM_GEN_MODE_DBG_RUN　　　　　　　//调试时一直运行 PWM_GEN_MODE_DBG_STOP　　　　　　//计数器到零停止直至退出调试模式 ● 计数模式改变的同步方式 PWM_GEN_MODE_GEN_NO_SYNC　　　　//发生器不同步模式 PWM_GEN_MODE_GEN_SYNC_LOCAL　　//发生器局部同步模式 PWM_GEN_MODE_GEN_SYNC_GLOBAL　//发生器全局同步模式 ● 死区参数同步模式 PWM_GEN_MODE_DB_NO_SYNC　　　　//不同步 PWM_GEN_MODE_DB_SYNC_LOCAL　　//局部同步 PWM_GEN_MODE_DB_SYNC_GLOBAL　//全局同步 ● 故障条件是否锁定 PWM_GEN_MODE_FAULT_LATCHED　　　//锁定故障条件 PWM_GEN_MODE_FAULT_UNLATCHED　//不锁定故障条件 ● 是否使用最小故障保持时间 PWM_GEN_MODE_FAULT_MINPER　　　//使用 PWM_GEN_MODE_FAULT_NO_MINPER　//不使用 ● 故障源输入的选择 PWM_GEN_MODE_FAULT_EXT　　　　//Fault0 作为故障输入 PWM_GEN_MODE_FAULT_LEGACY　　//通过 PWMnFLTSRC0 选择
返回	无

表 6.51　函数 PWMGenPeriodSet( )

函数名称	PWMGenPeriodSet( )
功能	PWM 发生器周期配置
原型	void PWMGenPeriodSet(unsigned long ulBase，unsigned long ulGen，unsigned long ulPeriod)
参数	ulBase：PWM 端口的基址，取值 PWM_Base ulGen：PWM 发生器的编号，取下列值之一 　　　PWM_GEN_0 　　　PWM_GEN_1 　　　PWM_GEN_2 　　　PWM_GEN_3 ulPeriod：PWM 定时器计时时钟数
返回	无

表 6.52　函数 PWMGenPeriodGet( )

函数名称	PWMGenPeriodGet( )
功能	获取 PWM 发生器周期
原型	unsigned long PWMGenPeriodGet(unsigned long ulBase, unsigned long ulGen)
参数	ulBase：PWM 端口的基址，取值 PWM_Base ulGen：PWM 发生器的编号，取下列值之一 　　　PWM_GEN_0 　　　PWM_GEN_1 　　　PWM_GEN_2 　　　PWM_GEN_3
返回	PWM 定时器计时时钟数，类型为 unsigned long

表 6.53　函数 PWMPulseWidthSet( )

函数名称	PWMPulseWidthSet( )
功能	PWM 输出宽度设置
原型	void PWMPulseWidthSet(unsigned long ulBase, unsigned long ulPWMOut, unsigned long ulWidth)
参数	ulBase：PWM 端口的基址，取值 PWM_Base ulPWMOut：要设置的 PWM 输出编号，取下列值之一 　　　PWM_OUT_0 　　　PWM_OUT_1 　　　PWM_OUT_2 　　　PWM_OUT_3 　　　PWM_OUT_4 　　　PWM_OUT_5 　　　PWM_OUT_6 　　　PWM_OUT_7 ulWidth：对应输出 PWM 的高电平宽度，宽度值是 PWM 计数器的计时时钟数
返回	无

表 6.54　函数 PWMPulseWidthGet( )

函数名称	PWMPulseWidthGet( )
功能	获取 PWM 输出宽度
原型	unsigned long PWMPulseWidthGet(unsigned long ulBase, unsigned long ulPWMOut)
参数	ulBase：PWM 端口的基址，取值 PWM_Base ulPWMOut：要设置的 PWM 输出编号，取下列值之一 　　　PWM_OUT_0 　　　PWM_OUT_1 　　　PWM_OUT_2 　　　PWM_OUT_3

函数名称	PWMPulseWidthGet( )
参数	PWM_OUT_4 PWM_OUT_5 PWM_OUT_6 PWM_OUT_7
返回	对应输出 PWM 的高电平宽度,宽度值是 PWM 计数器的计时时钟数,类型为 unsigned long

表 6.55　函数 PWMGenEnable( )

函数名称	PWMGenEnable( )
功能	开启 PWM 发生器的定时器
原型	void PWMGenEnable(unsigned long ulBase, unsigned long ulGen)
参数	ulBase:PWM 端口的基址,取值 PWM_Base ulGen:PWM 发生器的编号,取下列值之一 　　PWM_GEN_0 　　PWM_GEN_1 　　PWM_GEN_2 　　PWM_GEN_3
返回	无

表 6.56　函数 PWMGenDisable( )

函数名称	PWMGenDisable( )
功能	禁止 PWM 发生器的定时器
原型	void PWMGenDisable(unsigned long ulBase, unsigned long ulGen)
参数	ulBase:PWM 端口的基址,取值 PWM_Base ulGen:PWM 发生器的编号,取下列值之一 　　PWM_GEN_0 　　PWM_GEN_1 　　PWM_GEN_2 　　PWM_GEN_3
返回	无

2. 死区控制

函数 PWMDeadBandEnable( )用于设置相应的 PWM 发生器的死区时间,并打开死区功能。所谓死区时间是相对于原来的 PWMA 的上升沿和下降沿的延迟时间,一般为几微秒。调用该函数并配置好后,PWM 发生器输出的两路 PWM 信号就是一对带死区的反相的 PWM 信号。函数 PWMDeadBandDisable( )用于关闭 PWM 发生器的死区功能,使 PWM 发生器按原样输出。详见表 6.57、表 6.58 的描述。

表 6.57　函数 PWMDeadBandEnable( )

函数名称	PWMDeadBandEnable( )
功能	设置死区延时并使能死区控制输出
原型	void PWMDeadBandEnable(unsigned long ulBase, 　　unsigned long ulGen, 　　unsigned short usRise, 　　unsigned short usFall)
参数	ulBase:PWM 端口的基址,取值 PWM_Base ulGen:PWM 发生器的编号,取下列值之一 　　　PWM_GEN_0 　　　PWM_GEN_1 　　　PWM_GEN_2 　　　PWM_GEN_3 usRise:OUTA 上升沿相对于原 PWMA 的上升沿延时宽度,宽度值是 PWM 计数器的计时时钟数 usFall:OUTB 上升沿相对于原 PWMB 的上升沿延时宽度,宽度值是 PWM 计数器的计时时钟数
返回	无

注:有死区控制,就不会出现功率管同时导通的情况,从而防止出现损坏功率管的情况。

表 6.58　函数 PWMDeadBandDisable( )

函数名称	PWMDeadBandDisable( )
功能	禁止对应 PWM 发生器的死区输出
原型	void PWMDeadBandDisable(unsigned long ulBase, unsigned long ulGen)
参数	ulBase:PWM 端口的基址,取值 PWM_Base ulGen:PWM 发生器的编号,取下列值之一 　　　PWM_GEN_0 　　　PWM_GEN_1 　　　PWM_GEN_2 　　　PWM_GEN_3
返回	无

3. 同步控制

同步控制有两个函数,函数 PWMSyncUpdate( )用于对所选定的 PWM 发生器所挂起的周期和占空比的改动进行更新,更新动作会延时到所选的 PWM 发生器的定时器全部到零时发生。函数 PWMSyncTimeBase( )用于同步 PWM 发生器的时基,通过对所选的 PWM 发生器的定时器的计数值进行复位完成时基同步。详见表 6.59、表 6.60 的描述。

表 6.59　函数 PWMSyncUpdate( )

函数名称	PWMSyncUpdate( )
功能	同步所有挂起的更新

函数名称	PWMSyncUpdate( )
原型	void PWMSyncUpdate(unsigned long ulBase, unsigned long ulGenBits)
参数	ulBase：PWM 端口的基址，取值 PWM_Base ulGenBits：要更新的 PWM 发生器模块，取下列值的逻辑或 　　　　PWM_GEN_0_BIT 　　　　PWM_GEN_1_BIT 　　　　PWM_GEN_2_BIT 　　　　PWM_GEN_3_BIT
返回	无

表 6.60　函数 PWMSyncTimeBase( )

函数名称	PWMSyncTimeBase( )
功能	同步一个或者多个 PWM 发生器的定时器
原型	void PWMSyncTimeBase(unsigned long ulBase, unsigned long ulGenBits)
参数	ulBase：PWM 端口的基址，取值 PWM_Base ulGenBits：要同步的 PWM 发生器模块，取下列值的逻辑或 　　　　PWM_GEN_0_BIT 　　　　PWM_GEN_1_BIT 　　　　PWM_GEN_2_BIT 　　　　PWM_GEN_3_BIT
返回	无

4. 输出控制

函数 PWMOutputState( )用于控制最多 8 路 PWM 信号是否输出到管脚，也就是 PWM 发生器产生的 PWM 信号是否输出到管脚的最后一个开关。函数 PWMOutputInvert( )用于决定输出到管脚的 PWM 信号是否先反相再进行输出，如果 bInvert 为 1(true)，则反相输出 PWM 信号。函数 PWMOutputFaultLevel( )用于指定在 PWM 发生器的故障状态时，PWM 管脚的默认输出电平是高电平还是低电平。函数 PWMOutputFault( )用于确认在故障发生时，故障条件是否影响指定的输出电平，如果设定为不影响，那么即使发生了故障，管脚依然不受影响，按故障发生前原样输出。详见表 6.61 至表 6.64 的描述。

表 6.61　函数 PWMOutputState( )

函数名称	PWMOutputState( )
功能	使能或禁止 PWM 的输出
原型	void PWMOutputState(unsigned long ulBase, unsigned long ulPWMOutBits, tBoolean bEnable)
参数	ulBase：PWM 端口的基址，取值 PWM_Base ulPWMOutBits：要修改输出状态的 PWM 输出，取下列值的逻辑或 　　　　PWM_OUT_0_BIT 　　　　PWM_OUT_1_BIT

函数名称	PWMOutputState( )
参数	PWM_OUT_2_BIT PWM_OUT_3_BIT PWM_OUT_4_BIT PWM_OUT_5_BIT PWM_OUT_6_BIT PWM_OUT_7_BIT bEnable：输出是否有效，取下列值之一 　　true　　　　　//允许输出 　　false　　　　　//禁止输出
返回	无

表 6.62　函数 PWMOutputInvert( )

函数名称	PWMOutputInvert( )
功能	设置对应 PWM 信号是否反相输出
原型	void PWMOutputInvert(unsigned long ulBase,unsigned long ulPWMOutBits,tBoolean bInvert)
参数	ulBase：PWM 端口的基址，取值 PWM_Base ulPWMOutBits：要修改输出状态的 PWM 输出，取下列值的逻辑或 　　PWM_OUT_0_BIT 　　PWM_OUT_1_BIT 　　PWM_OUT_2_BIT 　　PWM_OUT_3_BIT 　　PWM_OUT_4_BIT 　　PWM_OUT_5_BIT 　　PWM_OUT_6_BIT 　　PWM_OUT_7_BIT bInvert：输出是否有效，取下列值之一 　　true　　　　　//输出反相 　　false　　　　　//直接输出
返回	无

表 6.63　函数 PWMOutputFaultLevel( )

函数名称	PWMOutputFaultLevel( )
功能	指定对应 PWM 输出在故障状态的输出电平
原型	void PWMOutputFaultLevel(unsigned long ulBase, 　　unsigned long ulPWMOutBits, 　　tBoolean bDriveHigh)
参数	ulBase：PWM 端口的基址，取值 PWM_Base ulPWMOutBits：要修改输出状态的 PWM 输出，取下列值的逻辑或 　　PWM_OUT_0_BIT

函数名称	PWMOutputFaultLevel( )
参数	PWM_OUT_1_BIT PWM_OUT_2_BIT PWM_OUT_3_BIT PWM_OUT_4_BIT PWM_OUT_5_BIT PWM_OUT_6_BIT PWM_OUT_7_BIT bDriveHigh:输出是否有效,取下列值之一 　true　　　　　//故障时输出高电平 　false　　　　　//故障时输出低电平
返回	无

表 6.64　函数 PWMOutputFault( )

函数名称	PWMOutputFault( )
功能	指定对应 PWM 输出是否响应故障状态
原型	void PWMOutputFault(unsigned long ulBase, 　　unsigned long ulPWMOutBits, 　　tBoolean bFaultSuppress)
参数	ulBase:PWM 端口的基址,取值 PWM_Base ulPWMOutBits:要修改输出状态的 PWM 输出,取下列值的逻辑或 　PWM_OUT_0_BIT 　PWM_OUT_1_BIT 　PWM_OUT_2_BIT 　PWM_OUT_3_BIT 　PWM_OUT_4_BIT 　PWM_OUT_5_BIT 　PWM_OUT_6_BIT 　PWM_OUT_7_BIT bFaultSuppress:输出是否有效,取下列值之一 　true　　//故障时输出函数 PWMOutputFaultLevel( )设置的电平 　false　　//不响应故障信号,原样输出
返回	无

5. PWM 发生器中断和触发

PWM 发生器有丰富的中断和触发源,能在很多时刻产生中断,使中断变得非常灵活。下面对中断相关的函数进行说明。

函数 PWMGenIntRegister( )用于给指定的 PWM 发生器立即注册一个中断服务函数。

对应的函数 PWMGenIntUnregister( )用于对已注册的 PWM 发生器中断服务函数进行注销。

函数 PWMGenIntTrigEnable( )用于对中断和触发 ADC 的事件进行使能,通过使能的事件才能触发中断和 ADC 采样。其参数 ulIntTrig 包括 12 个事件,其中 6 个是中断触发事件, 6 个是 ADC 触发事件。在递减计数时,只有 8 个事件是有效的。

同样,也有对应的函数 PWMGenIntTrigDisable( )用于对触发事件进行禁能。其作用和上面的函数 PWMGenIntTrigEnable( )相反。

函数 PWMGenIntStatus( )用于获取 PWM 发生器的中断状态,调用此函数会返回原始或者屏蔽后的中断状态。

函数 PWMGenIntClear( )用于清除指定的中断状态,应该在进入中断服务函数且获取中断状态后立即清除。上述函数详见表 6.65 至表 6.70 的描述。

表 6.65　函数 PWMGenIntRegister( )

函数名称	PWMGenIntRegister( )
功能	注册一个指定 PWM 发生器中断服务函数
原型	void PWMGenIntRegister (unsigned long ulBase, unsigned long ulGen, void (* pfnIntHandler)(void))
参数	ulBase:PWM 端口的基址,取值 PWM_Base ulGen:PWM 发生器的编号,取下列值之一 　　　PWM_GEN_0 　　　PWM_GEN_1 　　　PWM_GEN_2 　　　PWM_GEN_3 pfnIntHandler:PWM 发生器中断发生时调用的函数的指针
返回	无

表 6.66　函数 PWMGenIntUnregister( )

函数名称	PWMGenIntUnregister( )
功能	注销指定 PWM 发生器中断服务函数
原型	void PWMGenIntUnregister(unsigned long ulBase, unsigned long ulGen)
参数	ulBase:PWM 端口的基址,取值 PWM_Base ulGen:PWM 发生器的编号,取下列值之一 　　　PWM_GEN_0 　　　PWM_GEN_1 　　　PWM_GEN_2 　　　PWM_GEN_3
返回	无

表 6.67　函数 PWMGenIntTrigEnable( )

函数名称	PWMGenIntTrigEnable( )
功能	使能指定的 PWM 发生器的中断和 ADC 触发功能
原型	void PWMGenIntTrigEnable(unsigned long ulBase, unsigned long ulGen, unsigned long ulIntTrig)

续表

函数名称	PWMGenIntTrigEnable( )
参数	ulBase：PWM 端口的基址，取值 PWM_Base ulGen：PWM 发生器的编号，取下列值之一 　　　PWM_GEN_0 　　　PWM_GEN_1 　　　PWM_GEN_2 　　　PWM_GEN_3 ulIntTrig：PWM 发生器的中断和触发事件选择，取下列值的逻辑或 　　　PWM_INT_CNT_ZERO　　　//计数器为零时，触发中断 　　　PWM_INT_CNT_LOAD　　　//计数器为装载值时，触发中断 　　　PWM_INT_CNT_AU　　　//比较器 A 递增匹配时，触发中断 　　　PWM_INT_CNT_AD　　　//比较器 A 递减匹配时，触发中断 　　　PWM_INT_CNT_BU　　　//比较器 B 递增匹配时，触发中断 　　　PWM_INT_CNT_BD　　　//比较器 B 递减匹配时，触发中断 　　　PWM_TR_CNT_ZERO　　　//计数器为零时，触发 ADC 　　　PWM_TR_CNT_LOAD　　　//计数器为装载值时，触发 ADC 　　　PWM_TR_CNT_AU　　　//比较器 A 递增匹配时，触发 ADC 　　　PWM_TR_CNT_AD　　　//比较器 A 递减匹配时，触发 ADC 　　　PWM_TR_CNT_BU　　　//比较器 B 递增匹配时，触发 ADC 　　　PWM_TR_CNT_BD　　　//比较器 B 递减匹配时，触发 ADC
返回	无

表 6.68　函数 PWMGenIntTrigDisable( )

函数名称	PWMGenIntTrigDisable( )
功能	禁止指定的 PWM 发生器的中断和 ADC 触发功能
原型	void PWMGenIntTrigDisable(unsigned long ulBase, unsigned long ulGen, unsigned long ulIntTrig)
参数	ulBase：PWM 端口的基址，取值 PWM_Base ulGen：PWM 发生器的编号，取下列值之一 　　　PWM_GEN_0 　　　PWM_GEN_1 　　　PWM_GEN_2 　　　PWM_GEN_3 ulIntTrig：PWM 发生器的中断和触发事件选择，取下列值的逻辑或 　　　PWM_INT_CNT_ZERO　　　//计数器为零时，触发中断 　　　PWM_INT_CNT_LOAD　　　//计数器为装载值时，触发中断 　　　PWM_INT_CNT_AU　　　//比较器 A 递增匹配时，触发中断 　　　PWM_INT_CNT_AD　　　//比较器 A 递减匹配时，触发中断 　　　PWM_INT_CNT_BU　　　//比较器 B 递增匹配时，触发中断 　　　PWM_INT_CNT_BD　　　//比较器 B 递减匹配时，触发中断 　　　PWM_TR_CNT_ZERO　　　//计数器为零时，触发 ADC 　　　PWM_TR_CNT_LOAD　　　//计数器为装载值时，触发 ADC 　　　PWM_TR_CNT_AU　　　//比较器 A 递增匹配时，触发 ADC

函数名称	PWMGenIntTrigDisable( )	
参数	PWM_TR_CNT_AD	//比较器 A 递减匹配时,触发 ADC
	PWM_TR_CNT_BU	//比较器 B 递增匹配时,触发 ADC
	PWM_TR_CNT_BD	//比较器 B 递减匹配时,触发 ADC
返回	无	

表 6.69　函数 PWMGenIntStatus( )

函数名称	PWMGenIntStatus( )
功能	获取指定的 PWM 发生器的中断状态
原型	unsigned long PWMGenIntStatus (unsigned long ulBase, unsigned long ulGen, tBoolean bMasked)
参数	ulBase:PWM 端口的基址,取值 PWM_Base ulGen:PWM 发生器的编号,取下列值之一 　　PWM_GEN_0 　　PWM_GEN_1 　　PWM_GEN_2 　　PWM_GEN_3 bMasked:获取原始中断还是屏蔽后中断状态 true　　//屏蔽后中断状态 false　　//原始中断状态
返回	指定的 PWM 发生器的屏蔽后中断状态或原始中断状态

表 6.70　函数 PWMGenIntClear( )

函数名称	PWMGenIntClear( )
功能	清除指定的 PWM 发生器的中断状态
原型	void PWMGenIntClear(unsigned long ulBase, unsigned long ulGen, unsigned long ulInts)
参数	ulBase:PWM 端口的基址,取值 PWM_Base ulGen:PWM 发生器的编号,取下列值之一 　　PWM_GEN_0 　　PWM_GEN_1 　　PWM_GEN_2 　　PWM_GEN_3 ulInts:指定要清除的中断,取下列值的逻辑或 　　PWM_INT_CNT_ZERO　　//计数器为零触发的中断 　　PWM_INT_CNT_LOAD　　//计数器为装载值触发的中断 　　PWM_INT_CNT_AU　　//比较器 A 递增匹配触发的中断 　　PWM_INT_CNT_AD　　//比较器 A 递减匹配触发的中断 　　PWM_INT_CNT_BU　　//比较器 B 递增匹配触发的中断 　　PWM_INT_CNT_BD　　//比较器 B 递减匹配触发的中断
返回	无

6. 总中断控制

函数 PWMIntEnable( )用于打开指定的 PWM 发生器的中断和故障中断。函数 PWMIntDisable( )功能则与之相反:屏蔽指定的中断。函数 PWMIntStatus( )用于获取原始或者屏蔽后的 PWM 中断状态。详见表 6.71 至表 6.73 的描述。

表 6.71　函数 PWMIntEnable( )

函数名称	PWMIntEnable( )
功能	使能指定的 PWM 发生器和故障的中断
原型	void PWMIntEnable(unsigned long ulBase, unsigned long ulGenFault)
参数	ulBase:PWM 端口的基址,取值 PWM_Base ulGenFault:指定的要使能的中断,取下列值的逻辑或 　　　PWM_INT_GEN_0 　　　PWM_INT_GEN_1 　　　PWM_INT_GEN_2 　　　PWM_INT_GEN_3 　　　PWM_INT_FAULT0 　　　PWM_INT_FAULT1 　　　PWM_INT_FAULT2 　　　PWM_INT_FAULT3
返回	无

表 6.72　函数 PWMIntDisable( )

函数名称	PWMIntDisable( )
功能	禁止指定的 PWM 发生器和故障的中断
原型	void PWMIntDisable(unsigned long ulBase, unsigned long ulGenFault)
参数	ulBase:PWM 端口的基址,取值 PWM_Base ulGenFault:指定的要禁止的中断,取下列值的逻辑或 　　　PWM_INT_GEN_0 　　　PWM_INT_GEN_1 　　　PWM_INT_GEN_2 　　　PWM_INT_GEN_3 　　　PWM_INT_FAULT0 　　　PWM_INT_FAULT1 　　　PWM_INT_FAULT2 　　　PWM_INT_FAULT3
返回	无

表 6.73　函数 PWMIntStatus( )

函数名称	PWMIntStatus( )
功能	获取指定的 PWM 中断状态
原型	unsigned long PWMIntStatus(unsigned long ulBase, tBoolean bMasked)

续表

函数名称	PWMIntStatus( )
参数	ulBase:PWM 端口的基址,取值 PWM_Base bMasked:指定的要获取的中断状态是原始中断状态还是屏蔽后的中断状态,取下列值之一 　　true　　　　　　//返回屏蔽后中断状态 　　false　　　　　　//返回原始中断状态
返回	返回值可能是以下值的逻辑或: 　　PWM_INT_GEN_0 　　PWM_INT_GEN_1 　　PWM_INT_GEN_2 　　PWM_INT_GEN_3 　　PWM_INT_FAULT0 　　PWM_INT_FAULT1 　　PWM_INT_FAULT2 　　PWM_INT_FAULT3

6.4.4　产生两路 PWM 信号实例

假定系统时钟为 6 MHz,要求芯片在 PWM2 和 PWM3 管脚产生频率为 1 kHz 的 PWM 方波,其中 PWM2 占空比为 80%,PWM3 占空比为 35%。程序清单 6-6 是产生两路 PWM 信号的初始化程序。

程序清单 6-6　产生两路 PWM 信号

```
#include "hw_memmap.h"
#include "hw_types.h"
#include "sysctl.h"
#include "gpio.h"
#include "pwm.h"

#define PB0_PWM2  GPIO_PIN_0
#dcfine PB1_PWM3  GPIO_PIN_1

int  main (void)
{
    SysCtlClockSet(SYSCTL_SYSDIV_1 |                //配置 6 MHz 外部晶振作为主时钟
                   SYSCTL_USE_OSC |
                   SYSCTL_OSC_MAIN |
                   SYSCTL_XTAL_6MHZ);

    SysCtlPeripheralEnable(SYSCTL_PERIPH_GPIOB);    //使能 PWM2 和 PWM3 输出所在 GPIO
    SysCtlPeripheralEnable(SYSCTL_PERIPH_PWM);      //使能 PWM 模块
    SysCtlPWMClockSet(SYSCTL_PWMDIV_1);             //PWM 时钟配置:不分频
    GPIOPinTypePWM(GPIO_PORTB_BASE, GPIO_PIN_0);    //PB0 配置为 PWM 功能
```

```
        GPIOPinTypePWM(GPIO_PORTB_BASE, GPIO_PIN_1);    //PB1 配置为 PWM 功能

        PWMGenConfigure(PWM_BASE, PWM_GEN_1,            //配置 PWM 发生器 1:先递增后递
                                                          减计数
        PWM_GEN_MODE_UP_DOWN | PWM_GEN_MODE_NO_SYNC);

        PWMGenPeriodSet(PWM_BASE, PWM_GEN_1, 6000);     //设置 PWM 发生器 1 的周期
        PWMPulseWidthSet(PWM_BASE, PWM_OUT_2, 4200);    //设置 PWM2 输出的脉冲宽度
        PWMPulseWidthSet(PWM_BASE, PWM_OUT_3, 1800);    //设置 PWM3 输出的脉冲宽度

     PWMOutputState(PWM_BASE, (PWM_OUT_2_BIT | PWM_OUT_3_BIT), true);
                                                //使能 PWM2 和 PWM3 的输出

        PWMGenEnable(PWM_BASE, PWM_GEN_1);              //使能 PWM 发生器 1
                                                        //开始产生 PWM 方波

        while(1);
     }
```

通过以上例子可以看出,PWM 模块初始化和配置的具体步骤如下:

(1) 使能主处理器时钟;

(2) 配置 GPIOB 模块,一般 PWM2 和 PWM3 输出所在的 GPIO 管脚是 PB0 和 PB1,因此在配置 PWM 之前,必须先配置 GPIOB 模块,把 PB0 和 PB1 配置为输出;

(3) 设置 PWM 的分频系数;

(4) 设置 PWM 发生器计数模式(递减计数或先递增后递减计数);

(5) 设置 PWM 的周期,假如目前 PWM 模块输入时钟为 6 MHz,若要得到 1 kHz 的 PWM 方波,即周期为 10 μs,则 PWM 计数器的初值应该为 5999(PWM 周期数本来是 6000,但是在递减计数模式下作为初值需要减 1,如果在先递增后递减模式下则不需要减 1);

(6) PWM2 和 PWM3 输出的占空比分别为 80% 和 35%,则两个周期值设定为 6000× 80%＝4800,6000×35%＝2100;

(7) 使能 PWM2 和 PWM3 的输出;

(8) 使能 PWM 发生器 1。

6.5　直线电机位置检测软件设计

直线电机位置检测系统主要由编码器、位置传感器阵列、控制模块组成,如图 6.8 所示。编码器安装于动子上,由非金属基体和一定数量的金属齿片(以下简称编码齿)组成。编码齿沿编码器长度方向(即动子运动方向)等间距分布于非金属基体之上。当编码器随动子运动时,位置传感器在编码齿的感应下周期性地关断,进而输出连续的方波信号。直线电机运动的距离显然与方波脉冲的数量成正比,因此直线电机的位置检测等效为对位置传感器输出脉冲的计算即可。

软件设计思路如下:采用通用定时器 0 的 CCP0 引脚对外部位置传感器的脉冲进行计数,为了测试代码,一般采用 PWM 模块来模拟外部位置传感器的脉冲信号,这里采用 PWM2 引脚,短接 PWM2 和 CCP0 引脚。同时,为了检查脉冲计数的准确性,采用通用定时器 1 的周期

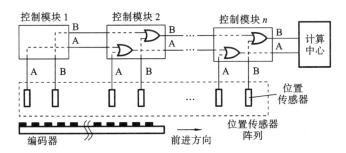

图 6.8　直线电机位置检测系统

定时功能,定时 1 s,将 1 s 内捕获的脉冲数量与 PWM 信号的频率进行比对,可以验证脉冲计数的准确性,实际测量直线电机位置时,直接将 CCP0 连接实际的传感器输出即可。其示例如程序清单 6-7 所示。

程序清单 6-7　直线电机位置检测软件设计示例

```
void pulseInit(void)
{
    SysCtlPeripheralEnable(SYSCTL_PERIPH_GPIOB);
    SysCtlPeripheralEnable(SYSCTL_PERIPH_PWM);
    SysCtlPWMClockSet(SYSCTL_PWMDIV_1);
    GPIOPinTypePWM(GPIO_PORTB_BASE, GPIO_PIN_0);
    PWMGenConfigure(PWM_BASE, PWM_GEN_1,
                    PWM_GEN_MODE_UP_DOWN | PWM_GEN_MODE_NO_SYNC);
    PWMGenPeriodSet(PWM_BASE, PWM_GEN_1, 6000);
    PWMPulseWidthSet(PWM_BASE, PWM_OUT_2,3000);
    PWMOutputState(PWM_BASE, PWM_OUT_2_BIT, true);
    PWMGenEnable(PWM_BASE, PWM_GEN_1);

}


//定时器 16 位输入边沿计数捕获功能初始化
void timerInitCapCount(void)
{
    SysCtlPeriEnable(SYSCTL_PERIPH_TIMER0);
    SysCtlPeriEnable(CCP0_PERIPH);
    GPIOPinTypeTimer(CCP0_PORT, CCP0_PIN);
    TimerConfigure(TIMER0_BASE, TIMER_CFG_16_BIT_PAIR |
                                TIMER_CFG_A_CAP_COUNT);
    TimerControlEvent(TIMER0_BASE,
                      TIMER_A,
                      TIMER_EVENT_NEG_EDGE);

    TimerLoadSet(TIMER0_BASE, TIMER_A, 40000);
    TimerEnable(TIMER0_BASE, TIMER_A);
}
```

```
//主函数(程序入口)
int main(void)
{

    clockInit();
    uartInit();
    SysCtlPeriEnable(LED_PERIPH);
    GPIOPinTypeOut(LED_PORT, LED_PIN);
    pulseInit();                                    //产生待测信号
    timerInitCapCount();                            //Timer初始化:16位计数捕获

    //配置定时器1周期1 s的中断
    SysCtlPeriEnable(SYSCTL_PERIPH_TIMER1);
    TimerConfigure(TIMER1_BASE, TIMER_CFG_32_BIT_PER);
    TimerLoadSet(TIMER1_BASE, TIMER_A, 6000000UL);
    TimerIntEnable(TIMER1_BASE, TIMER_TIMA_TIMEOUT);
    IntEnable(INT_TIMER1A);
    IntMasterEnable();
    TimerEnable(TIMER1_BASE, TIMER_A);

    for(;;)
    {
      sprintf(s, "% d Hz\r\n", time_value);
      uartPuts(s);
      ucVal=GPIOPinRead(LED_PORT, LED_PIN);
      GPIOPinWrite(LED_PORT, LED_PIN, ~ ucVal);
      SysCtlDelay(1000* (TheSysClock / 3000));
    }
}

void Timer1A_ISR(void)
{
    unsigned long ulStatus;
    ulStatus=TimerIntStatus(TIMER1_BASE, true);   //读取中断状态
    TimerIntClear(TIMER1_BASE, ulStatus);         //清除中断状态,重要!
    if (ulStatus & TIMER_TIMA_TIMEOUT)            //如果Timer超时中断
    {
    time_value=40000-TimerValueGet(TIMER0_BASE, TIMER_A);
    TimerLoadSet(TIMER0_BASE, TIMER_A, 40000);    //重新设置计数器初值
    TimerEnable(TIMER0_BASE, TIMER_A);
    }
}
```

小　　结

本章介绍了 LM3S8962 微处理器的系统节拍定时器、通用定时器模块、看门狗定时器模

块以及 PWM 模块。

习　　题

1. 通用定时器模块在电磁发射系统中有哪些应用场景?

2. PWM 模块在电磁发射系统中有哪些应用场景?

3. LM3S8962 微处理器的通用定时器模块为什么称为通用定时器? 它有哪些功能?

4. LM3S8962 微处理器的看门狗定时器的工作原理是什么?

5. LM3S8962 微处理器的 PWM 模块内部是否包括定时器? 它的工作过程是什么?

6. 采用定时器模块和 GPIO 模块(PD5),输出 50 Hz 的方波,写出主要代码,并比较定时器方式与普通延时方式编程的优点与缺点。

7. 采用延时方式从 PF3 输出 1 kHz 的方波,并利用通用定时器 0 的定时捕获功能(CCP0 引脚)测量该方波信号的周期。

8. 采用 PWM 模块,使用 PB2 引脚控制板载红灯,实现呼吸灯效果。

9. 采用 PB2 输出 1 kHz 的方波,并利用通用定时器 0 的定时计数功能(CCP0 引脚)测量该方波信号的频率。

第7章 模数转换

微控制器或微处理器所处理和传送的都是不连续的数字信号,而电磁发射系统中有许多连续变化的模拟量,包括电流、电压、温度、压力等,这些模拟量需经模/数(A/D)转换变成数字量,才可输入数字系统中进行处理和控制,因此,把模拟量转换成数字量的 A/D 转换器是连接模拟信号与数字信号的桥梁。

7.1 ADC 总体特性

为了能够使用数字系统(如 MCU)处理模拟信号,必须把模拟信号转换成相应的数字信号。能够实现这种转换的电子器件称为 ADC(analog-to-digital converter,模数转换器)。ADC 能够将连续变化的模拟电压转换成离散的数字信号。

Stellaris 系列 ARM 集成了一个 10 位的 ADC 模块,支持 8 个模拟输入通道,以及一个内部温度传感器。ADC 模块含有一个可编程的序列发生器,可在不需控制器干涉的情况下对多个模拟输入源进行采样。每个采样序列均对完全可配置的输入源、触发事件、中断的产生和序列优先级提供灵活的编程。

Stellaris 系列 ARM 的 ADC 模块具有如下配置与特性:

(1)8 个模拟输入通道;

(2)单端和差分输入配置;

(3)内部温度传感器;

(4)高达 1 Msps(每秒采样一百万次)的采样率;

(5)4 个可编程的采样转换序列,入口长度为 1~8,每个序列均带有相应的转换结果FIFO;

(6)灵活的触发控制,如处理器(软件)、定时器、模拟比较器、PWM、GPIO;

(7)可对多达 64 个采样值进行平均计算(牺牲速度换取精度);

(8)采用内部的 3 V 参考电压;

(9)模拟电源和模拟地分开,并与数字电源和数字地分离。

图 7.1 是 ADC 结构框图,从右往左看,模拟信号从外部输入,经过 10 位 ADC 转换后,采样结果经过硬件平均电路(64 次),然后送到 FIFO 块,FIFO 块内部有 4 个 FIFO,每个 FIFO 对应不同的采样通道,每个 FIFO 对应一个采样序列发生器,不同采样序列发生器对应一个中断输出。采样控制对应 4 个选择器,每个选择器对应的 4 个触发控制事件(比较器、GPIO(PB4)、定时器、PWM)控制采样。

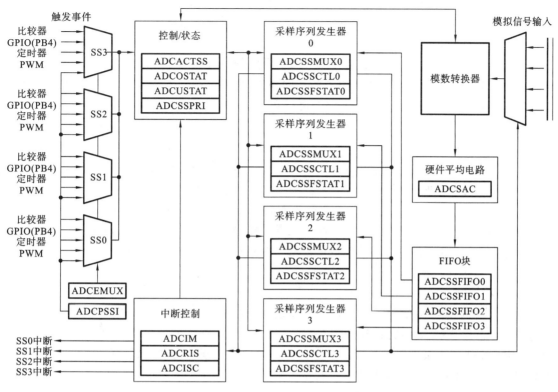

图 7.1　ADC 结构框图

7.2　ADC 功能描述

Stellaris 系 ARM 的 ADC 通过使用一种基于序列(sequence-based)的可编程方法来收集采样数据,取代了传统 ADC 模块使用的单次采样或双采样方法。每个采样序列均为一系列程序化的连续(back-to-back)采样,使得 ADC 可以从多个输入源中收集数据,而不需控制器对其进行重新配置或处理。对采样序列内的每个采样进行编程,包括对某些参数进行编程,如输入源和输入模式(差分输入还是单端输入)、采样结束时的中断产生,以及指示序列最后一个采样的指示符。

1. 采样序列发生器

采样控制和数据捕获由采样序列发生器(sample sequencer)完成。所有采样序列发生器的实现方法都相同,不同的只是各自可以捕获的采样数目和 FIFO 深度。表 7.1 给出了每个采样序列发生器可捕获的最大采样数及相应的 FIFO 深度。在本实现方案中,每个 FIFO 入口均为 32 位,低 10 位包含的是转换结果。

表 7.1　ADC 采样序列发生器的最大采样数和 FIFO 深度

采样序列发生器	最大采样数	FIFO 深度
SS0	8	8
SS1	4	4
SS2	4	4
SS3	1	1

对于一个指定的采样序列,每个采样均可以选择对应的输入管脚、温度传感器、中断使能、序列末端和差分输入模式。

当配置一个采样序列时,控制采样的方法是灵活的。每个采样的中断均可使能,这使得在必要时可在采样序列的任意位置产生中断。同样地,也可以在采样序列的任何位置结束采样。例如,如果使用采样序列发生器 SS0,那么可以在第 5 个采样后结束并产生中断,也可以在第 3 个采样后产生中断。

在一个采样序列执行完后,可以利用函数 ADCSequenceDataGet( )从 ADC 采样序列 FIFO 里读取结果。上溢和下溢可以通过函数 ADCSequenceOverflow( )和 ADCSequence-Underflow( )进行控制。

采样序列发生器的工作情况理解如下:采样序列发生器就是可以多次对数据进行采样的一个控制器,可灵活配置采样的次数。通过配置采样序列发生器,可以在采样动作完成后产生中断标志,可以从寄存器中查询采样结果数据。因此采样序列发生器就是一个缓冲寄存器,目的是确保驱动采样数据。

2. 模块控制

在采样序列发生器的外面,控制逻辑的剩余部分负责中断产生、序列优先级设置和触发配置等任务。大多数的 ADC 控制逻辑都在 14～18 MHz 的 ADC 时钟速率下运行。当选择了系统 XTAL(外部晶体振荡器)时,内部的 ADC 分频器通过硬件自动配置。自动时钟分频器的配置对所有 Stellaris 系列 ARM 均以 16.667 MHz 操作频率为目标。

3. 中断

采样序列发生器虽然会对引起中断的事件进行检测,但它们不控制中断是否真正被发送到中断控制器。ADC 模块的中断信号由相应的状态位来控制。ADC 中断状态分为原始的中断状态和屏蔽的中断状态,这可以通过函数 ADCIntStatus( )来查知。函数 ADCIntClear( )可以清除中断状态。

4. 优先级设置

当同时出现采样事件(触发)时,可以对这些事件设置优先级,安排它们的处理顺序。优先级值的有效范围是 0～3,其中 0 代表优先级最高,而 3 代表优先级最低。优先级相同的多个激活采样序列发生器单元不会提供一致的结果,因此软件必须确保所有激活采样序列发生器单元的优先级是唯一的。

5. 采样事件

采样序列发生器可以通过多种方式激活,如处理器(软件)、定时器、模拟比较器、PWM、GPIO。某些型号如 LM3S8938 并不存在专门的硬件 PWM 模块,因此也没有 PWM 触发方式。外部的外设触发源随着 Stellaris 家族成员的变化而改变,但所有器件都公用"控制器"和"一直(always)"触发器。软件可通过函数 ADCProcessorTrigger( )来启动采样。在使用"一直(always)"触发器时必须非常小心,如果一个序列的优先级太高,那么可能会忽略(starve)其他低优先级序列。

6. 硬件采样平均电路

使用硬件采样平均电路可产生具有更高精度的结果,然而结果的改善是以吞吐量的减小为代价的。硬件采样平均电路可累积高达 64 个采样值并进行平均,从而在序列发生器 FIFO 中形成一个数据入口。吞吐量根据平均计算中的采样数而相应地减小。例如,如果将平均电路配置为对 16 个采样值进行平均,则吞吐量也减小了 16 因子(factor)。

平均电路默认是关闭的,因此,转换器的所有数据直接传送到序列发生器 FIFO 中。进行平均计算的硬件由 ADC 采样平均控制(ADCSAC)寄存器控制。ADC 中只有一个平均电路,所有输入通道(不管是单端输入还是差分输入)都接收相同数量的平均值。

7. 模数转换器

模数转换器本身会为所选模拟输入产生 10 位输出值。通过某些特定的模拟端口,输入的失真可以降到最低。模数转换器必须工作在 16 MHz 左右,如果时钟偏差太多,则会给转换结果带来很大误差。

8. 差分采样

除了传统的单端采样外,ADC 模块还支持两个模拟输入通道的差分采样。

当队列步(sequence step)被配置为差分采样,会形成 4 个差分对之一。4 个差分对编号为 0～3。差分对 0 采样模拟输入 0 和 1,差分对 1 采样模拟输入 2 和 3,依此类推。ADC 不会支持其他差分对形式,比如模拟输入 0 与模拟输入 3。差分对所支持的编号有赖于模拟输入的编号(详见表 7.2)。

表 7.2 差分对

差 分 对	模 拟 输 入
0	0 和 1
1	2 和 3
2	4 和 5
3	6 和 7

在差分模式下被采样的电压是奇数和偶数通道的差值,即

$$\Delta V = V_{IN\_ENEN} - V_{IN\_ODD}$$

其中 ΔV 是差分电压,V_{IN_EVEN} 是偶数通道电压,V_{IN_ODD} 是奇数通道电压。

因此,如果 $\Delta V = 0$,则转换结果为 0x1FF;如果 $\Delta V > 0$,则转换结果大于 0x1FF(范围为 0x1FF～0x3FF);如果 $\Delta V < 0$,则转换结果小于 0x1FF(范围为 0～0x1FF)。

差分对指定了模拟输入的极性:偶数编号的输入总是正,奇数编号的输入总是负。为得到恰当的有效转换结果,负输入必须在正输入的 ±1.5 V 范围内。如果模拟输入高于 3 V 和低于 0 V(模拟输入的有效范围为 0～3 V),输入电压被截断,意即其结果是 3 V 或 0 V。

图 7.2 所示为以 1.5 V 为中心的负输入采样范围示例。在这个配置中,微分的电压跨度可以从 −1.5 V 到 1.5 V。图 7.3 所示为以 −0.75 V 为中心的负输入采样范围示例,这就意味着正输入在 −0.75 V 的微分电压下达到饱和,因为这个输入电压小于 0 V。图 7.4 所示为以 2.25 V 为中心的负输入采样范围示例,其中输入在 0.75 V 的微分电压下达到饱和,因为输入电压有可能大于 3 V。

9. 测试模式

ADC 模块的测试模式是用户可用的测试模式,它允许在 ADC 模块的数字部分内执行回送操作。这在调试软件中非常有用,不需提供真实的模拟激励信号。

10. 内部温度传感器

内部温度传感器提供了模拟温度读取操作和参考电压。输出终端 SENSO 的电压通过以下计算得到:

$$SENSO = 2.7 - (T+55)/75$$

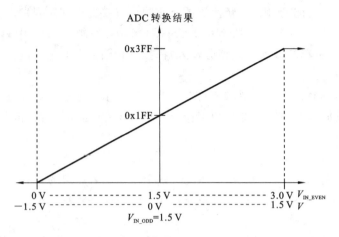

图 7.2　采样范围$(V_{\text{IN\_ODD}}=1.5\ \text{V})$

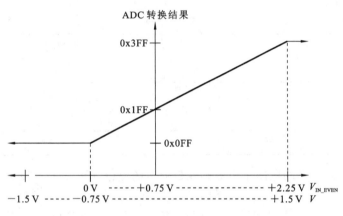

图 7.3　采样范围$(V_{\text{IN\_ODD}}=-0.75\ \text{V})$

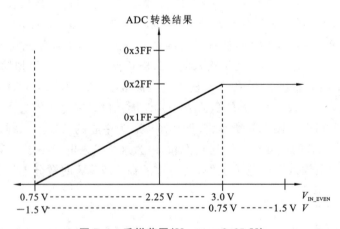

图 7.4　采样范围$(V_{\text{IN\_ODD}}=2.25\ \text{V})$

这种关系如图 7.5 所示。

　　下面我们来推导一个实用的 ADC 温度转换公式。假设温度电压 SENSO 对应的 ADC 采样值为 N，$2.7\ \text{V}$ 对应的 ADC 采样值为 N_1，$(T+55)/75$ 对应 N_2。

　　已知

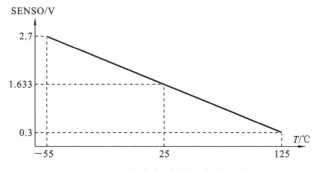

图 7.5　ADC 温度传感器温度-电压关系

$$N_1 \times (3/1024) = 2.7$$
$$N_2 \times (3/1024) = (T+55)/75$$

由此得到

$$N = N_1 - N_2 = 2.7/(3/1024) - ((T+55)/75)/(3/1024)$$

解得

$$T = (151040 - 225 \times N)/1024$$

结论：ADC 配置为温度传感器模式后，只要得到 10 位采样值 N，就能推算出摄氏温度 T。

7.3　ADC 应用注意事项

在实际应用中，为了更好地发挥 Stellaris 系列 ADC 的特性，我们建议用户在设计时注意以下几个要点。

1. 供电稳定可靠

Stellaris 系列的 ADC 参考电压是内部的 3.0 V，该参考电压的上一级来源是 VDDA，因此 VDDA 的供电必须稳定可靠。建议 VDDA 精度要达到 1%。此外，建议 VDD 的供电也要尽可能稳定，以减少对 VDDA 的串扰。

2. 模拟电源与数字电源分离

Stellaris 系列芯片都提供数字电源 VDD/GND 和模拟电源 VDDA/GNDA，在设计时建议采用两路不同的 3.3 V 电源稳压器分别供电。为了节省成本，也可以采用单路 3.3 V 电源，但 VDDA/GNDA 要通过电感从 VDD/GND 中分离出来。一般 GND 和 GNDA 最终还是要连接在一起的，建议用一个绕线电感连接并且接点尽可能靠近芯片（电感最好放在 PCB（印制电路板）背面），参见图 7.6。

采用多层 PCB 布局时，在成本允许的情况下，最好采用 4 层以上的 PCB，这能够带来更加优秀的电磁兼容（EMC）特性，减少对 ADC 采样的串扰，使结果更加精确。

3. 钳位二极管保护

一个典型的应用：采样电网 AC 220 V 变化情况，经变压器降压到 3 V 以"符合"ADC 输入不能超过 3 V 的要求，然后直接送到 ADC 输入管脚。这种做法会对产品质量产生严重不良影响。因为电网存在波动，瞬间电压可能大大超过额定的 220 V，因此经变压器之后的电压可能远超 3 V，自然有可能损坏芯片。正确的做法是必须要有限压保护措施，典型的做法是采用钳位保护二极管，能够把输入电压限制在 GND－VD2 到 VDD＋VD1 之间，参见图 7.7。

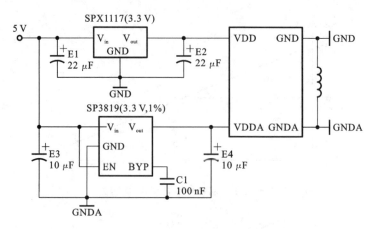

图 7.6　ADC 模拟电源与数字电源分离

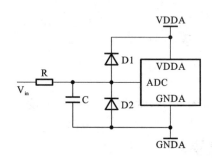

图 7.7　ADC 输入通道低通滤波
（RC 滤波）与钳位保护

4. 低通或带通滤波

为了抑制串入 ADC 输入信号的干扰，一般要进行低通或带通滤波。RC 滤波是最常见也是成本最低的一种选择，并且电阻 R 还能起到限流作用，参见图 7.7。

5. 差分输入信号密近平行布线

如果是 ADC 的差分采样应用，则这一对输入的差分信号传递线在 PCB 上应当安排成密近的平行线；如果在不同线路板之间传递差分信号，则应当采用屏蔽的双绞线。密近的布线会使来自外部的干扰同时作用于两根信号线，这只会形成共模干扰，而最终检测的是两根信号线传递的差值，对共模信号不敏感。

6. 差分模式也不能支持负的共模电压

Stellaris 系列的 ADC 支持差分采样，采样结果仅取决于两个输入端之间的电压差值。但是输入到每个输入端的共模电压（相对于 GNDA 的电压值）还是不能超过 0～3 V 的额定范围。如果超过太多，有可能造成芯片损坏（参考图 7.7 所示的保护措施）。

7. ADC 模块的时钟设置

Stellaris 系列 ADC 模块的内在特性要求其工作时钟必须在 16 MHz 左右，否则会带来较大的误差甚至是错误的转换结果。有两种方法可以保证提供给 ADC 模块的时钟在 16 MHz 左右。第一种方法是直接提供 16 MHz 的外部时钟，可以从 OSC0 输入而使 OSC1 悬空。2008 年新推出的 DustDevil 家族能够直接支持 16 MHz 的晶振。第二种方法是启用 PLL 单元，根据内部时钟树的结构，不论由 PLL 分频获得的主时钟频率是多少，提供给 ADC 模块的时钟总能够"自动地"保证在 16 MHz 左右。

7.4　ADC 库函数

7.4.1　ADC 采样序列操作

函数 ADCSequenceEnable( ) 和 ADCSequenceDisable( ) 用来使能和禁止一个 ADC 采样

序列,详见表 7.3 和表 7.4 的描述。

表 7.3 函数 ADCSequenceEnable( )

函数名称	ADCSequenceEnable( )
功能	使能一个 ADC 采样序列
原型	void ADCSequenceEnable(unsigned long ulBase, unsigned long ulSequenceNum)
参数	ulBase:ADC 模块的基址,取值 ADC_BASE ulSequenceNum:ADC 采样序列的编号,取值 0、1、2、3
返回	无

表 7.4 函数 ADCSequenceDisable( )

函数名称	ADCSequenceDisable( )
功能	禁止一个 ADC 采样序列
原型	void ADCSequenceDisable(unsigned long ulBase, unsigned long ulSequenceNum)
参数	ulBase:ADC 模块的基址,取值 ADC_BASE ulSequenceNum:ADC 采样序列的编号,取值 0、1、2、3
返回	无

函数 ADCSequenceConfigure( ) 和 ADCSequenceStepConfigure( ) 是两个至关重要的 ADC 配置函数,决定了 ADC 的全部功能,详见表 7.5 和表 7.6 的描述。

表 7.5 函数 ADCSequenceConfigure( )

函数名称	ADCSequenceConfigure( )
功能	配置 ADC 采样序列的触发事件和优先级原型

原型	void ADCSequenceConfigure(unsigned long ulBase,
	    unsigned long ulSequenceNum,
	    unsigned long ulTrigger, unsigned long ulPriority)

参数	ulBase:ADC 模块的基址,取值 ADC_BASE
	ulSequenceNum:ADC 采样序列的编号,取值 0、1、2、3
	ulTrigger:启动采样序列的触发源,取下列值之一
	    ADC_TRIGGER_PROCESSOR //处理器事件
	    ADC_TRIGGER_COMP0 //模拟比较器 0 事件
	    ADC_TRIGGER_COMP1 //模拟比较器 1 事件
	    ADC_TRIGGER_COMP2 //模拟比较器 2 事件
	    ADC_TRIGGER_EXTERNAL //外部事件(PB4 中断)
	    ADC_TRIGGER_TIMER //定时器事件
	    ADC_TRIGGER_PWM0 // PWM0 事件
	    ADC_TRIGGER_PWM1 // PWM1 事件
	    ADC_TRIGGER_PWM2 //PWM2 事件
	    ADC_TRIGGER_ALWAYS //触发一直有效(用于连续采样)
	ulPriority:相对于其他采样序列的优先级,取值 0、1、2、3(优先级依次从高到低)

返回	无

函数使用示例：

（1）ADC 采样序列配置：ADC 基址，采样序列 0，处理器触发，优先级 0。

```
ADCSequenceConfigure(ADC_BASE, 0, ADC_TRIGGER_PROCESSOR, 0);
```

（2）ADC 采样序列配置：ADC 基址，采样序列 1，定时器触发，优先级 2。

```
ADCSequenceConfigure(ADC_BASE, 1, ADC_TRIGGER_TIMER, 2);
```

（3）ADC 采样序列配置：ADC 基址，采样序列 2，外部事件（PB4 中断）触发，优先级 3。

```
ADCSequenceConfigure(ADC_BASE, 2, ADC_TRIGGER_EXTERNAL, 3);
```

（4）ADC 采样序列配置：ADC 基址，采样序列 3，模拟比较器 0 事件触发，优先级 1。

```
ADCSequenceConfigure(ADC_BASE, 3, ADC_TRIGGER_COMP0, 1);
```

注意：（1）并非所有 Stellaris 系列的成员都可以使用上述全部的触发源。请查询相关器件的数据手册以确定它们的可用触发源。

（2）在对一系列采样序列的优先级进行编程时，每个采样序列的优先级必须是唯一的；由调用者来确保优先级的唯一性。

表 7.6　函数 ADCSequenceStepConfigure( )

函数名称	ADCSequenceStepConfigure( )
功能	配置 ADC 采样序列发生器的步进原型
原型	void ADCSequenceStepConfigure(unsigned long ulBase,　　unsigned long ulSequenceNum,　　unsigned long ulStep,　　unsigned long ulConfig)
参数	ulBase：ADC 模块的基址，取值 ADC_BASE ulSequenceNum：ADC 采样序列的编号，取值 0、1、2、3 ulStep：步值，决定触发产生时 ADC 捕获序列的次序。不同采样序列的步值也不相同： 采样序列编号／步值范围 0 ／ 0~7 1 ／ 0~3 2 ／ 0~3 3 ／ 0 ulConfig：步进的配置，取下列值之间的"或运算"组合形式 　　● ADC 控制 　　ADC_CTL_TS　　　　　//温度传感器选择 　　ADC_CTL_IE　　　　　//中断使能 　　ADC_CTL_END　　　　//队列结束选择 　　ADC_CTL_D　　　　　//差分选择 　　● ADC 通道 　　ADC_CTL_CH0　　　　//输入通道 0（对应 ADC0 输入）

函数名称	ADCSequenceStepConfigure( )
参数	ADC_CTL_CH1　　　　　　//输入通道 1(对应 ADC1 输入) ADC_CTL_CH2　　　　　　//输入通道 2(对应 ADC2 输入) ADC_CTL_CH3　　　　　　//输入通道 3(对应 ADC3 输入) ADC_CTL_CH4　　　　　　//输入通道 4(对应 ADC4 输入) ADC_CTL_CH5　　　　　　//输入通道 5(对应 ADC5 输入) ADC_CTL_CH6　　　　　　//输入通道 6(对应 ADC6 输入) ADC_CTL_CH7　　　　　　//输入通道 7(对应 ADC7 输入) 注意:ADC 通道每次(即每步)最多只能选择 1 个,如果要选取多通道,则要多次调用本函数分别进行配置;如果已经选择了内置的温度传感器(ADC_CTL_TS),则不能再选择 ADC 通道;如果已选择了差分采样模式(ADC_CTL_D),则 ADC 通道只能选取下列值之一: ADC_CTL_CH0　　　　　　//差分输入通道 0(对应 ADC0 和 ADC1 输入的组合) ADC_CTL_CH1　　　　　　//差分输入通道 1(对应 ADC2 和 ADC3 输入的组合) ADC_CTL_CH2　　　　　　//差分输入通道 2(对应 ADC4 和 ADC5 输入的组合) ADC_CTL_CH3　　　　　　//差分输入通道 3(对应 ADC6 和 ADC7 输入的组合)
返回	无

函数使用示例:

(1)ADC 采样序列步进配置:ADC 基址,采样序列 2,步值 0,采样 ADC0 输入后结束并申请中断。

```
ADCSequenceStepConfigure(ADC_BASE, 2, 0, ADC_CTL_CH0 | ADC_CTL_END | ADC_CTL_IE);
```

(2)ADC 采样序列步进配置:ADC 基址,采样序列 3,步值 0,采样温度传感器后结束并申请中断。

```
ADCSequenceStepConfigure(ADC_BASE, 3, 0, ADC_CTL_TS | ADC_CTL_END | ADC_CTL_IE);
```

(3)ADC 采样序列步进配置:ADC 基址,采样序列 0,步值 0,采样 ADC0 输入。

```
ADCSequenceStepConfigure(ADC_BASE, 0, 0, ADC_CTL_CH0);
```

(4)ADC 采样序列步进配置:ΛDC 基址,采样序列 0,步值 1,采样 ADC1 输入。

```
ADCSequenceStepConfigure(ADC_BASE, 0, 1, ADC_CTL_CH1);
```

(5)ADC 采样序列步进配置:ADC 基址,采样序列 0,步值 2,再次采样 ADC0 输入。

```
ADCSequenceStepConfigure(ADC_BASE, 0, 2, ADC_CTL_CH0);
```

(6)ADC 采样序列步进配置:ADC 基址,采样序列 0,步值 3,采样 ADC3 输入后结束并申请中断。

```
ADCSequenceStepConfigure(ADC_BASE, 0, 3, ADC_CTL_CH3 | ADC_CTL_END | ADC_CTL_IE);
```

(7)ADC 采样序列步进配置:ADC 基址,采样序列 1,步值 0,差分采样 ADC0/ADC1 输入。

```
ADCSequenceStepConfigure(ADC_BASE, 1, 0, ADC_CTL_D | ADC_CTL_CH0);
```

（8）ADC 采样序列步进配置：ADC 基址，采样序列 1，步值 1，差分采样 ADC2/ADC3 输入后结束并申请中断。

```
ADCSequenceStepConfigure(ADC_BASE, 1, 1, ADC_CTL_D | ADC_CTL_CH1 |
                         ADC_CTL_END | ADC_CTL_IE);
```

函数 ADCSequenceDataGet( )用来读取 ADC 结果 FIFO 中的数据，详见表 7.7 的描述。

表 7.7　函数 ADCSequenceDataGet( )

函数名称	ADCSequenceDataGet( )
功能	从 ADC 采样序列里获取捕获到的数据原型
原型	long ADCSequenceDataGet(unsigned long ulBase, 　　unsigned long ulSequenceNum, 　　unsigned long * pulBuffer)
参数	ulBase：ADC 模块的基址，取值 ADC_BASE ulSequenceNum：ADC 采样序列的编号，取值 0、1、2、3 pulBuffer：无符号长整型指针，指向保存数据的缓冲区
返回	复制到缓冲区的采样数

函数 ADCSequenceOverflow( )和 ADCSequenceOverflowClear( )用于处理 ADC 结果 FIFO 出现上溢的情况，详见表 7.8 和表 7.9 的描述。

表 7.8　函数 ADCSequenceOverflow( )

函数名称	ADCSequenceOverflow( )
功能	确定 ADC 采样序列是否发生了上溢
原型	long ADCSequenceOverflow(unsigned long ulBase, unsigned long ulSequenceNum)
参数	ulBase：ADC 模块的基址，取值 ADC_BASE ulSequenceNum：ADC 采样序列的编号，取值 0、1、2、3
返回	溢出返回 0，未溢出返回非 0
备注	正常操作不会产生上溢，但是如果在下次触发采样前没有及时从 FIFO 中读取捕获的采样值，则可能会发生上溢

表 7.9　函数 ADCSequenceOverflowClear( )

函数名称	ADCSequenceOverflowClear( )
功能	清除 ADC 采样序列的上溢条件
原型	long ADCSequenceOverflow(unsigned long ulBase, unsigned long ulSequenceNum)
参数	ulBase：ADC 模块的基址，取值 ADC_BASE ulSequenceNum：ADC 采样序列的编号，取值 0、1、2、3
返回	无

函数 ADCSequenceUnderflow( )和 ADCSequenceUnderflowClear( )用于处理 ADC 结果 FIFO 出现下溢的情况，详见表 7.10 和表 7.11 的描述。

表 7.10　函数 ADCSequenceUnderflow( )

函数名称	ADCSequenceUnderflow( )
功能	确定 ADC 采样序列是否发生了下溢
原型	long ADCSequenceUnderflow(unsigned long ulBase, unsigned long ulSequenceNum)
参数	ulBase：ADC 模块的基址，取值 ADC_BASE ulSequenceNum：ADC 采样序列的编号，取值 0、1、2、3
返回	溢出返回 0，未溢出返回非 0
备注	正常操作不会产生下溢，但是如果过多地读取 FIFO 中的采样值，则会发生下溢

表 7.11　函数 ADCSequenceUnderflowClear( )

函数名称	ADCSequenceUnderflowClear( )
功能	清除 ADC 采样序列的下溢条件
原型	void ADCSequenceUnderflowClear(unsigned long ulBase, unsigned long ulSequenceNum)
参数	ulBase：ADC 模块的基址，取值 ADC_BASE ulSequenceNum：ADC 采样序列的编号，取值 0、1、2、3
返回	无

7.4.2　ADC 处理器触发

ADC 采样触发方式有许多种选择，其中处理器（软件）触发是最简单的一种情况。在配置好 ADC 模块以后，只要调用函数 ADCProcessorTrigger( )就能够引起一次 ADC 采样。详见表 7.12 的描述。

表 7.12　函数 ADCProcessorTrigger( )

函数名称	ADCProcessorTrigger( )
功能	引起一次处理器触发 ADC 采样
原型	void ADCProcessorTrigger(unsigned long ulBase, unsigned long ulSequenceNum)
参数	ulBase：ADC 模块的基址，取值 ADC_BASE ulSequenceNum：ADC 采样序列的编号，取值 0、1、2、3
返回	无

7.4.3　ADC 过采样

ADC 过采样的实质是牺牲采样速度以换取采样精度。硬件上的自动平均电路能够对多达连续 64 次的采样进行求平均值计算，有效消除采样结果的不均匀性。对硬件过采样的配置很简单，就是调用函数 ADCHardwareOversampleConfigure( )，详见表 7.13 的描述。

在 Stellaris 外设驱动库里,还额外提供了简易的软件过采样的库函数,能够对多至 8 个采样求取平均值。用户也可以参考其源代码作出更优秀的改进。有关软件过采样的函数请参考表 7.14 至表 7.16 的描述。

表 7.13　函数 ADCHardwareOversampleConfigure( )

函数名称	ADCHardwareOversampleConfigure( )
功能	配置 ADC 硬件过采样的因数
原型	void ADCHardwareOversampleConfigure(unsigned long ulBase, unsigned long ulFactor)
参数	ulBase:ADC 模块的基址,取值 ADC_BASE ulFactor:采样平均数,取值 2、4、8、16、32、64,如果取值 0 则表示禁止硬件过采样
返回	无

表 7.14　函数 ADCSoftwareOversampleConfigure( )

函数名称	ADCSoftwareOversampleConfigure( )
功能	配置 ADC 软件过采样的因数原型
原型	void ADCSoftwareOversampleConfigure(unsigned long ulBase, 　　　　unsigned long ulSequenceNum, 　　　　unsigned long ulFactor)
参数	ulBase:ADC 模块的基址,取值 ADC_BASE ulSequenceNum:ADC 采样序列的编号,取值 0、1、2(采样序列 3 不支持软件过采样) ulFactor:采样平均数,取值 2、4、8 注意:参数 ulFactor 和 ulSequenceNum 的取值是关联的。在 4 个采样序列中,只有深度大于 1 的采样序列才支持过采样,因此 ulSequenceNum 不能取值 3。当 ulFactor 取值 2、4 时,ulSequenceNum 可以取值 0、1、2;当 ulFactor 取值 8 时,ulSequenceNum 只能取值 0
返回	无

表 7.15　函数 ADCSoftwareOversampleStepConfigure( )

函数名称	ADCSoftwareOversampleStepConfigure( )
功能	ADC 软件过采样步进配置原型
原型	void ADCSoftwareOversampleStepConfigure(unsigned long ulBase, 　　　　unsigned long ulSequenceNum, 　　　　unsigned long ulStep, 　　　　unsigned long ulConfig)
参数	ulBase:ADC 模块的基址,取值 ADC_BASE ulSequenceNum:ADC 采样序列的编号,取值 0、1、2(采样序列 3 不支持软件过采样) ulStep:步值,决定触发产生时 ADC 捕获序列的次序 ulConfig:步进的配置,取值与表 7.6 中的参数 ulConfig 相同
返回	无

表 7.16 函数 ADCSoftwareOversampleDataGet( )

函数名称	ADCSoftwareOversampleDataGet( )
功能	从采用软件过采样的一个采样序列获取捕获的数据原型
原型	void ADCSoftwareOversampleDataGet(unsigned long ulBase, 　　unsigned long ulSequenceNum, 　　unsigned long * pulBuffer, 　　unsigned long ulCount)
参数	ulBase:ADC 模块的基址,取值 ADC_BASE ulSequenceNum:ADC 采样序列的编号,取值 0、1、2(采样序列 3 不支持软件过采样) pulBuffer:长整型指针,指向保存数据的缓冲区 ulCount:要读取的采样数
返回	无

7.4.4 ADC 中断控制

4 个采样序列 SS0、SS1、SS2、SS3 的中断控制是独立进行的,在中断向量表里分别独享 1 个向量号。

函数 ADCIntEnable( )和 ADCIntDisable( )用于使能和禁止 ADC 采样序列的中断,详见表 7.17 和表 7.18 的描述。

表 7.17 函数 ADCIntEnable( )

函数名称	ADCIntEnable( )
功能	使能 ADC 采样序列的中断
原型	void ADCIntEnable(unsigned long ulBase, unsigned long ulSequenceNum)
参数	ulBase:ADC 模块的基址,取值 ADC_BASE
返回	无

表 7.18 函数 ADCIntDisable( )

函数名称	ADCIntDisable( )
功能	禁止 ADC 采样序列的中断
原型	void ADCIntDisable(unsigned long ulBase, unsigned long ulSequenceNum)
参数	ulBase:ADC 模块的基址,取值 ADC_BASE ulSequenceNum:ADC 采样序列的编号,取值 0、1、2、3
返回	无

函数 ADCIntStatus( )用于获取采样序列的中断状态,而函数 ADCIntClear( )用于清除该中断状态,详见表 7.19 和表 7.20 的描述。

表 7.19　函数 ADCIntStatus( )

函数名称	ADCIntStatus( )
功能	获取 ADC 采样序列的中断状态
原型	unsigned long ADCIntStatus(unsigned long ulBase, unsigned long ulSequenceNum, tBoolean bMasked)
参数	ulBase：ADC 模块的基址，取值 ADC_BASE ulSequenceNum：ADC 采样序列的编号，取值 0、1、2、3 bMasked：如果需要获取原始的中断状态，则取值 false 　　　　　如果需要获取屏蔽的中断状态，则取值 true
返回	当前原始的或屏蔽的中断状态

表 7.20　函数 ADCIntClear( )

函数名称	ADCIntClear( )
功能	清除 ADC 采样序列的中断状态
原型	void ADCIntClear(unsigned long ulBase, unsigned long ulSequenceNum)
参数	ulBase：ADC 模块的基址，取值 ADC_BASE ulSequenceNum：ADC 采样序列的编号，取值 0、1、2、3
返回	无

函数 ADCIntRegister( )和 ADCIntUnregister( )分别用于注册和注销 ADC 采样序列的中断服务函数，参见表 7.21 和表 7.22 的描述。

表 7.21　函数 ADCIntRegister( )

函数名称	ADCIntRegister( )
功能	注册一个 ADC 采样序列的中断服务函数
原型	void ADCIntRegister(unsigned long ulBase, unsigned long ulSequenceNum, void (* pfnHandler)(void))
参数	ulBase：ADC 模块的基址，取值 ADC_BASE ulSequenceNum：ADC 采样序列的编号，取值 0、1、2、3 pfnHandler：函数指针，指向 ADC 中断服务函数
返回	无

表 7.22　函数 ADCIntUnregister( )

函数名称	ADCIntUnregister( )
功能	注销 ADC 采样序列的中断服务函数
原型	void ADCIntUnregister(unsigned long ulBase, unsigned long ulSequenceNum)
参数	ulBase：ADC 模块的基址，取值 ADC_BASE ulSequenceNum：ADC 采样序列的编号，取值 0、1、2、3
返回	无

　　程序清单 7-1 显示了如何使用 ADC 应用程序接口（API）来初始化一个处理器触发的采样序列并触发采样序列，然后在数据准备就绪后读回数据。

程序清单 7-1　　ADC 例程：触发采样序列

```
unsigned long ulValue;
//当处理器触发出现时,使能第一个采样序列来捕获通道 0 的值
ADCSequenceConfigure(ADC_BASE, 0, ADC_TRIGGER_PROCESSOR, 0);
ADCSequenceStepConfigure(ADC_BASE, 0, 0, ADC_CTL_IE | ADC_CTL_END | ADC_CTL_CH0);
ADCSequenceEnable(ADC_BASE, 0);

//触发采样序列
ADCProcessorTrigger(ADC_BASE, 0);

//等待采样序列完成
while(! ADCIntStatus(ADC_BASE, 0, false))
{
}

//从 ADC 读取值
ADCSequenceDataGet(ADC_BASE, 0, &ulValue);
```

7.5　飞轮储能系统数据采集实例

　　软件设计要求：飞轮储能系统中，需要采集多路模拟量，包括两路定子电流、一路直流母线电压。由于需要采集三路信号，因此分别连接至 LM3S8962 的三路采样输入引脚 adc0、adc1、adc2，对应的采样序列使用序列 0，采用处理器触发方式。使用函数 ADCSequDataGet（）来读取采样结果，它能够一次性读取全部采样结果而不需要分多次调用，这就要求用于保存结果的缓冲区 ulVal［］定义的空间足够大，以避免溢出。具体程序如程序清单 7-2 所示。

程序清单 7-2　　ADC 例程：多通道采样

```
#include  "systemInit.h"
#include  "uartGetPut.h"
#include <adc.h>
#include < stdio.h>

#define  ADCSequEnable        ADCSequenceEnable
#define  ADCSequDisable       ADCSequenceDisable
#define  ADCSequConfig        ADCSequenceConfigure
#define  ADCSequStepConfig    ADCSequenceStepConfigure
#define  ADCSequDataGet       ADCSequenceDataGet

tBoolean ADC_EndFlag= false;                        //  定义 ADC 转换结束的标志

//  ADC 初始化
void adcInit(void)
```

```
{
    SysCtlPeriEnable(SYSCTL_PERIPH_ADC);                    //  使能 ADC 模块
    SysCtlADCSpeedSet(SYSCTL_ADCSPEED_125KSPS);             //  设置 ADC 采样率
    ADCSequDisable(ADC_BASE, 0);                            //  配置前先禁止采样序列
    //  采样序列配置:ADC 基址,采样序列编号,触发事件,采样优先级
    ADCSequConfig(ADC_BASE, 0, ADC_TRIGGER_PROCESSOR, 0);

    //  ADC 采样序列步进配置:ADC 基址,采样序列 0,步值,采样通道
    ADCSequStcpConfig(ADC_BASE, 0, 0, ADC_CTL_CH0);         //  第 0 步:采样 ADC0
    ADCSequStepConfig(ADC_BASE, 0, 1, ADC_CTL_CH1);         //  第 1 步:采样 ADC1
    ADCSequStepConfig(ADC_BASE, 0, 2, ADC_CTL_CH2 |         //  第 7 步:采样 ADC7 后
                                      ADC_CTL_END |         //  结束,并
                                      ADC_CTL_IE);          //  申请中断
    ADCIntEnable(ADC_BASE, 0);                              //  使能 ADC 中断
    IntEnable(INT_ADC0);                                    //  使能 ADC 采样序列中断
    IntMasterEnable();                                      //  使能处理器中断
    ADCSequEnable(ADC_BASE, 0);                             //  使能采样序列
}


//  ADC 采样:* pulVal 保存采样结果
void adcSample(unsigned long * pulVal)
{
    ADCProcessorTrigger(ADC_BASE, 0);                       //  处理器触发采样序列
    while (!ADC_EndFlag);                                   //  等待采样结束
    ADC_EndFlag=false;                                      //  清除 ADC 采样结束标志
    ADCSequDataGet(ADC_BASE, 0, pulVal);                    //  自动读取全部 ADC 结果
}


int main(void)
{
    unsigned long ulVal[3];
    char s[40];
    unsigned long i, v;
    clockInit();                                            //  时钟初始化:PLL,20 MHz
    uartInit();                                             //  UART 初始化
    adcInit();                                              //  ADC 初始化

    for(;;)
    {
        adcSample(ulVal);                                   //  ADC 采样
        for(i=0;i<3;i++ )
        {
            v= (ulVal[i]* 3000)/1024;                       //  转换成电压值
            sprintf(s, "模拟量输出通道 ADC% d=% d(mV)\r\n", i, v);
                                                            //  采样值格式化为电压值
            uartPuts(s);                                    //  通过 UART 输出电压值
```

```
        }
        uartPuts("\r\n");
        SysCtlDelay(1500* (TheSysClock / 3000));      // 延时约 1500 ms
    }
}

//  ADC 采样序列 0 的中断
void ADC_Sequence_0_ISR(void)
{
    unsigned long ulStatus;
    ulStatus=ADCIntStatus(ADC_BASE, 0, true);         // 读取中断状态
    ADCIntClear(ADC_BASE, 0);                         // 清除中断状态,重要
    if(ulStatus != 0)                                 // 如果中断状态有效
    {
        ADC_EndFlag=true;                             // 置位 ADC 采样结束标志
    }
}
```

小　　结

　　本章介绍了 LM3S8962 微处理器的模数转换模块,重点分析了采样过程中的序列配置、步进配置,以及最后采样结果的读取方法。

习　　题

　　1. 简述电磁发射系统中哪些模拟量需要模数转换处理。

　　2. 简述 LM3S8962 微处理器 ADC 的主要指标及特征。

　　3. 采用函数 ADCSequenceConfigure( )对 ADC 采样序列配置进行配置:ADC 基址,采样序列 0,处理器触发,优先级 0。

　　4. 采用函数 ADCSequenceConfigure( )对 ADC 采样序列配置进行配置:ADC 基址,采样序列 1,定时器触发,优先级 2。

　　5. 综合利用采样模块和 PWM 模块,采集通道 0 的模拟电压值,利用采样结果刷新 PWM 的占空比,控制板载指示灯的亮度。

第 8 章　互联 IC 总线

电磁发射系统采用了大量的嵌入式控制器,虽然嵌入式控制器片内集成的外设越来越丰富,功能越来越强大,但是很多时候,完全依靠片内集成的外设满足不了系统控制的要求,例如在飞轮储能监控系统中,需要采集一百多路的数字开关量,很显然采用控制器自身的 GPIO 模块难以在数量上满足要求,这个时候,嵌入式控制器必须寻求帮手,即外扩模块,而建立外扩模块与嵌入式控制器的沟通就非常关键了。互联 IC 总线可以满足嵌入式控制器在电路板级别的芯片扩展需求。

8.1　I^2C 串行通信

在现代电子系统中,有为数众多的集成电路(IC)需要进行相互之间以及与外界的通信。为了提高硬件的效率和简化电路的设计,Philips 公司开发了一种用于内部 IC 控制的简单的双向两线串行总线 I^2C(inter-integrated circuit,互联 IC)。I^2C 总线支持任意一种 IC 制造工艺,并且 Philips 和其他厂商提供了种类非常丰富的 I^2C 兼容芯片。I^2C 总线已经成为世界性的工业标准。

8.1.1　I^2C 协议基础

I^2C 总线通过两线制(串行数据线 SDA 和串行时钟线 SCL)设计来提供双向的数据传输,可连接到外部 I^2C 器件,例如串行存储器(RAM 和 ROM)、网络设备、液晶显示器(LCD)、音频发生器,等等。I^2C 总线也可在产品开发和生产过程中用于系统的测试和诊断。Stellaris 系列 ARM 集成有 1 个或 2 个 I^2C 模块,提供与总线上其他 I^2C 器件互联(发送和接收)的能力。

I^2C 总线上的设备可被指定为主机或从机。每个 Stellaris 系列 ARM 的 I^2C 模块口支持其作为主机或从机来发送和接收数据,也支持其作为主机和从机的同步操作。总共有 4 种 I^2C 模式:主机发送、主机接收、从机发送和从机接收。每个 I^2C 模块都可在两种传输速率下工作:标准(100 Kbit/s)和快速(400 Kbit/s)。

Stellaris 系列 ARM 的 I^2C 模块在作为主机或从机时都可以产生中断。I^2C 主机在发送或接收操作完成(或由于错误而中止)时产生中断,I^2C 从机在主机已向其发送数据或发出请求时产生中断。

1. 什么是 I^2C 总线

目前,I^2C 总线已经成为业界嵌入式应用的标准解决方案,广泛地应用在各式各样基于微控制器的专业、消费与电信产品中,作为控制、诊断与电源管理总线。多个符合 I^2C 总线标准的器件都可以通过同一条 I^2C 总线进行通信,而不需要额外的地址译码器。由于 I^2C 是一种两线制串行总线,因此简单的操作特性是使它快速崛起成为业界标准的关键因素。

2. I²C 总线的众多优点

1）总线仅由两根信号线组成

由此带来的好处有节省芯片 I/O、节省 PCB 面积、节省线材成本等。

2）总线协议简单，容易实现

总线协议的基本部分相当简单，初学者能够很快掌握其要领。得益于简单的协议规范，在芯片内部，以硬件的方法实现 I²C 部件的逻辑是很容易的。对应用工程师来讲，即使 MCU 内部没有硬件的 I²C 总线接口，也能够方便地利用开漏的 I/O（如果没有，可用准双向 I/O 代替）来模拟实现。

3）支持的器件多

恩智浦（NXP）半导体公司最早提出 I²C 总线协议，目前包括半导体巨头德州仪器（TI）、美国国家半导体（National Semi）、意法半导体（ST）、美信半导体（Maxim-IC）等公司都提供大量带有 I²C 总线接口的器件，这为应用工程师设计产品时选择合适的 I²C 器件提供了广阔的空间。在现代微控制器设计中，I²C 总线接口已经成为标准的重要片内外设之一。

4）总线上可同时挂接多个器件

同一条 I²C 总线上可以挂接多个器件，一般可达数十个，甚至更多。器件之间是靠不同的编址来区分的，而不需要附加的 I/O 线或地址译码部件。

5）总线可裁减性好

在原有总线连接的基础上可以随时新增或者删除器件。用软件可以很容易实现 I²C 总线的自检功能，能够及时发现总线上的变动。

6）总线电气兼容性好

I²C 总线规定器件之间以开漏 I/O 相连接，这样，只要选取适当的上拉电阻就能轻易实现不同逻辑电平之间的互联通信，而不需要额外的转换电路。

7）支持多种通信方式

一主多从是最常见的通信方式。此外 I²C 还支持多主机通信及广播模式等。

8）通信速率高并兼顾低速通信

I²C 总线标准传输速率为 100 Kbit/s；在快速模式下，传输速率为 400 Kbit/s。按照后来修订的版本，传输速率可高达 3.4 Mbit/s。

I²C 总线的传输速率也可以低至 10 Kbit/s 以下，用以支持低速器件（比如软件模拟的实现）或者用来延长通信距离。从机也可以在接收和响应一个字节后使 SCL 保持低电平，迫使主机进入等待状态，直到从机准备好下一个要传输的字节。

9）有一定的通信距离

一般情况下，I²C 总线通信距离为几米到十几米。通过降低传输速率、屏蔽、中继等，通信距离可延长到数十米乃至数百米。虽然 I²C 有一定的通信距离，但是 I²C 属板上总线，总长度不宜超过 30 cm。

3. 几个基本概念

（1）发送器：本次传送中发送数据（不包括地址和命令）到总线的器件。

（2）接收器：本次传送中从总线接收数据（不包括地址和命令）的器件。

（3）主机：初始化发送、产生时钟信号和终止发送的器件，它可以是发送器或接收器。主机通常是微控制器。

（4）从机：被主机寻址的器件，它可以是发送器或接收器。

4. 信号线与连接方式

I²C 总线仅使用两根信号线:SDA 和 SCL。SDA 是双向串行数据线,SCL 是双向串行时钟线。当 SDA 和 SCL 为高电平时,总线为空闲状态。

I²C 模块必须被连接到双向的开漏管脚上。图 8.1 所示为 I²C 总线的典型连接方式,注意主机和各个从机之间要共 GND,而且信号线 SCL 和 SDA 上应接有适当的上拉电阻(pull-up resistor),用符号 R_p 表示。上拉电阻的阻值一般取 $3\sim10$ kΩ(强调低功耗时可以取更大一些,强调快速通信时可以取更小一些)。

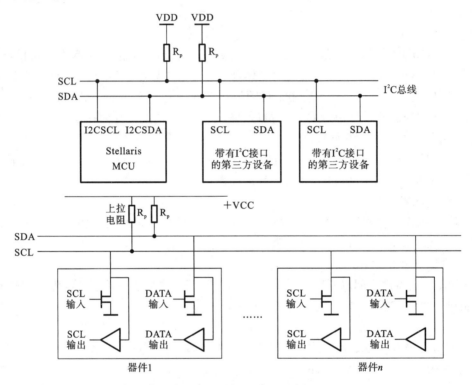

图 8.1　I²C 总线的典型连接方式

开漏结构的好处是:

(1) 当总线空闲时,这两条信号线都保持高电平,不会消耗电流;

(2) 电气兼容性好,上拉电阻接 5 V 电源就能与 5 V 逻辑器件接口,上拉电阻接 3 V 电源又能与 3 V 逻辑器件接口;

(3) 因为是开漏结构,所以不同器件的 SDA 与 SDA 之间、SCL 与 SCL 之间可以直接相连,不需要额外的转换电路。

5. 数据有效性

在 SCL 的高电平期间,SDA 上的数据必须保持稳定。SDA 仅可在 SCL 为低电平时改变,如图 8.2 所示。

6. 起始和停止条件

I²C 总线的协议定义了两种状态:起始和停止。当 SCL 为高电平时,SDA 上从高到低的跳变被定义为起始条件;而当 SCL 为高电平时,SDA 上从低到高的跳变则被定义为停止条件,如图 8.3 所示。总线在起始条件之后被看作忙状态,总线在停止条件之后被看作空闲状态。

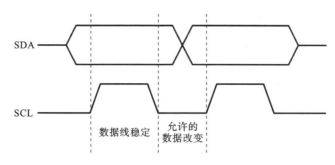

图 8.2　I²C 总线的数据有效性

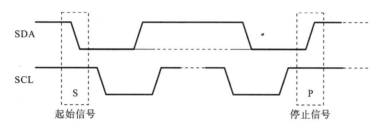

图 8.3　I²C 总线起始条件和停止条件

7. 字节格式

SDA 上的每个字节必须为 8 位长,每个字节后面必须带有一个应答位。数据传输时最高有效位(MSB)在前。每次传输不限制字节数。当接收器不能接收另一个完整的字节时,它可以将 SCL 拉到低电平,以迫使发送器进入等待状态,直至接收器释放 SCL 时继续进行数据传输。

8. 应答

数据传输必须带有应答。与应答相关的时钟脉冲由主机产生。发送器在应答时钟脉冲期间释放 SDA。

接收器必须在应答时钟脉冲期间拉低 SDA,使得它在应答时钟脉冲的高电平期间保持稳定(低电平)。

当从机接收器不应答从机地址时,数据线必须由从机保持在高电平状态,然后主机可产生停止条件来中止当前的传输。

如果在传输中涉及主机接收器,则主机接收器通过在最后一个字节(在从机之外计时)上不产生应答的方式来通知从机发送器数据传输结束。从机发送器必须释放 SDA,以允许主机产生停止或重复的起始条件。

9. 仲裁

只有在总线空闲时,主机才可以启动传输。在起始条件的最少保持时间内,两个或两个以上的主机都有可能产生起始条件。当 SCL 为高电平时,在 SDA 上发生仲裁,在这种情况下发送高电平的主机(而另一个主机正在发送低电平)将关闭(switch off)其数据输出状态。

可以在几个位上发生仲裁。仲裁首先比较地址位;如果两个主机都试图寻址相同的器件,则仲裁继续比较数据位。

10. 带 7 位地址的数据传输

带 7 位地址的完整数据传输如图 8.4 所示。从机地址在起始条件之后发送。该地址为 7 位,后面跟的第 8 位是数据方向位,这个数据方向位决定了下一个操作是接收(高电平)还是发送(低电平),值为 0 表示传输(发送),值为 1 表示请求数据(接收)。

数据传输始终由主机产生的停止条件来中止。然而,通过产生重复的起始条件和寻址另一个从机(而不需先产生停止条件),主机仍然可以在总线上通信。因此,在这种传输过程中可能会有接收/发送格式的不同组合。

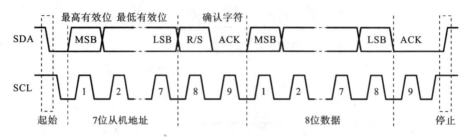

图 8.4　带 7 位地址的完整数据传输

图 8.5　从机地址

首字节的前面 7 位组成了从机地址(见图 8.5),第 8 位决定了消息的方向。首字节的 R/S 位为 0,表示主机将向所选择的从机写(发送)信息;该位为 1,表示主机将接收来自从机的信息。

11. 数据地址(子地址)

带有 I^2C 总线的器件除了有从机地址(slave address)外,还有数据地址(也称子地址)。从机地址是指该器件在 I^2C 总线上被主机寻址的地址,而数据地址是指该器件内部不同部件或存储单元的编号。

数据地址实际上也是像普通数据那样传输的,传输格式仍然与数据相统一,区分传输的到底是地址还是数据要靠收发双方具体的逻辑约定。数据地址的长度必须由整数个字节组成,可能是单字节,也可能是双字节,还可能是 4 字节,这要视具体器件的规定而定。

8.1.2　I^2C 功能概述

1. SCL 时钟速率

I^2C 总线时钟速率由以下参数决定:

(1) CLK_PRD:系统时钟周期;

(2) SCL_LP:SCL 低电平时间(固定为 6);

(3) SCL_HP:SCL 高电平时间(固定为 4);

(4) TIMER_PRD:位于寄存器 I^2CMTPR(I^2C master timer period)里的可编程值。

I^2C 时钟周期的计算方法如下:

$$SCL\_PERIOD = 2 \times (1 + TIMER\_PRD) \times (SCL\_LP + SCL\_HP) \times CLK\_PRD$$

例如:CLK_PRD=50 ns(系统时钟为 20 MHz),TIMER_PRD=2,SCL_LP=6,SCL_HP=4,则 SCL_PERIOD 为 3 μs,即 333 kHz(详见后文表 8.1 的描述以及程序清单 8-1 对补充函数 I2CMasterSpeedSet( )的实现)。

2. 中断控制

I^2C 总线能够在观测到以下条件时产生中断:

(1) 主机传输完成;

（2）主机传输过程中出现错误；

（3）从机传输时接收到数据；

（4）从机传输时收到主机的请求。

对 I²C 主机模块和从机模块来说，这是独立的中断信号。但两个模块都能产生多个中断时，仅有单个中断信号被送到中断控制器。

1）I²C 主机中断

当传输结束（发送或接收）或在传输过程中出现错误时，I²C 主机模块产生一个中断。调用函数 I2CMasterIntEnable( ) 可使能 I²C 主机中断。当符合中断条件时，软件必须通过函数 I2CMasterErr( ) 检查来确认错误不是在最后一次传输中产生。

如果最后一次传输没有被从机应答或主机由于与另一个主机竞争时丢失仲裁而被强制放弃总线的所有权，那么会发出一个错误条件。如果没有检测到错误，则应用可继续执行传输。可通过函数 I2CMasterIntClear( ) 来清除中断状态。

如果应用不要求使用中断（即基于轮询的设计方法），那么原始中断状态总是可以通过调用函数 I2CMasterIntStatus(false) 观察到。

2）I²C 从机中断

从机模块在接收到来自 I²C 主机的请求时产生中断。调用函数 I2CSlaveIntEnable( ) 可使能 I²C 主机中断。软件通过调用函数 I2CSlaveStatus( ) 来确定模块是否应该写入（发送）数据或读取（接收）数据。调用函数 I2CSlaveIntClear( ) 可清除中断。

如果应用不要求使用中断（即基于轮询的设计方法），那么原始中断状态总是可以通过调用函数 I2CSlaveIntStatus(false) 观察到。

3. 回送操作（loopback operation）

I²C 模块能够被设置为内部的回送模式，以用于诊断或调试工作。在回送模式中，主机和从机模块的 SDA 和 SCL 信号结合在一起。

4. 主机命令序列

I²C 模块在主机模式下有多种收发模式：

（1）主机单次发送：

$$S|SLA+W|data|P$$

（2）主机单次接收：

$$S|SLA+R|data|P$$

（3）主机突发发送：

$$S|SLA+W|data|\cdots|P$$

（4）主机突发接收：

$$S|SLA+R|data|\cdots|P$$

（5）主机突发发送后主机接收：

$$S|SLA+W|data|\cdots|Sr|SLA+R|\cdots|P$$

（6）主机突发接收后主机发送：

$$S|SLA+R|data|\cdots|Sr|SLA+W|\cdots|P$$

在传输格式里，S 为起始条件，P 为停止条件，SLA+W 为从机地址加写操作，SLA+R 为从机地址加读操作，data 为传输的有效数据，Sr 为重复起始条件（在物理波形上等同于 S）。在单次模式中每次仅能传输一个字节的有效数据，而在突发模式中一次可以传输多个字节的有效数据。在实际应用中以"主机突发发送"和"主机突发发送后主机接收"这两种模式最为常见。

控制主机收发动作的是函数 I2CMasterControl( )。

5. 从机状态控制

当 I²C 模块作为总线上的从机时,收发操作仍然是由(另外的)主机控制的。从机被寻址到时会触发中断,将被要求接收或发送数据。通过调用函数 I2CSlaveStatus( ),就能获得主机的操作要求,有以下几种情况:

(1) 主机已经发送了第 1 个字节:该字节应当被视为数据地址(或数据地址首字节);

(2) 主机已经发送了数据:应当及时读取该数据(也可能是数据地址后继字节);

(3) 主机要求接收数据:应当根据数据地址找到存储的数据然后回送给主机。

8.1.3　I²C 库函数

1. 主机模式收发控制

函数 I2CMasterInitExpClk( )用来初始化 I²C 模块为主机模式,并选择通信速率是 100 Kbit/s 的标准模式还是 400 Kbit/s 的快模式,但在实际编程时常常以更方便的宏函数 I2CMasterInit( )来代替。为了能够在实际应用中支持更低或更高的通信速率,我们还补充了一个实用函数 I2CMasterSpeedSet( )。详见表 8.1 至表 8.3 的描述。

表 8.1　函数 I2CMasterInitExpClk( )

函数名称	I2CMasterInitExpClk( )
功能	I²C 主机模块初始化(要求提供明确的时钟速率)
原型	void I2CMasterInitExpClk(unsigned long ulBase, unsigned long ulI2CClk, tBoolean bFast)
参数	ulBase:I²C 主机模块的基址,取下列值之一 　　I2C0_MASTER_BASE　　　　　//I²C0 主机模块的基址 　　I2C1_MASTER_BASE　　　　　//I²C1 主机模块的基址 　　I2C_MASTER_BASE　　　　　//I²C 主机模块的基址(等同于 I²C0) ulI2CClk:提供给 I²C 模块的时钟速率,即系统时钟频率 bFast:取值 false 表示以 100 Kbit/s 标准位速率传输数据,取值 true 表示以 400 Kbit/s 快模式传输数据
返回	无

表 8.2　宏函数 I2CMasterInit( )

函数名称	I2CMasterInit( )
功能	I²C 主机模块初始化
原型	♯define I2CMasterInit(a, b)　I2CMasterInitExpClk(a, SysCtlClockGet( ), b)
参数	参见表 8.1 的描述
返回	无

表 8.3　函数 I2CMasterSpeedSet( )

函数名称	I2CMasterSpeedSet( )
功能	I²C 主机通信速率设置
原型	void I2CMasterSpeedSet(unsigned long ulBase, unsigned long ulSpeed)
参数	ulBase：I²C 主机模块的基址 ulSpeed：期望设置的速率（单位：bit/s）
返回	无

函数使用示例：

（1）6 MHz 主频，设置 I²C 主机速率为 15 Kbit/s。

```
SysCtlClockSet(SYSCTL_USE_OSC | SYSCTL_OSC_MAIN |
               SYSCTL_XTAL_6MHZ | SYSCTL_SYSDIV_1);
I2CMasterSpeedSet(I2C0_MASTER_BASE, 15000);
```

（2）50 MHz 主频，设置 I²C 主机速率为 1.25 Mbit/s。

```
SysCtlLDOSet(SYSCTL_LDO_2_75V);
SysCtlClockSet(SYSCTL_USE_PLL | SYSCTL_OSC_MAIN |
               SYSCTL_XTAL_6MHZ | SYSCTL_SYSDIV_4);
I2CMasterSpeedSet(I2C0_MASTER_BASE, 1250000);
```

函数 I2CMasterEnable( )和 I2CMasterDisable( )用来使能或禁止主机模式下总线的收发。详见表 8.4 和表 8.5 的描述。

表 8.4　函数 I2CMasterEnable( )

函数名称	I2CMasterEnable( )
功能	使能 I²C 主机模块
原型	void I2CMasterEnable(unsigned long ulBase)
参数	ulBase：I²C 主机模块的基址
返回	无

表 8.5　函数 I2CMasterDisable( )

函数名称	I2CMasterDisable( )
功能	禁止 I²C 主机模块
原型	void I2CMasterDisable(unsigned long ulBase)
参数	ulBase：I²C 主机模块的基址
返回	无

函数 I2CMasterControl( )用来控制 I²C 总线在主机模式下收发数据的各种总线动作。在控制总线收发数据之前要调用函数 I2CMasterSlaveAddrSet( )来设置器件地址和读写控制位；如果是发送数据，还要调用函数 I2CMasterDataPut( )来设置首先发送的数据字节（应当是数据地址）。在总线接收到数据后，要通过函数 I2CMasterDataGet( )来及时读取收到的数据。详见表 8.6 至表 8.9 的描述。

表 8.6　函数 I2CMasterSlaveAddrSet( )

函数名称	I2CMasterSlaveAddrSet( )
功能	设置 I²C 主机将要放到总线上的从机地址
原型	void I2CMasterSlaveAddrSet (unsigned long ulBase, unsigned char ucSlaveAddr, tBoolean bReceive)
参数	ulBase:I²C 主机模块的基址 ucSlaveAddr:7 位从机地址(这是纯地址,不含读/写控制位) bReceive:取值 false 表示主机将要写数据到从机,取值 true 表示主机将要从从机读取数据
返回	无
备注	本函数仅用于设置将要发送到总线上的从机地址,而并不会真正在总线上产生任何动作

表 8.7　函数 I2CMasterDataPut( )

函数名称	I2CMasterDataPut( )
功能	从主机发送一个字节
原型	void I2CMasterDataPut(unsigned long ulBase, unsigned char ucData)
参数	ulBase:I²C 主机模块的基址 ucData:要发送的数据
返回	无
备注	本函数实际上并不会真正发送数据到总线上,而是将待发送的数据存放在一个数据寄存器中

表 8.8　函数 I2CMasterDataGet( )

函数名称	I2CMasterDataGet( )
功能	接收一个已经发送到主机的字节
原型	unsigned long I2CMasterDataGet(unsigned long ulBase)
参数	ulBase:I²C 主机模块的基址
返回	接收到的字节(自动转换为长整型)

表 8.9　函数 I2CMasterControl( )

函数名称	I2CMasterControl( )
功能	控制主机模块在总线上的动作
原型	void I2CMasterControl(unsigned long ulBase, unsigned long ulCmd)
参数	ulBase:I²C 主机模块的基址 ulCmd:向主机发出的命令,取下列值之一 　　I2C_MASTER_CMD_SINGLE_SEND　　　　　//单次发送 　　I2C_MASTER_CMD_SINGLE_RECEIVE　　　　//单次接收 　　I2C_MASTER_CMD_BURST_SEND_START　　　//突发发送起始 　　I2C_MASTER_CMD_BURST_SEND_CONT　　　//突发发送继续 　　I2C_MASTER_CMD_BURST_SEND_FINISH　　//突发发送完成 　　I2C_MASTER_CMD_BURST_SEND_ERROR_STOP　//突发发送遇错误停止

函数名称	I2CMasterControl( )	
参数	I2C_MASTER_CMD_BURST_RECEIVE_START	//突发接收起始
	I2C_MASTER_CMD_BURST_RECEIVE_CONT	//突发接收继续
	I2C_MASTER_CMD_BURST_RECEIVE_FINISH	//突发接收完成
	I2C_MASTER_CMD_BURST_RECEIVE_ERROR_STOP	//突发接收遇错误停止
返回	接收到的字节(自动转换为长整型)	

　　函数 I2CMasterBusy( )用来查询主机当前的状态是否忙,而函数 I2CMasterBusBusy( )用来确认在多机通信中是否有其他主机正在占用总线。详见表 8.10 和表 8.11 的描述。

表 8.10　函数 I2CMasterBusy( )

函数名称	I2CMasterBusy( )
功能	确认 I²C 主机是否忙
原型	tBoolean I2CMasterBusy(unsigned long ulBase)
参数	ulBase:I²C 主机模块的基址
返回	忙则返回 true,不忙则返回 false
备注	本函数用来确认 I²C 主机是否正在忙于发送或接收数据

表 8.11　函数 I2CMasterBusBusy( )

函数名称	I2CMasterBusBusy( )
功能	确认 I²C 总线是否忙
原型	tBoolean I2CMasterBusBusy(unsigned long ulBase)
参数	ulBase:I²C 主机模块的基址
返回	忙则返回 true,不忙则返回 false
备注	本函数通常用于多主机通信环境中,用来确认其他主机是否正在占用总线

　　在 I²C 主机通信过程中可能会遇到一些错误情况,如被寻址的器件不存在、发送数据时从机没有应答等,这时都可以通过调用函数 I2CMasterErr( )来查知。详见表 8.12 的描述。

表 8.12　函数 I2CMasterErr( )

函数名称	I2CMasterErr( )	
功能	获取 I²C 主机模块的错误状态	
原型	unsigned long I2CMasterErr(unsigned long ulBase)	
参数	ulBase:I²C 主机模块的基址	
返回	错误状态,取下列值之一:	
	I2C_MASTER_ERR_NONE	//没有错误
	I2C_MASTER_ERR_ADDR_ACK	//地址应答错误
	I2C_MASTER_ERR_DATA_ACK	//数据应答错误
	I2C_MASTER_ERR_ARB_LOST	//丢失仲裁错误(多机通信竞争总线失败)

2. 主机模式中断控制

I^2C 总线主机模式的中断控制函数有中断的使能与禁止控制函数 I2CMasterIntEnable( ) 和 I2CMasterIntDisable( )，中断状态查询函数 I2CMasterIntStatus( )，中断状态清除函数 I2CMasterIntClear( )。详见表 8.13 至表 8.16 的描述。

表 8.13　函数 I2CMasterIntEnable( )

函数名称	I2CMasterIntEnable( )
功能	使能 I^2C 主机中断
原型	void I2CMasterIntEnable(unsigned long ulBase)
参数	ulBase：I^2C 主机模块的基址
返回	无

表 8.14　函数 I2CMasterIntDisable( )

函数名称	I2CMasterIntDisable( )
功能	禁止 I^2C 主机中断
原型	void I2CMasterIntDisable(unsigned long ulBase)
参数	ulBase：I^2C 主机模块的基址
返回	无

表 8.15　函数 I2CMasterIntStatus( )

函数名称	I2CMasterIntStatus( )
功能	获取 I^2C 主机的中断状态
原型	tBoolean I2CMasterIntStatus(unsigned long ulBase, tBoolean bMasked)
参数	ulBase：I^2C 主机模块的基址 bMasked：取值 false 将获取原始的中断状态，取值 true 将获取屏蔽的中断状态
返回	false 表示没有中断，true 表示产生了中断请求

表 8.16　函数 I2CMasterIntClear( )

函数名称	I2CMasterIntClear( )
功能	清除 I^2C 主机的中断状态
原型	void I2CMasterIntClear(unsigned long ulBase)
参数	ulBase：I^2C 主机模块的基址
返回	无

3. 从机模式收发控制

函数 I2CSlaveInit( ) 用来初始化 I^2C 模块为从机模式，并指定从机地址。详见表 8.17 的描述。

函数 I2CSlaveEnable( ) 和 I2CSlaveDisable( ) 用来使能或禁止从机模式下总线的收发。详见表 8.18 和表 8.19 的描述。

表 8.17　函数 I2CSlaveInit( )

函数名称	I2CSlaveInit( )
功能	初始化 I^2C 从机模块
原型	void I2CSlaveInit(unsigned long ulBase, unsigned char ucSlaveAddr)
参数	ulBase: I^2C 从机模块的基址,取下列值之一 　　I2C0_SLAVE_BASE　　　　// I^2C0 从机模块的基址 　　I2C1_SLAVE_BASE　　　　// I^2C1 从机模块的基址 　　I2C_SLAVE_BASE　　　　//I^2C 从机模块的基址(等同于 I^2C0) ucSlaveAddr:7 位从机地址(这是纯地址,MSB 应当为 0)
返回	无

表 8.18　函数 I2CSlaveEnable( )

函数名称	I2CSlaveEnable( )
功能	使能 I^2C 从机模块
原型	void I2CSlaveEnable(unsigned long ulBase)
参数	ulBase: I^2C 从机模块的基址
返回	无

表 8.19　函数 I2CSlaveDisable( )

函数名称	I2CSlaveDisable( )
功能	禁止 I^2C 从机模块
原型	void I2CSlaveDisable(unsigned long ulBase)
参数	ulBase: I^2C 从机模块的基址
返回	无

函数 I2CSlaveStatus( )用来获取从机的状态,即 I^2C 模块处于从机模式下,当有(其他的)主机寻址到本从机时要求发送或接收数据的状况。该函数在处理从机收发数据过程中起着至关重要的作用。详见表 8.20 的描述。

表 8.20　函数 I2CSlaveStatus( )

函数名称	I2CSlaveStatus( )
功能	获取 I^2C 从机模块的状态
原型	unsigned long I2CSlaveStatus(unsigned long ulBase)
参数	ulBase: I^2C 从机模块的基址
返回	主机请求的动作(如果有的话),可能是下列值之一: 　　I2C_SLAVE_ACT_NONE　　　　//主机没有请求任何动作 　　I2C_SLAVE_ACT_RREQ_FBR　　//主机已发送数据到从机,并且收到跟在从机地址 　　　　　　　　　　　　　　　　　　后的第 1 个字节 　　I2C_SLAVE_ACT_RREQ　　　　//主机已经发送数据到从机 　　I2C_SLAVE_ACT_TREQ　　　　//主机请求从机发送数据

函数 I2CSlaveDataGet( )用来读取从机已经接收到的数据字节,函数 I2CSlaveDataPut( )用来发送从机要传输到(其他的)主机上的数据字节。详见表 8.21 和表 8.22 的描述。

表 8.21　函数 I2CSlaveDataGet( )

函数名称	I2CSlaveDataGet( )
功能	获取已经发送到从机模块的数据
原型	unsigned long I2CSlaveDataGet(unsigned long ulBase)
参数	ulBase:I^2C 从机模块的基址
返回	获取到的 1 个字节(自动转换为无符号长整型)

表 8.22　函数 I2CSlaveDataPut( )

函数名称	I2CSlaveDataPut( )
功能	从从机模块发送数据
原型	void I2CSlaveDataPut(unsigned long ulBase, unsigned char ucData)
参数	ulBase:I^2C 从机模块的基址 ucData:要发送的数据
返回	无
备注	本函数执行的结果是把将要发送的数据存放到一个寄存器中,而并不能在总线上立即产生什么动作,只有在(其他的)主机控制的 SCL 信号的作用下才能把数据一位一位地发送出去

4. 从机模式中断控制

I^2C 总线从机模式的中断控制函数有中断的使能与禁止控制函数 I2CSlaveIntEnable( ) 和 I2CSlaveIntDisable( ),中断状态查询函数 I2CSlaveIntStatus( ),中断状态清除函数 I2CSlaveIntClear( )。详见表 8.23 至表 8.26 的描述。

表 8.23　函数 I2CSlaveIntEnable( )

函数名称	I2CSlaveIntEnable( )
功能	使能 I^2C 从机模块的中断
原型	void I2CSlaveIntEnable(unsigned long ulBase)
参数	ulBase:I^2C 从机模块的基址
返回	无

表 8.24　函数 I2CSlaveIntDisable( )

函数名称	I2CSlaveIntDisable( )
功能	禁止 I^2C 从机模块的中断
原型	void I2CSlaveIntDisable(unsigned long ulBase)
参数	ulBase:I^2C 从机模块的基址
返回	无

表 8.25　函数 I2CSlaveIntStatus( )

函数名称	I2CSlaveIntStatus( )
功能	获取 I²C 从机的中断状态
原型	tBoolean I2CSlaveIntStatus(unsigned long ulBase, tBoolean bMasked)
参数	ulBase：I²C 从机模块的基址 bMasked：取值 false 将获取原始的中断状态，取值 true 将获取屏蔽的中断状态
返回	false 表示没有中断，true 表示产生了中断请求

表 8.26　函数 I2CSlaveIntClear( )

函数名称	I2CSlaveIntClear( )
功能	清除 I²C 从机的中断状态
原型	void I2CSlaveIntClear(unsigned long ulBase)
参数	ulBase：I²C 从机模块的基址
返回	无

5. 中断服务函数注册与注销

函数 I2CIntRegister( )和 I2CIntUnregister( )分别用来注册和注销 I²C 总线在主机（或从机）模式下的中断服务函数，详见表 8.27 和表 8.28 的描述。

表 8.27　函数 I2CIntRegister( )

函数名称	I2CIntRegister( )
功能	注册一个 I²C 中断服务函数
原型	void I2CIntRegister(unsigned long ulBase, void (* pfnHandler)(void))
参数	ulBase：I²C 主机模块的基址 pfnHandler：函数指针，指向 I²C 主机或从机中断出现时调用的函数
返回	无

表 8.28　函数 I2CIntUnregister( )

函数名称	I2CIntUnregister( )
功能	注销 I²C 中断服务函数
原型	void I2CIntUnregister(unsigned long ulBase)
参数	ulBase：I²C 主机模块的基址
返回	无

8.2　SSI 串行通信

异步通信中，每一个字符要用到起始位和停止位作为字符开始和结束的标志，以至于占用了时间。所以在数据块传送时，为了提高通信速度，常去掉这些标志，而采用同步传送。同步通信不像异步通信那样靠起始位在每个字符数据传送开始时使发送和接收同步，而是通过同步字符在每个数据块传送开始时使收发双方同步。

8.2.1　SSI 总体特性

　　Stellaris 系列 ARM 的 SSI(synchronous serial interface,同步串行接口)是与具有 Freescale SPI(飞思卡尔半导体)、MICROWIRE(美国国家半导体)、Texas Instruments(德州仪器,TI)同步串行接口的外设器件进行同步串行通信的主机或从机接口。SSI 接口是 Stellaris 系列 ARM 都支持的标准外设,也是流行的外部串行总线之一,如图 8.6 所示。SSI 具有以下主要特性:

　　(1) 主机或从机操作;

　　(2) 时钟位速率和预分频可编程;

　　(3) 独立的发送和接收 FIFO,16 位宽,8 个单元深;

　　(4) 接口操作可编程,以实现 Freescale SPI、MICROWIRE 或 TI 的串行接口;

　　(5) 数据帧大小可编程,范围在 4～16 位;

　　(6) 内部回环测试模式,可进行诊断/调试测试。

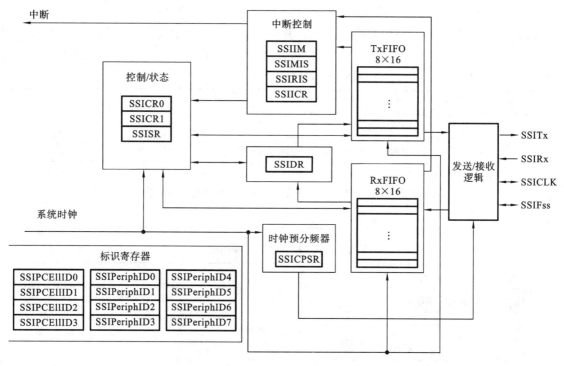

图 8.6　SSI 接口

8.2.2　SSI 通信协议

　　对于 Freescale SPI、MICROWIRE、TI 这三种帧格式,当 SSI 空闲时串行时钟(SSICLK)都保持不活动状态,只有当数据发送或接收时 SSICLK 才处于活动状态,在设置好的频率下工作。利用 SSICLK 的空闲状态可提供接收超时指示。如果一个超时周期之后接收 FIFO 仍含有数据,则产生超时指示。

对于 Freescale SPI 和 MICROWIRE 这两种帧格式,串行帧(SSIFss)管脚为低电平有效,并在整个帧的传输过程中保持有效(被下拉)。

而对于 TI 同步串行帧格式,在发送每帧之前,每遇到 SSICLK 的上升沿开始的串行时钟周期时,SSIFss 管脚就跳动一次。在这种帧格式中,SSI 和片外从器件在 SSICLK 的上升沿驱动各自的输出数据,并在下降沿锁存来自另一个器件的数据。不同于其他两种全双工传输的帧格式,在半双工下工作的 MICROWIRE 格式使用特殊的主-从消息技术。

1. TI 同步串行帧格式

图 8.7 显示了单次传输的 TI 同步串行帧格式。

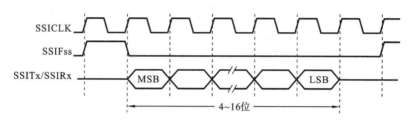

图 8.7　TI 同步串行帧格式(单次传输)

在该模式中,任何时候当 SSI 空闲时,SSICLK 和 SSIFss 被强制为低电平,发送数据线 SSITx 为三态。一旦发送 FIFO 的底部入口包含数据,SSIFss 就变为高电平,并持续一个 SSICLK 周期。即将发送的值也从发送 FIFO 传输到发送逻辑的串行移位寄存器中。在 SSI-CLK 的下一个上升沿,4～16 位数据帧的 MSB 从 SSITx 管脚移出。同样地,接收数据的 MSB 也通过片外串行从器件移到 SSIRx 管脚上。

然后,SSI 和片外串行从器件都提供时钟,供每个数据位在每个 SSICLK 的下降沿进入各自的串行移位器中。在已锁存 LSB 之后的第一个 SSICLK 上升沿上,接收数据从串行移位器传输到接收 FIFO。

图 8.8 显示了背对背(back-to-back)传输(连续传输)时的 TI 同步串行帧格式。

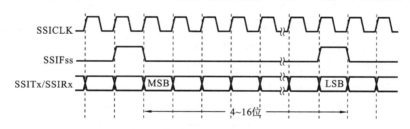

图 8.8　TI 同步串行帧格式(连续传输)

2. Freescale SPI 帧格式

Freescale SPI(Motorala SPI)接口是一个 4 线接口,其中 SSIFss 信号用作从机选择。Freescale SPI 格式的主要特性为:SSICLK 信号的不活动状态和相位可以通过 SSISCR0 控制寄存器中的 SPO 和 SPH 位来设置。

SPO 时钟极性位:当 SPO 时钟极性控制位为 0 时,在没有数据传输时 SSICLK 管脚上将产生稳定的低电平。如果 SPO 时钟极性控制位为 1,则在没有进行数据传输时 SSICLK 管脚上产生稳定的高电平。

SPH 相位控制位:SPH 相位控制位可选择捕获数据以及允许数据改变状态的时钟边沿。

在第一个数据捕获边沿之前是否允许时钟转换,可对第一个被传输的位产生极大的影响。当 SPH 相位控制位为 0 时,在第一个时钟边沿转换时捕获数据。如果 SPH 相位控制位为 1,则在第二个时钟边沿转换时捕获数据。

1) SPO＝0 和 SPH＝0 时的 Freescale SPI 帧格式

SPO＝0 和 SPH＝0 时,Freescale SPI 帧格式的单次和连续传输信号序列如图 8.9 和图 8.10 所示。

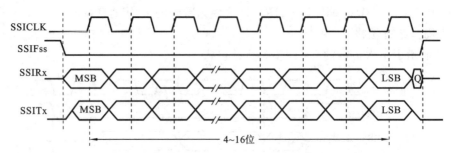

图 8.9　SPO＝0 和 SPH＝0 时的 Freescale SPI 帧格式单次传输信号序列

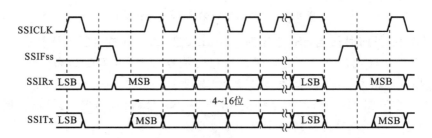

图 8.10　SPO＝0 和 SPH＝0 时的 Freescale SPI 帧格式连续传输信号序列

在上述配置中,SSI 处于空闲周期时:

(1) SSICLK 强制为低电平;

(2) SSIFss 强制为高电平;

(3) 发送数据线 SSITx 强制为低电平;

(4) 当 SSI 配置为主机时,使能 SSICLK 端口;

(5) 当 SSI 配置为从机时,禁止 SSICLK 端口。

如果 SSI 使能并且在发送 FIFO 中含有有效的数据,则通过将 SSIFss 主机信号驱动为低电平来表示发送操作开始。这使得从机数据能够放在主机的 SSIRx 输入线上,主机 SSITx 输出端口使能。半个 SSICLK 周期之后,有效的主机数据传输到 SSITx 管脚。既然主机和从机数据都已设置好,则在下面的半个 SSICLK 周期之后,SSICLK 主机时钟管脚变为高电平。在 SSICLK 的上升沿捕获数据,该操作延续到 SSICLK 信号的下降沿。

如果是传输一个字,则当数据字的所有位都已传输完,在捕获到最后一个位之后的一个 SSICLK 周期后,SSIFss 线返回其空闲的高电平状态。

在连续的背对背传输中,在数据字的每次传输之间,SSIFss 信号必须变为高电平。这是因为如果 SPH 位为 0,则从机选择管脚将其串行外设寄存器中的数据固定,不允许修改。因此,主器件必须在每次数据传输之间将从器件的 SSIFss 管脚拉为高电平,以使能串行外设的数据写操作。当连续传输完成时,在捕获到最后一个位之后的一个 SSICLK 周期后,SSIFss

管脚返回其空闲状态。

2）SPO－0 和 SPH－1 时的 Freescale SPI 帧格式

SPO＝0 和 SPH＝1 时,Freescale SPI 帧格式的传输信号序列如图 8.11 所示,该图涵盖了单次传输和连续传输这两种情况,图中 Q 表示未定义。

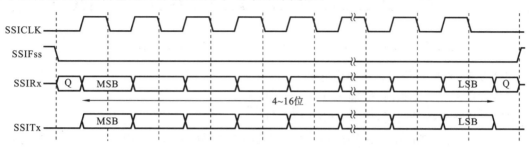

图 8.11　SPO＝0 和 SPH＝1 时的 Freescale SPI 帧格式的传输信号序列

在该配置中,SSI 处于空闲周期时:

（1）SSICLK 强制为低电平;

（2）SSIFss 强制为高电平;

（3）发送数据线 SSITx 强制为低电平;

（4）当 SSI 配置为主机时,使能 SSICLK 端口;

（5）当 SSI 配置为从机时,禁止 SSICLK 端口。

如果 SSI 使能并且在发送 FIFO 中含有有效的数据,则通过将 SSIFss 主机信号驱动为低电平来表示发送操作开始。主机 SSITx 输出端口使能。在下面的半个 SSICLK 周期之后,主机和从机有效数据能够放在各自的传输线上。同时,可利用 SSICLK 的上升沿转换来使能 SSICLK。然后,在 SSICLK 的下降沿捕获数据,该操作一直延续到 SSICLK 信号的上升沿。

如果是传输一个字,则当所有位传输完,在捕获到最后一个位之后的一个时钟周期内,SSIFss 线返回其空闲的高电平状态。

如果是背对背（back-to-back）传输,则在两次连续的数据字传输之间,SSIFss 管脚保持低电平,连续传输的结束情况与单个字传输相同。

3）SPO＝1 和 SPH＝0 时的 Freescale SPI 帧格式

SPO＝1 和 SPH＝0 时,Freescale SPI 帧格式的单次和连续传输信号序列如图 8.12 和图 8.13 所示。

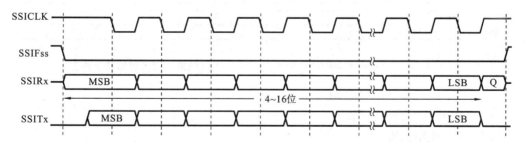

图 8.12　SPO＝1 和 SPH＝0 时的 Freescale SPI 帧格式单次传输信号序列

在该配置中,SSI 处于空闲周期时:

（1）SSICLK 强制为高电平;

（2）SSIFss 强制为高电平;

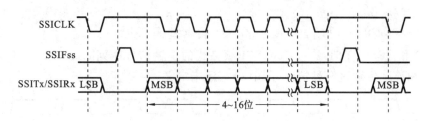

图 8.13　SPO＝1 和 SPH＝0 时的 Freescale SPI 帧格式连续传输信号序列

（3）发送数据线 SSITx 强制为低电平；

（4）SSI 配置为主机时，使能 SSICLK 引脚；

（5）SSI 配置为从机时，禁止 SSICLK 引脚。

如果 SSI 使能并且在发送 FIFO 中含有有效的数据，则通过将 SSIFss 主机信号驱动为低电平来表示传输操作开始，这可使从机数据立即传输到主机的 SSIRx 线上。主机 SSITx 输出端口使能。半个周期之后，有效的主机数据传输到 SSITx 线上。既然主机和从机的有效数据都已设置好，则在下面的半个 SSICLK 周期之后，SSICLK 主机时钟管脚变为低电平。这表示数据在下降沿被捕获并且该操作延续到 SSICLK 信号的上升沿。如果是单个字传输，则当数据字的所有位传输完，在最后一个位传输完之后的一个时钟周期内，SSIFss 线返回到其空闲的高电平状态。

而在连续的背对背（back-to-back）传输中，在每次数据字传输之间，SSIFss 信号必须变为高电平。这是因为如果 SPH 位为 0，则从机选择管脚使其串行外设寄存器中的数据固定，不允许修改。因此，每次数据传输之间，主器件必须将从器件的 SSIFss 管脚拉为高电平，以使能串行外设的数据写操作。当连续传输完成时，在最后一个位被捕获之后的一个时钟周期内，SSIFss 管脚返回其空闲状态。

4）SPO＝1 和 SPH＝1 时的 Freescale SPI 帧格式

SPO＝1 和 SPH＝1 时，Freescale SPI 帧格式的传输信号序列如图 8.14 所示，该图涵盖了单次传输和连续传输两种情况。

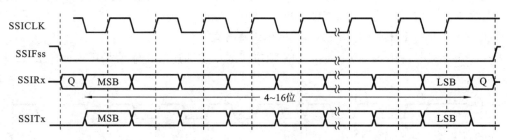

图 8.14　SPO＝1 和 SPH＝1 时的 Freescale SPI 帧格式的传输信号序列

在该配置中，SSI 处于空闲周期时：

（1）SSICLK 强制为高电平；

（2）SSIFss 强制为高电平；

（3）发送数据线 SSIFss 强制为低电平；

（4）当 SSI 配置为主机时，使能 SSICLK 引脚；

（5）当 SSI 配置为从机时，禁止 SSICLK 引脚。

如果 SSI 使能并且在发送 FIFO 中含有有效的数据，则通过将 SSIFss 主机信号驱动为低电平来表示发送操作开始。主机 SSITx 输出端口使能。在下面的半个 SSICLK 周期之后,主机和从机数据都能够放在各自的传输线上。同时,利用 SSICLK 的下降沿转换来使能 SSICLK。然后,在 SSICLK 的上升沿捕获数据,并且该操作延续到 SSICLK 信号的下降沿。

如果是传输一个字,当所有位传输完,则在最后一个位被捕获之后的一个时钟周期内,SSIFss 线返回其空闲的高电平状态。

而对于连续的背对背(back-to-back)传输,SSIFSS 管脚保持其有效的低电平状态,直至最后一个字的最后一位被捕获,再返回其上述的空闲状态。

连续的背对背(back-to-back)传输中,在两次连续的数据字传输之间,SSIFss 管脚保持低电平,连续传输的结束情况与单个字传输相同。

3. MICROWIRE 帧格式

图 8.15 显示了单次传输的 MICROWIRE 帧格式,而图 8.16 为该格式的连续传输情况。

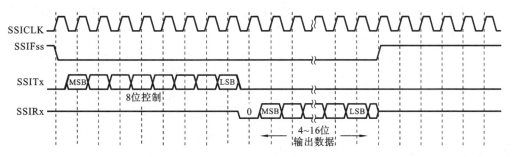

图 8.15 MICROWIRE 帧格式(单次传输)

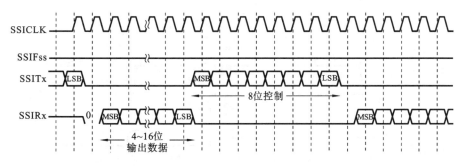

图 8.16 MICROWIRE 帧格式(连续传输)

MICROWIRE 格式与 Freescale SPI 格式非常类似,只是 MICROWIRE 为半双工而不是全双工格式,使用主-从消息传递技术。每次串行传输都从 SSI 向片外从器件发送 8 位控制字开始。在此传输过程中,SSI 没有接收到输入的数据。在消息已发送完之后,片外从机对消息进行译码,SSI 在将 8 位控制消息的最后一位发送完之后等待一个串行时钟,之后以请求的数据来响应。返回数据的长度为 4~16 位,使得任何地方总的帧长度都为 13~25 位。

在该配置中,SSI 处于空闲状态时:

(1) SSICLK 强制为低电平;

(2) SSIFss 强制为高电平;

(3) 数据线 SSITx 强制为低电平。

向发送 FIFO 写入一个控制字节可触发一次传输。SSIFss 的下降沿使得包含在发送

FIFO 底部入口的值能够传输到发送逻辑的串行移位寄存器中,并且 8 位控制帧的 MSB 移出到 SSITx 管脚上。在该控制帧传输期间,SSIFss 保持低电平,SSIRx 管脚保持三态。

片外串行从器件在 SSICLK 的上升沿将每个控制位锁存到其串行移位器中。在将最后一位锁存之后,从器件在一个时钟的等待状态中对控制字节进行译码,并且从机通过将数据发送回 SSI 来响应。数据的每个位在 SSICLK 的下降沿驱动到 SSIRx 线上。SSI 在 SSICLK 的上升沿依次将每个位锁存。在帧传输结束时,对于单次传输,在最后一位已锁存到接收串行移位器之后的一个时钟周期内,SSIFss 信号被拉为高电平。这使得数据传输到接收FIFO 中。

注:在接收移位器已将 LSB 锁存之后的 SSICLK 的下降沿或在 SSIFss 管脚变为高电平时,片外从器件能够将接收线置为三态。

对于连续传输,数据传输的开始、结束与单次传输的情况相同,但 SSIFss 线持续有效(保持低电平)并且数据传输以背对背(back-to-back)方式产生。在接收到当前帧的接收数据的LSB 之后,立即跟随下一帧的控制字节。在当前帧的 LSB 已锁存到 SSI 之后,接收数据的每个位在 SSICLK 的下降沿从接收移位器中进行传输。

在 MICROWIRE 模式中,在 SSIFss 变为低电平之后的 SSICLK 上升沿,SSI 从机对接收数据的第一个位进行采样。驱动自由运行 SSICLK 的主机必须确保,SSIFss 信号相对于SSICLK 的上升沿具有足够的建立时间和保持时间裕量(setup and hold margins)。

图 8.17 阐明了建立和保持时间要求。对于 SSICLK 的上升沿(在该上升沿,SSI 从机将对接收数据的第一个位进行采样),SSIFss 的建立时间必须至少是 SSI 进行操作的 SSICLK 周期的两倍。对于该边沿之前的 SSICLK 上升沿,SSIFss 必须至少具有一个 SSICLK 周期的保持时间。

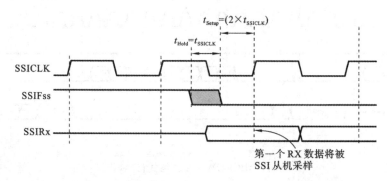

图 8.17　MICROWIRE 帧格式中 SSIFss 输入建立和保持时间要求

8.2.3　SSI 功能概述

SSI 对从外设器件接收到的数据执行串行到并行的转换。CPU 可以访问 SSI 数据寄存器以发送和获得数据。发送和接收路径利用内部 FIFO 存储单元进行缓冲,以允许最多 8 个 16位的值在发送和接收模式中独立地存储。

1. 位速率和帧格式

SSI 包含一个可编程的位速率时钟分频器和预分频器以生成串行输出时钟。尽管最大位速率由外设器件决定,但 1.5 MHz 及更高的位速率仍是 SSI 所支持的。

串行位速率是通过对输入的系统时钟进行分频获得的。虽然理论上 SSICLK 发送时钟可以达到 25 MHz，但模块可能不能在该速率下工作。发送操作时，系统时钟速率必须至少是 SSICLK 周期的两倍。接收操作时，系统时钟速率必须至少是 SSICLK 周期的 12 倍。

SSI 通信的帧格式有三种：TI 同步串行数据帧、Freescal SPI 数据帧、MICROWIRE 串行数据帧。

根据已设置的数据大小，每个数据帧长度在 4～16 位之间，并采用 MSB 在前的方式发送。

2．FIFO 操作

对 FIFO 的访问是通过从 SSI 数据寄存器（SSIDR）中写入与读出数据来实现的。SSIDR 为 16 位宽的数据寄存器，可以对它进行读写操作，SSIDR 实际对应两个不同的物理地址，以分别完成对发送 FIFO 和接收 FIFO 的操作。

SSIDR 的读操作即对接收 FIFO 的入口（由当前 FIFO 读指针来指向）进行访问。SSI 接收逻辑将数据从输入的数据帧中转移出来后，将它们放入接收 FIFO 的入口（由当前 FIFO 写指针来指向）。

SSIDR 的写操作即将数据写入发送 FIFO 的入口（由当前 FIFO 写指针来指向）。每次，发送逻辑将发送 FIFO 中的数值转移出来一个，装入发送串行移位器，然后在设置的位速率下串行溢出到 SSITx 管脚。

当所选的数据长度小于 16 位时，用户必须正确调整写入发送 FIFO 的数据，发送逻辑忽略高位未使用的位。小于 16 位的接收数据在接收缓冲区中自动调整。

当 SSI 设置为 MICROWIRE 帧格式时，发送数据的默认大小为 8 位（最高有效字节忽略），接收数据的大小由程序员控制。即使 SSICR1 寄存器的 SSE 位设置为 0（禁止 SSI 端口），也可以不将发送 FIFO 和接收 FIFO 清零。这样可在使能 SSI 之前使用软件来填充发送 FIFO。

1）发送 FIFO

通用发送 FIFO 是 16 位宽、8 单元深、先进先出的存储缓冲区。CPU 通过写 SSI 数据寄存器 SSIDR 来将数据写入发送 FIFO，数据在由发送逻辑读出之前一直保存在发送 FIFO 中。

当 SSI 配置为主机或从机时，并行数据先写入发送 FIFO，再转换成串行数据并通过 SSITx 管脚分别发送到相关的从机或主机。

2）接收 FIFO

通用接收 FIFO 是一个 16 位宽、8 单元深、先进先出的存储缓冲区。从串行接口接收到的数据在由 CPU 读出之前一直保存在缓冲区中，CPU 通过读 SSIDR 寄存器来访问接收 FIFO。

当 SSI 配置为主机或从机时，通过 SSIRx 管脚接收到的串行数据转换成并行数据后装载到相关的从机或主机接收 FIFO。

3．SSI 中断

SSI 在满足以下条件时能够产生中断：

（1）发送 FIFO 服务；

（2）接收 FIFO 服务；

（3）接收 FIFO 超时；

（4）接收 FIFO 溢出。

所有中断事件在发送到嵌套中断向量控制器之前先要执行"或"操作，因此，在任意给定的时刻，SSI 只能向中断控制器产生一个中断请求。通过对 SSI 中断屏蔽寄存器（SSIIM）中的对应位进行设置，可以屏蔽 4 个中断里的任一个，将适当的屏蔽位置 1 可使能中断。

SSI 提供单独的输出和组合的中断输出,这样可允许全局中断服务程序或组合的逻辑驱动程序来处理中断。发送或接收动态数据流的中断已与状态中断分开,这样,根据 FIFO 出发点可以对数据执行读和写操作。各个中断源的状态可从 SSI 原始中断状态(SSIRIS)寄存器和 SSI 屏蔽后的中断状态(SSIMIS)寄存器中读出。

8.2.4　SSI 库函数参考

1. 配置与控制

(1) 函数 SSIConfigSetExpClk( )详见表 8.29 的描述。

表 8.29　函数 SSIConfigSetExpClk( )

函数名称	SSIConfigSetExpClk( )
功能	SSI 配置(需要提供明确的时钟速度)
原型	void　SSIConfigSetExpClk(unsigned long　ulBase , 　unsigned long 　　ulSSIClk, unsigned long 　　ulProtocol , 　unsigned long 　　ulMode, unsigned long 　　ulBitRate , unsigned long 　　ulDataWidth)
参数	ulBase:SSI 模块的基址,应当取下列值之一 　　SSI_BASE　　　　　　　　　//SSI 模块的基址(用于仅含有 1 个 SSI 模块的芯片) 　　SSI0_BASE　　　　　　　　// SSI0 模块的基址(等同于 SSI_BASE) 　　SSI1_BASE　　　　　　　　//SSI1 模块的基址 ulSSIClk:提供给 SSI 模块的时钟速度 ulProtocol:数据传输的协议,应当取下列值之一 　　SSI_FRF_MOTO_MODE_0　//Freescale SSI 格式,极性 0,相位 0 　　SSI_FRF_MOTO_MODE_1　//Freescale SSI 格式,极性 0,相位 1 　　SSI_FRF_MOTO_MODE_2　//Freescale SSI 格式,极性 1,相位 0 　　SSI_FRF_MOTO_MODE_3　//Freescale SSI 格式,极性 1,相位 1 　　SSI_FRF_TI　　　　　　　//TI 格式 　　SSI_FRF_NMW　　　　　//MICROWIRE 格式 ulMode:SSI 模块的工作模式,应当取下列值之一 　　SSI_MODE_MASTER　//SSI 主模式 　　SSI_MODE_SLAVE　　//SSI 从模式 　　SSI_MODE_SLAVE_OD　//SSI 从模式(输出禁止) ulBitRate:SSI 的位速率,这个位速率必须满足下面的标准 　　ulBitRate≤FSSI/2(主模式) 　　ulBitRate≤FSSI/12(从模式) 　　其中 FSSI 是提供给 SSI 模块的时钟速率 ulDataWidth:数据宽度,取值 4~16
返回	无

(2) 函数 SSIConfig( )是一个宏函数,为了实际编程的方便,常常用来代替函数 SSIConfigSetExpClk( ),详见表 8.30 的描述。

表 8.30　宏函数 SSIConfig( )

函数名称	SSIConfig( )
功能	SSI 配置
原型	♯ define　　　SSIConfig(a,b,c,d e)　　　SSIConfigSetExpClk(a,SysCtlClockGet( ),b,c,d,e)
参数	详见函数 SSIConfigSetExpClk( )的描述
返回	无

（3）函数 SSIEnable( )详见表 8.31 的描述。

表 8.31　函数 SSIEnable( )

函数名称	SSIEnable( )
功能	使能 SSI 发送和接收
原型	void　　SSIEnable(unsigned long　ulBase)
参数	ulBase：SSI 模块的基址，取值 SSI_BASE、SSI0_BASE 或 SSI1_BASE
返回	无

（4）函数 SSIDisable( )详见表 8.32 的描述。

表 8.32　函数 SSIDisable( )

函数名称	SSIDisable( )
功能	禁止 SSI 发送和接收
原型	void　　SSIDisable(unsigned long　ulBase)
参数	ulBase：SSI 模块的基址，取值 SSI_BASE、SSI0_BASE 或 SSI1_BASE
返回	无

2. 数据收发

（1）函数 SSIDataPutNonBlocking( )详见表 8.33 的描述。

表 8.33　函数 SSIDataPutNonBlocking( )

函数名称	SSIDataPutNonBlocking( )
功能	将一个数据单元放入 SSI 的发送 FIFO(不等待)
原型	long　SSIDataPutNonBlocking(unsigned long　　ulBase,　unsigned long　ulData)
参数	ulBase：SSI 模块的基址，取值 SSI_BASE、SSI0_BASE 或 SSI1_BASE ulData：要发送的数据单元(4～16 个有效位)
返回	返回写入发送 FIFO 的数据单元数量(如果发送 FIFO 中没有可用的空间,则返回 0)

（2）函数 SSIDataGetNonBlocking( )详见表 8.34 的描述。

表 8.34　函数 SSIDataGetNonBlocking( )

函数名称	SSIDataGetNonBlocking( )
功能	从 SSI 的接收 FIFO 中读取一个数据单元(不等待)
原型	long　SSIDataGetNonBlocking(unsigned long　　ulBase,　unsigned long　* pulData)
参数	ulBase：SSI 模块的基址，取值 SSI_BASE、SSI0_BASE 或 SSI1_BASE pulData：指针,指向保存读取到的数据单元地址
返回	返回从接收 FIFO 中读取到的数据单元数量(如果接收 FIFO 为空,则返回 0)

（3）函数 SSIDataNonBlockingPut( )为宏函数，详见表 8.35 的描述。

表 8.35　宏函数 SSIDataNonBlockingPut( )

函数名称	SSIDataNonBlockingPut( )
功能	将一个数据单元放入 SSI 的发送 FIFO(不等待)
原型	#define　SSIDataNonBlockingPut(a, b)　SSIDataPutNonBlocking(a, b)
参数	参见函数 SSIDataPutNonBlocking( )的描述
返回	参见函数 SSIDataPutNonBlocking( )的描述

（4）函数 SSIDataNonBlockingGet( )为宏函数，详见表 8.36 的描述。

表 8.36　宏函数 SSIDataNonBlockingGet( )

函数名称	SSIDataNonBlockingGet( )
功能	从 SSI 的接收 FIFO 中读取一个数据单元(不等待)
原型	#define　SSIDataNonBlockingGet(a, b)　SSIDataGetNonBlocking(a, b)
参数	参见函数 SSIDataGetNonBlocking( )的描述
返回	参见函数 SSIDataGetNonBlocking( )的描述

（5）函数 SSIDataPut( )详见表 8.37 的描述。

表 8.37　函数 SSIDataPut( )

函数名称	SSIDataPut( )
功能	将一个数据单元放入 SSI 的发送 FIFO
原型	void　SSIDataPut(unsigned long　ulBase,　unsigned long　ulData)
参数	ulBase：SSI 模块的基址，取值 SSI_BASE、SSI0_BASE 或 SSI1_BASE ucData：要发送数据单元(4～16 个有效位)
返回	无

（6）函数 SSIDataGet( )详见表 8.38 的描述。

表 8.38　函数 SSIDataGet( )

函数名称	SSIDataGet( )
功能	从 SSI 的接收 FIFO 中读取一个数据单元
原型	void　SSIDataGet(unsigned long　ulBase,　unsigned long　* pulData)
参数	ulBase：SSI 模块的基址，取值 SSI_BASE、SSI0_BASE 或 SSI1_BASE pulData：指针，指向保存读取到的数据单元地址
返回	无

3. 中断控制

（1）函数 SSIIntEnable( )详见表 8.39 的描述。

表 8.39 函数 SSIIntEnable( )

函数名称	SSIIntEnable( )
功能	使能单独的(一个或多个)SSI 中断源
原型	void SSIIntEnable(unsigned long ulBase, unsigned long ulIntFlags)
参数	ulBase:SSI 模块的基址,取值 SSI_BASE、SSI0_BASE 或 SSI1_BASE ulIntFlags:指定的中断源,应当取下列值之一或者它们之间的任意"或运算"组合形式 　　SSI_TXFF　　　　//发送 FIFO 半空或不足半空 　　SSI_RXFF　　　　//接收 FIFO 半满或超过半满 　　SSI_RXTO　　　　//接收超时(接收 FIFO 已有数据但未半满,而后续数据长时间不来) 　　SSI_RXOR　　　　//接收 FIFO 溢出
返回	无

(2) 函数 SSIIntDisable( )详见表 8.40 的描述。

表 8.40 函数 SSIIntDisable( )

函数名称	SSIIntDisable( )
功能	禁止单独的(一个或多个)SSI 中断源
原型	void SSIIntDisable(unsigned long ulBase, unsigned long ulIntFlags)
参数	参见函数 SSIIntEnable( )的描述
返回	无

(3) 函数 SSIIntStatus( )详见表 8.41 的描述。

表 8.41 函数 SSIIntStatus( )

函数名称	SSIIntStatus( )
功能	获取 SSI 当前的中断状态
原型	unsigned long SSIIntStatus(unsigned long ulBase, tBoolean bMasked)
参数	ulBase:SSI 模块的基址,取值 SSI_BASE、SSI0_BASE 或 SSI1_BASE bMasked:如果需要获取原始的中断状态,则取值 false 　　　　　如果需要获取屏蔽的中断状态,则取值 true
返回	当前中断的状态,参见函数 SSIIntEnable( )里参数 ulIntFlags 的描述

(4) 函数 SSIIntClear( )详见表 8.42 的描述。

表 8.42 函数 SSIIntClear( )

函数名称	SSIIntClear( )
功能	清除 SSI 的中断
原型	void SSIIntClear(unsigned long ulBase, unsigned long ulIntFlags)
参数	参见函数 SSIIntEnable( )的描述
返回	无

（5）函数 SSIIntRegister( )详见表 8.43 的描述。

表 8.43　函数 SSIIntRegister( )

函数名称	SSIIntRegister( )
功能	注册一个 SSI 中断服务函数
原型	void　SSIIntRegister(unsigned long　ulBase,　　void（＊pfnHandler)（void))
参数	ulBase：SSI 模块的基址，取值 SSI_BASE、SSI0_BASE 或 SSI1_BASE pfnHandler：指针，指向 SSI 中断出现时被调用的函数
返回	无

（6）函数 SSIIntUnregister( )详见表 8.44 的描述。

表 8.44　函数 SSIIntUnregister( )

函数名称	SSIIntUnregister( )
功能	注销 SSI 的中断服务函数
原型	void　SSIIntUnregister(unsigned long　ulBase)
参数	ulBase：SSI 模块的基址，取值 SSI_BASE、SSI0_BASE 或 SSI1_BASE
返回	无

4. SSI 常用的 API 函数

（1）函数 SSIConfigSetExpClk( )用于配置同步串行接口。

```
void SSIConfigSetExpClk(unsigned long ulBase, unsigned long ulSSIClk, unsigned
long ulProtocol, unsigned long ulMode, unsigned long ulBitRate, unsigned long
ulDataWidth)
```

ulBase 指定 SSI 模块的基址。

ulSSIClk 是提供到 SSI 模块的时钟速率。

ulProtocol 指定数据传输协议。

ulMode 指定工作模式。

ulBitRate 指定时钟速率。

ulDataWidth 指定每帧传输的位数。

例如：

// 配置 SSI 为 8 位，400 kHz，主机模式 0

```
    SSIConfigSetExpClk(SDC_SSI_BASE,
                       SysCtlClockGet(),
                       SSI_FRF_MOTO_MODE_0,
                       SSI_MODE_MASTER,
                       400000,
                       8);
```

（2）函数 SSIDataPut( )用于把一个数据单元放置到 SSI 发送 FIFO 中。

```
    void SSIDataPut(unsigned long ulBase, unsigned long ulData)
```

ulBase 指定 SSI 模块的基址。

ulData 是通过 SSI 接口发送的数据。

例如：

```
SSIDataPut(SDC_SSI_BASE, dat);        // 写数据 dat
```

（3）函数 SSIDataGet( )用于从 SSI 接收 FIFO 中获取一个数据单元。

```
void SSIDataGet(unsigned long ulBase, unsigned long *pulData)
```

ulBase 指定 SSI 模块的基址。

pulData 是一个存储单元的指针，该单元存放着 SSI 接口上接收到的数据。

例如：

```
SSIDataGet(SDC_SSI_BASE, &rcvdat);        //从 FIFO 中读取一个字节到 rcvdat
```

8.2.5　SSI 驱动例程分析

图 8.18 所示为 SSI 驱动动态 LED 的电路图，其现象是循环显示数字及字符，具体代码如程序清单 8-1 所示。

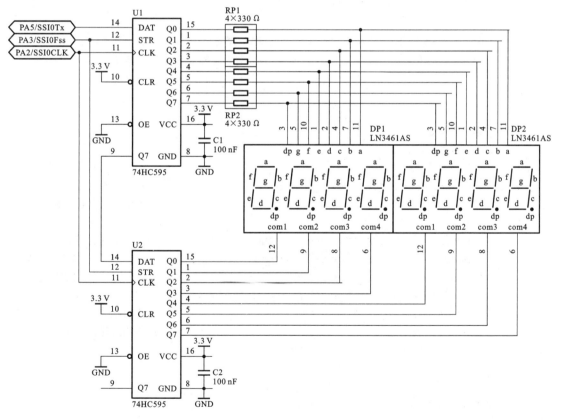

图 8.18　SSI 驱动动态 LED 的电路图

程序清单 8-1　SSI 驱动动态 LED

```
#include  "systemInit.h"
#include  <ssi.h>
```

```
#include  <timer.h>
#define   PART_LM3S8962
#include  <pin_map.h>
unsigned char dispBuf[8];                    //定义显示缓冲区

//  SSI初始化
void ssiInit(void)
{
    unsigned long ulBitRate=TheSysClock / 10;
    SysCtlPeriEnable(SYSCTL_PERIPH_SSI0);        //使能 SSI 模块
    SysCtlPeriEnable(SSI0CLK_PERIPH);            //使能 SSI0 接口所在的 GPIO 端口
    SysCtlPeriEnable(SSI0FSS_PERIPH);
    SysCtlPeriEnable(SSI0RX_PERIPH);
    SysCtlPeriEnable(SSI0TX_PERIPH);

    GPIOPinTypeSSI(SSI0CLK_PORT, SSI0CLK_PIN); //将相关 GPIO 设置为 SSI 功能
    GPIOPinTypeSSI(SSI0FSS_PORT, SSI0FSS_PIN);
    GPIOPinTypeSSI(SSI0RX_PORT, SSI0RX_PIN);
    GPIOPinTypeSSI(SSI0TX_PORT, SSI0TX_PIN);

//  SSI 配置:基址,协议格式,主/从模式,位速率,数据宽度
    SSIConfig(SSI0_BASE, SSI_FRF_MOTO_MODE_0, SSI_MODE_MASTER, ulBitRate, 16);
    SSIEnable(SSI0_BASE);                        //使能 SSI 收发
}

//  定时器初始化
void timerInit(void)
{
    unsigned long ulClock=TheSysClock/(60*8);        //扫描频率在 60 Hz 以上时
                                                     //人眼才不会明显感到闪烁

    SysCtlPeriEnable(SYSCTL_PERIPH_TIMER0);               //使能 Timer 模块
    TimerConfigure(TIMER0_BASE, TIMER_CFG_32_BIT_PER); //配置为 32 位周期定时器
    TimerLoadSet(TIMER0_BASE, TIMER_A, ulClock);       //设置 Timer 初值
    TimerIntEnable(TIMER0_BASE, TIMER_TIMA_TIMEOUT);   //使能 Timer 超时中断
    IntEnable(INT_TIMER0A);                            //使能 Timer 中断
    IntMasterEnable();                                 //使能处理器中断
    TimerEnable(TIMER0_BASE, TIMER_A);                 //使能 Timer 计数
}

//动态数码管显示初始化
void dispInit(void)
{
    unsigned short i;
for(i=0; i<8; i++)dispBuf[i]=0x00;
    ssiInit();
```

```
        timerInit();
    }


//在坐标 ucX 处显示一个数字 ucData
void dispDataPut(unsigned char ucX, unsigned char ucData)
{
    dispBuf[ucX & 0x07]=ucData;
}


//主函数(程序入口)
int main(void)
{
    unsigned char i, x;
    clockInit();                                    //时钟初始化:晶振,6 MHz
    dispInit();                                     //动态数码管显示初始化
    for (;;)
    {
        for(i=0; i<9; i++)                          //在数码管上滚动显示 0~F
        {
            for (x=0; x<8; x++)dispDataPut(x, i+x);
            SysCtlDelay(2000*(TheSysClock/3000));
        }
    }
}


//定时器的中断服务函数
void Timer0A_ISR(void)
{
    const unsigned char SegTab[16]=                 //定义数码管段选数据
    {
        0x3F, 0x06, 0x5B, 0x4F, 0x66, 0x6D, 0x7D, 0x07,
        0x7F, 0x6F, 0x77, 0x7C, 0x39, 0x5E, 0x79, 0x71
    };
    const unsigned char DigTab[8]=                  //定义数码管位选数据
    {
        0x01, 0x02, 0x04, 0x08, 0x10, 0x20, 0x40, 0x80
    };

    static unsigned char n= 0;
    unsigned short t;
    unsigned long ulStatus;
    ulStatus=TimerIntStatus(TIMER0_BASE, true);     //读取中断状态
    TimerIntClear(TIMER0_BASE, ulStatus);           //清除中断状态,重要!
    if (ulStatus & TIMER_TIMA_TIMEOUT)              //如果是 Timer 超时中断
    {
        t=DigTab[n]^0xFF;                           //获取位选数据
```

```
        t<<=8;                          //位选数据放在高 8 位
        t |=SegTab[dispBuf[n]& 0x0F];   //段选数据放在低 8 位
        SSIDataPut(SSI_BASE, t);        //输出数据,共 16 个有效位
        n++;
        n&=0x07;
    }
}
```

　　程序采用定时器中断的方式动态刷新扫描的方式,定时器延时时间为 1/60 s,这样人眼不会察觉到明显闪烁。从电路图中可以看出,位选数据放在高 8 位,段选数据放在低 8 位。

8.3　I²C 在电磁弹射板级调试中的应用

　　电磁弹射系统包括几十台控制柜,大多数控制柜调试完毕后都可以实现远程操控,不需要人员进行本地操作,但是在调试阶段,用户可能需要用一些简单的人机界面来输出调试信息,比如温度或者转速等。这时,如果在本地使用微型的液晶显示器就比较方便。微型液晶控制器有并行接口、I²C 接口以及 SSI 接口这三种接口,采用 I²C 接口,仅仅需要两根控制线,简化了电路板设计。本例程针对 SSD1306 液晶控制器进行编程,SSD1306 的从机地址为 0x78≫1,采用液晶屏显示。第 7 章介绍了飞轮储能中电流、电压采集的例程,这里在采样的基础上,增加液晶屏的调试功能,即将采样的数值在液晶屏上显示,方便开发人员进行调试。对于液晶屏,这里仅仅列出主要文件,详见程序清单 8-2。

程序清单 8-2　I²C 应用例程:SSD1306 液晶控制器调试功能

```
//OLED.C
#define  OLED_SLA         (0x78>> 1)
tI2CM_DEVICE OLED= {OLED_SLA, 0x00, 1, (void * )0, 0};
u8 OLED_GRAM[144][8];

//向 SSD1306 写入一个字节
//mode:数据/命令标志 0,表示命令;1,表示数据
void OLED_WR_Byte(char dat,char mode)
{
  unsigned long ulStatus;
  if(mode)
    {
    I2CM_DeviceDataSet(&OLED,0x40, &dat, 1);
    ulStatus= I2CM_DataSend(&OLED);
    I2CM_Error(ulStatus);
    }
  else
    {
    I2CM_DeviceDataSet(&OLED,0x00, &dat, 1);
    ulStatus= I2CM_DataSend(&OLED);
```

```
            I2CM_Error(ulStatus);
        }
    }

    //main.c
    int main(void)
    {
        int temp;
        char cBuf[40];
        clockInit();
        I2CM_Init();
        adcInit();
        OLED_Init();
        OLED_ColorTurn(1);
        OLED_DisplayTurn(0);

        for(;;)
        {
          adcSample(ulVal);
          temp=(ulVal[0]*3000)/1024;
          sprintf(cBuf, "CH0=% ld(mV)\r\n",temp);
          OLED_ShowString(8,16,cBuf,16);
          temp=(ulVal[1]*3000)/1024;
          sprintf(cBuf, "CH1=% ld(mV)\r\n",temp);
          OLED_ShowString(8,32,cBuf,16);
          temp=(ulVal[2]*3000) / 1024;
          sprintf(cBuf, "CH2=% ld(mV)\r\n",temp);
          OLED_ShowString(8,48,cBuf,16);
          OLED_Refresh();
          SysCtlDelay(500*(TheSysClock/3000));

        }
    }
```

小　结

本章介绍了 LM3S8962 微处理器的电路板级通信模块,包括 I²C 模块和 SSI 模块。

习　题

1. I²C 模块和 SSI 模块在嵌入式微控制器中扮演着什么角色? 如果没有这两种模块,嵌入式微控制器将面临什么问题?

2. 在电磁发射系统中,哪些场景下嵌入式控制器需要 I^2C 模块和 SSI 模块?

3. 简述 I^2C 总线信号连接方式和工作方式。

4. 简述 I^2C 总线的通信规约及数据传输格式。

5. 查询 PCA9554 的资料,理解它的操作时序、器件地址,并阅读相关例程。

6. I^2C 总线是单主方式,如何理解? 主机是否有地址?

7. 结合采样模块和 I^2C 模块,使采样结果在 SSD1306 液晶屏上显示,并写出主要代码。

第9章 UART 及 CAN 通信

电磁发射系统因功能复杂而包括多个分系统,如储能分系统、动力调节分系统、直线电机分系统及综合控制分系统,每个分系统又包括多个子系统。显然,整个电磁发射系统将采用大量的嵌入式控制器,而控制器与控制器之间的沟通尤为关键,例如,逆变控制器既要与高压开关控制器沟通,确定前端的能量状态,又要与后端的同步发电机沟通。要实现设备与设备之间的沟通,UART 和 CAN 是两种常用的方式,其中 UART 在电磁弹射中得到了大量应用,而 CAN 在轨道炮的测试系统中也扮演着重要的角色。

9.1 UART 异步串口通信

9.1.1 UART 异步串口概述

1. UART 异步串口的传输格式

异步通信以一个字符为传输单位,通信中两个字符间的时间间隔是不固定的,而在同一个字符中的两个相邻位代码的时间间隔是固定的。

通信协议(通信规程)指通信双方约定的一些规则。在使用异步串口传送一个字符的信息时,对数据格式有如下约定:空闲位、起始位、数据位、奇偶校验位、停止位。UART 通信时序如图 9.1 所示。

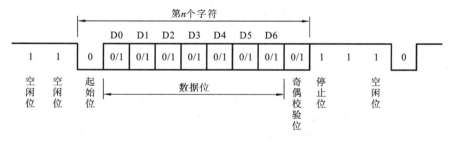

图 9.1 UART 通信时序

(1) 开始前,线路处于空闲状态,送出连续"1"。传送开始时首先发一个"0"作为起始位,然后出现在通信线上的是字符的二进制编码数据。

(2) 每个字符的数据位长可以约定为 5 位、6 位、7 位或 8 位,一般采用 ASCII 编码。数据位后面是奇偶校验位,根据约定,用奇偶校验位将所传送字符中为"1"的位数凑成奇数个或偶数个。也可以约定不要奇偶校验,这样就取消奇偶校验位。

(3) 最后是表示停止位的"1"信号,这个停止位可以约定持续 1 位、1.5 位或 2 位的时间宽度。

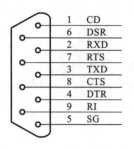

1	CD
6	DSR
2	RXD
7	RTS
3	TXD
8	CTS
4	DTR
9	RI
5	SG

图 9.2　UART DB9 引脚图

（4）至此一个字符传送完毕，线路又进入空闲，持续为"1"，直至经过一段随机的时间后，下一个字符开始传送，才又发出起始位。

（5）每一个数据位的宽度等于传送波特率的倒数。微机异步串行通信中，常用的波特率为 110、150、300、600、1200、2400、4800、9600 等。

2. 电气特性

RS232 标准采用的是 9 芯或 25 芯的 D 型插头，常用的一般是 9 针插头（DB9），如图 9.2 所示。表 9.1 所示是 DB9 引脚说明。

表 9.1　DB9 引脚说明

引脚名称	全　　称	说　　明
FG	Frame Ground	连到机器的接地线
TXD	Transmitted Data	数据输出线
RXD	Received Data	数据输入线
RTS	Request to Send	要求发送数据
CTS	Clear to Send	回应对方发送的 RTS 的发送许可，告诉对方可以发送
DSR	Data Set Ready	告知本机在待命状态
DTR	Data Terminal Ready	告知数据终端处于待命状态
CD	Carrier Detect	载波检出，用以确认是否收到 Modem 的载波
SG	Signal Ground	信号线的接地线（严格地说是信号线的零标准线）
RI	Ring Indicator	Modem 通知计算机有呼叫进来，是否接收由计算机定

RS232C 标准中所提到的发送和接收，都是从 DTE（data terminal equipment）的角度，而不是从 DCE（data communication equipment）的角度来定义的。由于在计算机系统中，往往是 CPU 和 I/O 设备之间传送信息，两者都是 DTE，因此双方都能发送和接收。EIA-RS232C 对电气特性、逻辑电平和各种信号线功能都作了规定。

在 TXD 和 RXD 上：

① 逻辑 1(MARK)＝－3 V～－15 V；

② 逻辑 0(SPACE)＝＋3～＋15 V；

在 RTS、CTS、DSR、DTR 和 CD 等控制线上：

① 信号有效（接通，ON 状态，正电压）＝＋3～＋15 V；

② 信号无效（断开，OFF 状态，负电压）＝－3 V～－15 V。

EIA-RS232C 与 TTL 转换：EIA-RS232C 是用正负电压来表示逻辑状态的，与 TTL 以高低电平表示逻辑状态的规定不同。因此，为了能够同计算机接口或终端的 TTL 器件连接，必须在 EIA-RS232C 与 TTL 电路之间进行电平和逻辑关系的变换。实现这种变换的方法可用分立元件，也可用集成电路芯片，如 MAX232、MAX3232 等。

RS232 接口标准出现较早，难免有不足之处，主要有以下四点。

（1）接口的信号电平值较高，易损坏接口电路的芯片，又因为与 TTL 电平不兼容故需使用电平转换电路方能与 TTL 电路连接。

（2）传输速率较低，在异步传输时，波特率为 20 Kbit/s。

（3）接口使用一根信号线和一根信号返回线而构成共地的传输形式,这种共地传输容易产生共模干扰,所以抗噪声干扰性弱。

（4）传输距离有限,最大传输距离标准值约为 15.24 m,实际上传输距离在 50 m 左右。

为弥补 RS232 接口的不足,出现了一些新的接口标准,如 RS422/RS485。主要改变就是采用差分信号来代替单端信号,其中 RS422 可以支持全双工,但是不适合总线式连接,由此出现了 RS485 总线。RS485 具有以下特点。

（1）电气特性:逻辑"1"以两线间的电压差为＋(2～6) V 表示;逻辑"0"以两线间的电压差为－(2～6) V 表示。接口信号电平比 RS232 的低,不易损坏接口电路的芯片,且该电平与 TTL 电平兼容,可方便与 TTL 电路连接。

（2）数据最高传输速率为 10 Mbit/s

（3）采用平衡驱动器和差分接收器的组合,抗共模干扰能力强,即抗噪声干扰性好。

（4）最大传输距离一般约为 1229 m,实际上可达 3000 m,另外 RS232 接口在总线上只允许连接 1 个收发器,即具有单站能力。而 RS485 接口在总线上允许连接多达 128 个收发器,即具有多站能力,这样用户可以利用单一的 RS485 接口方便地建立起设备网络。

RS485 接口因具有良好的抗噪声干扰性、长的传输距离和多站能力等优点而成为首选的串行接口。因为 RS485 接口组成的半双工网络一般只需两根连线,所以 RS485 接口均采用屏蔽双绞线传输。

9.1.2　Stellaris 系列 ARM 的 UART 特性

Stellaris 系列 ARM 的 UART 具有完全可编程、16C550 型串行接口的特性(但是并不兼容)。Stellaris 系列 ARM 含有 1～3 个 UART 模块。每个 UART 模块都具有以下特性:独立的发送 FIFO 和接收 FIFO。

（1）FIFO 长度可编程,包括提供传统双缓冲接口的 1 字节深的操作。

（2）FIFO 触发深度为 1/8、1/4、1/2、3/4、7/8。

（3）可编程的波特率发生器,允许速率高达 3.125 Mbit/s。

（4）标准的异步通信:起始位、停止位和奇偶校验位。

（5）检测错误的起始位,线中止(line-break)的产生和检测。

（6）完全可编程的串行接口特性:

① 5、6、7 或 8 个数据位;

② 偶校验、奇校验、粘着或无奇偶校验位的产生和检测;

③ 产生 1 或 2 个停止位(使用 2 个停止位可以降低误码率)。

（7）某些型号集成 IrDA 串行红外(SIR)编码器/解码器,具有以下特性:

① 用户可以根据需要对 IrDA 串行红外(SIR)或 UART 输入/输出端进行编程;

② IrDA SIR 编码器/解码器功能模块在半双工时数据速率可高达 115.2 Kbit/s;

③ 位持续时间(bit duration)为 3/16 μs(正常)或 1.41～2.23 μs(低功耗)。

图 9.3 所示为 Stellaris 系列 ARM 的 UART 结构。

图 9.4 所示为 Stellaris 系列 ARM 芯片 UART 与计算机 COM 端口连接的典型应用电路。CZ1 和 CZ2 是计算机 DB9 形式的 COM 接口,U1 是 Exar(原 Sipex)公司的 UART 转 RS-232C 的接口芯片 SP3232E,可在 3.3 V 电压下工作。

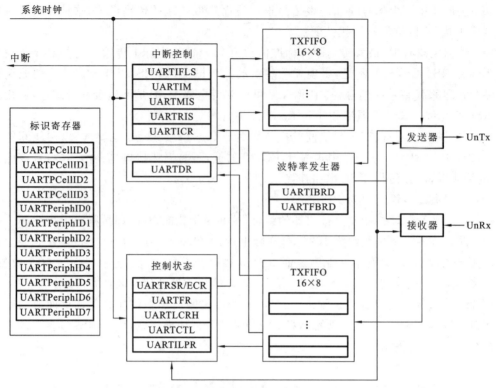

图 9.3 Stellaris **系列** ARM **的** UART **结构**

注意:接在 UART 端口的上拉电阻一般不要省略,否则可能会影响通信的可靠性。

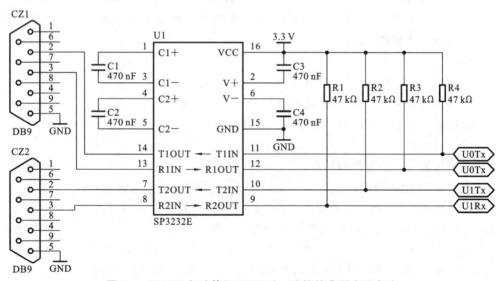

图 9.4 UART **与计算机** COM **端口连接的典型应用电路**

9.1.3　UART 库函数

1. 配置与控制

函数 UARTConfigSetExpClk( )用来对 UART 端口的波特率、数据格式进行配置。函数

UARTConfigGetExpClk( )用来获取当前的配置情况。详见表 9.2 和表 9.3 的描述。

表 9.2　函数 UARTConfigSetExpClk( )

函数名称	UARTConfigSetExpClk( )
功能	UART 配置(要求提供明确的时钟速率)
原型	void UARTConfigSetExpClk(unsigned long ulBase, 　　　unsigned long ulUARTClk, 　　　unsigned long ulBaud, 　　　unsigned long ulConfig)
参数	ulBase:UART 端口的基址,取值 UART0_BASE、UART1_BASE 或 UART2_BASE ulUARTClk:提供给 UART 模块的时钟速率,即系统时钟频率 ulBaud:期望设定的波特率 ulConfig:UART 端口的数据格式,取下列各组数值之间的"或运算"组合形式 　● 数据字长度 　UART_CONFIG_WLEN_8　　　　　　//8 位数据 　UART_CONFIG_WLEN_7　　　　　　//7 位数据 　UART_CONFIG_WLEN_6　　　　　　//6 位数据 　UART_CONFIG_WLEN_5　　　　　　//5 位数据 　● 停止位 　UART_CONFIG_STOP_ONE　　　　　//1 个停止位 　UART_CONFIG_STOP_TWO　　　　　//2 个停止位(可降低误码率) 　● 校验位 　UART_CONFIG_PAR_NONE　　　　　//无校验 　UART_CONFIG_PAR_EVEN　　　　　//偶校验 　UART_CONFIG_PAR_ODD　　　　　//奇校验 　UART_CONFIG_PAR_ONE　　　　　//校验位恒为 1 　UART_CONFIG_PAR_ZERO　　　　　//校验位恒为 0
返回	无

表 9.3　函数 UARTConfigGetExpClk( )

函数名称	UARTConfigGetExpClk( )
功能	获取 UART 的配置(要求提供明确的时钟速率)
原型	void UARTConfigGetExpClk(unsigned long ulBase, 　　　unsigned long ulUARTClk, 　　　unsigned long * pulBaud, 　　　unsigned long * pulConfig)
参数	ulBase:UART 端口的基址,取值 UART0_BASE、UART1_BASE 或 UART2_BASE ulUARTClk:提供给 UART 模块的时钟速率,即系统时钟频率 pulBaud:指针,指向保存获取的波特率的缓冲区 pulConfig:指针,指向保存 UART 端口的数据格式的缓冲区,参见表 9.2 中参数 ulConfig 的描述
返回	无

在实际编程时,往往用两个形式更简单的宏函数 UARTConfigSet( )和 UARTConfigGet( ) 来代替上述两个库函数。详见表 9.4 和表 9.5 的描述。

表 9.4　宏函数 UARTConfigSet( )

函数名称	UARTConfigSet( )
功能	UART 配置(自动获取时钟速率)
原型	#define UARTConfigSet(a, b, c)　　　UARTConfigSetExpClk(a, SysCtlClockGet( ), b, c)
参数	详见表 9.2 中的描述
返回	无
备注	该宏函数常常用来代替函数 UARTConfigSetExpClk( ),在调用之前应当先调用 SysCtlClock-Set( )函数设置系统时钟(不要使用误差很大的内部振荡器 IOSC、IOSC/4、INT30 等)

函数使用示例如下。

(1) 配置 UART0:波特率 9600,8 个数据位,1 个停止位,无校验。

```
UARTConfigSet(UART0_BASE, 9600, UART_CONFIG_WLEN_8 |
    UART_CONFIG_STOP_ONE | UART_CONFIG_PAR_NONE);
```

(2) 配置 UART1:波特率最大,5 个数据位,1 个停止位,无校验。

```
UARTConfigSet(UART1_BASE, SysCtlClockGet( ) / 16, UART_CONFIG_WLEN_5 |
    UART_CONFIG_STOP_ONE | UART_CONFIG_PAR_NONE);
```

(3) 配置 UART2:波特率 2400,8 个数据位,2 个停止位,偶校验。

```
UARTConfigSet(UART2_BASE, 2400, UART_CONFIG_WLEN_8 |
    UART_CONFIG_STOP_TWO |UART_CONFIG_PAR_EVEN);
```

表 9.5　宏函数 UARTConfigGet( )

函数名称	UARTConfigGet( )
功能	获取 UART 的配置(自动获取时钟速率)
原型	#define UARTConfigGet(a, b, c)　　　UARTConfigGetExpClk(a, SysCtlClockGet( ), b, c)
参数	详见表 9.2 中的描述
返回	无

函数 UARTParityModeSet( )用来设置校验位的类型,但在实际编程时一般不会用到它, 因为函数 UARTConfigSet( )的参数里已经包含了对校验位的配置。函数 UARTParityMod-eGet( )用来获取校验位的设置情况。详见表 9.6 和表 9.7 的描述。

表 9.6　函数 UARTParityModeSet( )

函数名称	UARTParityModeSet( )
功能	设置指定 UART 端口的校验类型
原型	void UARTParityModeSet(unsigned long ulBase, unsigned long ulParity)

函数名称	UARTParityModeSet( )
参数	ulBase:UART 端口的基址,取值 UART0_BASE、UART1_BASE 或 UART2_BASE ulParity:指定使用的校验类型,取下列值之一 　　　　UART_CONFIG_PAR_NONE　　　　　//无校验 　　　　UART_CONFIG_PAR_EVEN　　　　　//偶校验 　　　　UART_CONFIG_PAR_ODD　　　　　//奇校验 　　　　UART_CONFIG_PAR_ONE　　　　　//校验位恒为 1 　　　　UART_CONFIG_PAR_ZERO　　　　　//校验位恒为 0
返回	无

表 9.7　函数 UARTParityModeGet( )

函数名称	UARTParityModeGet( )
功能	获取指定 UART 端口正在使用的校验类型
原型	unsigned long UARTParityModeGet(unsigned long ulBase)
参数	ulBase:UART 端口的基址,取值 UART0_BASE、UART1_BASE 或 UART2_BASE
返回	校验类型,与表 9.2 中参数 ulParity 的取值相同

函数 UARTFIFOLevelSet( )和 UARTFIFOLevelGet( )用来设置和获取收发 FIFO 触发中断时的深度级别,详见表 9.8 和表 9.9 的描述。

表 9.8　函数 UARTFIFOLevelSet( )

函数名称	UARTFIFOLevelSet( )
功能	设置使指定 UART 端口产生中断的收发 FIFO 深度级别
原型	void UARTFIFOLevelSet(unsigned long ulBase, 　　　　unsigned long ulTxLevel, 　　　　unsigned long ulRxLevel)
参数	ulBase:UART 端口的基址,取值 UART0_BASE、UART1_BASE 或 UART2_BASE ulTxLevel:发送中断 FIFO 的深度级别,取下列值之一 　　　　UART_FIFO_TX1_8　　　　　//在 1/8 深度时产生发送中断 　　　　UART_FIFO_TX2_8　　　　　//在 1/4 深度时产生发送中断 　　　　UART_FIFO_TX4_8　　　　　//在 1/2 深度时产生发送中断 　　　　UART_FIFO_TX6_8　　　　　//在 3/4 深度时产生发送中断 　　　　UART_FIFO_TX7_8　　　　　//在 7/8 深度时产生发送中断 注:当发送 FIFO 里剩余的数据减少到预设的深度时触发中断,而非填充到预设深度时触发中断。因此在需要发送大量数据的应用场合,为了减少中断次数、提高发送效率,发送 FIFO 中断触发深度级别设置的越浅越好,如设置为 UART_FIFO_TX1_8 ulRxLevel:接收中断 FIFO 的深度级别,取下列值之一 　　　　UART_FIFO_RX1_8　　　　　//在 1/8 深度时产生接收中断 　　　　UART_FIFO_RX2_8　　　　　//在 1/4 深度时产生接收中断 　　　　UART_FIFO_RX4_8　　　　　//在 1/2 深度时产生接收中断

函数名称	UARTFIFOLevelSet( )
参数	UART_FIFO_RX6_8　　　　　　　　　　　//在 3/4 深度时产生接收中断 UART_FIFO_RX7_8　　　　　　　　　　　//在 7/8 深度时产生接收中断 注:当接收 FIFO 里已有的数据累积到预设的深度时触发中断,因此在需要接收大量数据的应用场合,为了减少中断次数、提高接收效率,接收 FIFO 中断触发深度级别设置的越深越好,如设置为 UART_FIFO_RX7_8
返回	无

表 9.9　函数 UARTFIFOLevelGet( )

函数名称	UARTFIFOLevelGet( )
功能	获取使指定 UART 端口产生中断的收发 FIFO 深度级别
原型	void UARTFIFOLevelGet(unsigned long ulBase, unsigned long * pulTxLevel, unsigned long * pulRxLevel)
参数	ulBase:UART 端口的基址,取值 UART0_BASE、UART1_BASE 或 UART2_BASE pulTxLevel:指针,指向保存发送中断 FIFO 的深度级别的缓冲区 pulRxLevel:指针,指向保存接收中断 FIFO 的深度级别的缓冲区
返回	无

2. 使能与禁止

函数 UARTEnable( )和 UARTDisable( )用来使能和禁止 UART 端口的收发功能。一般是先配置 UART,最后使能收发。当需要修改 UART 配置时,应当先禁止,配置完成后再使能。详见表 9.10 和表 9.11 的描述。

表 9.10　函数 UARTEnable( )

函数名称	UARTEnable( )
功能	使能指定 UART 端口的发送和接收操作
原型	void UARTEnable(unsigned long ulBase)
参数	ulBase:UART 端口的基址,取值 UART0_BASE、UART1_BASE 或 UART2_BASE
返回	无

表 9.11　函数 UARTDisable( )

函数名称	UARTDisable( )
功能	禁止指定 UART 端口的发送和接收操作
原型	void UARTDisable(unsigned long ulBase)
参数	ulBase:UART 端口的基址,取值 UART0_BASE、UART1_BASE 或 UART2_BASE
返回	无

函数 UARTEnableSIR( )和 UARTDisableSIR( )用来使能和禁止 UART 端口串行红外功能(IrDA SIR),详见表 9.12 和表 9.13 的描述。

表 9.12　函数 UARTEnableSIR( )

函数名称	UARTEnableSIR( )
功能	使能指定 UART 端口的串行红外功能(IrDA SIR),并选择是否采用低功耗模式
原型	void UARTEnableSIR(unsigned long ulBase, tBoolean bLowPower)
参数	ulBase:UART 端口的基址,取值 UART0_BASE、UART1_BASE 或 UART2_BASE bLowPower:取值 false,正常的 IrDA 模式 　　　　　取值 true,选择低功耗 IrDA 模式
返回	无

表 9.13　函数 UARTDisableSIR( )

函数名称	UARTDisableSIR( )
功能	禁止指定 UART 端口的串行红外功能(IrDA SIR)
原型	void UARTDisableSIR(unsigned long ulBase)
参数	ulBase:UART 端口的基址,取值 UART0_BASE、UART1_BASE 或 UART2_BASE
返回	无

函数 UARTDMAEnable( )和 UARTDMADisable( )用来使能和禁止 UART 端口的 DMA(direct memory access,直接存储器访问)操作。在 2008 年新推出的 DustDevil 家族里,新增了一个 μDMA 控制器。UART 端口也支持 DMA 传输,能够提高大批量传输数据的效率。详见表 9.14 和表 9.15 的描述。

表 9.14　函数 UARTDMAEnable( )

函数名称	UARTDMAEnable( )
功能	使能指定 UART 端口 UART 的 DMA 操作
原型	void UARTDMAEnable(unsigned long ulBase, unsigned long ulDMAFlags)
参数	ulBase:UART 端口的基址,取值 UART0_BASE、UART1_BASE 或 UART2_BASE ulDMAFlags:DMA 特性的位屏蔽,请当取下列值之一或者它们之间的任意"或运算"组合形式 　　UART_DMA_TX　　　　　　　　//使能 DMA 发送 　　UART_DMA_RX　　　　　　　　//使能 DMA 接收 　　UART_DMA_ERR_RXSTOP　　//当 UART 出现错误时停止
返回	无

表 9.15　函数 UARTDMADisable( )

函数名称	UARTDMADisable( )
功能	禁止指定 UART 端口 UART 的 DMA 操作
原型	void UARTDMADisable(unsigned long ulBase, unsigned long ulDMAFlags)
参数	ulBase:UART 端口的基址,取值 UART0_BASE、UART1_BASE 或 UART2_BASE ulDMAFlags:DMA 特性的位屏蔽,参见表 9.14 中参数 ulDMAFlags 的描述
返回	无

3. 数据收发

函数 UARTCharPut( )以轮询的方式发送数据,如果发送 FIFO 有空位则填充要发送的数据,如果没有空位则一直等待。详见表 9.16 的描述。

表 9.16　函数 UARTCharPut( )

函数名称	UARTCharPut( )
功能	发送 1 个字符到指定的 UART 端口(等待)
原型	void UARTCharPut(unsigned long ulBase, unsigned char ucData)
参数	ulBase:UART 端口的基址,取值 UART0_BASE、UART1_BASE 或 UART2_BASE ulData:要发送的字符
返回	无(在未发送完毕前不会返回)

函数 UARTCharGet( )以轮询的方式接收数据,如果接收 FIFO 里有数据则读出数据并返回,如果没有数据则一直等待。详见表 9.17 的描述。

表 9.17　函数 UARTCharGet( )

函数名称	UARTCharGet( )
功能	从指定的 UART 端口接收 1 个字符(等待)
原型	long UARTCharGet(unsigned long ulBase)
参数	ulBase:UART 端口的基址,取值 UART0_BASE、UART1_BASE 或 UART2_BASE
返回	读取到的字符,并自动转换为 long 型(在未收到字符之前会一直等待)

函数 UARTSpaceAvail( )用来探测发送 FIFO 里是否有可用的空位。该函数一般用在正式发送之前,以避免长时间的等待。详见表 9.18 的描述。

表 9.18　函数 UARTSpaceAvail( )

函数名称	UARTSpaceAvail( )
功能	确认在指定 UART 端口的发送 FIFO 里是否有可用的空间
原型	tBoolean UARTSpaceAvail(unsigned long ulBase)
参数	ulBase:UART 端口的基址,取值 UART0_BASE、UART1_BASE 或 UART2_BASE
返回	true:在发送 FIFO 里有可用空间 false:在发送 FIFO 里没有可用空间(发送 FIFO 已满)
备注	通常,该函数需要与函数 UARTCharPutNonBlocking( )配合使用

函数 UARTCharsAvail( )用来探测接收 FIFO 里是否有接收到的数据。该函数一般用在正式接收之前,以避免长时间的等待。详见表 9.19 的描述。

表 9.19　函数 UARTCharsAvail( )

函数名称	UARTCharsAvail( )
功能	确认在指定 UART 端口的接收 FIFO 里是否有字符
原型	tBoolean UARTCharsAvail(unsigned long ulBase)
参数	ulBase:UART 端口的基址,取值 UART0_BASE、UART1_BASE 或 UART2_BASE

续表

函数名称	UARTCharsAvail( )
返回	true：在接收 FIFO 里有字符 false：在接收 FIFO 里没有字符（接收 FIFO 为空）
备注	通常，该函数需要与函数 UARTCharGetNonBlocking( )配合使用

　　函数 UARTCharPutNonBlocking( )以"无阻塞"的形式发送数据，即不去探测发送 FIFO 里是否有可用空位。如果有空位则放入数据并立即返回，否则立即返回 false，表示发送失败。因此调用该函数时不会出现任何等待。函数 UARTCharNonBlockingPut( )是其等价的宏形式。详见表 9.20 和表 9.21 的描述。

表 9.20　函数 UARTCharPutNonBlocking( )

函数名称	UARTCharPutNonBlocking( )
功能	发送 1 个字符到指定的 UART 端口（不等待）
原型	tBoolean UARTCharPutNonBlocking(unsigned long ulBase, unsigned char ucData)
参数	ulBase：UART 端口的基址，取值 UART0_BASE、UART1_BASE 或 UART2_BASE ulData：要发送的字符
返回	如果发送 FIFO 里有可用空间，则将数据放入发送 FIFO，并立即返回 true 如果发送 FIFO 里没有可用空间，则立即返回 false（发送失败）
备注	通常，在调用该函数之前应当先调用函数 UARTSpaceAvail( )确认发送 FIFO 里有可用空间

表 9.21　宏函数 UARTCharNonBlockingPut( )

函数名称	UARTCharNonBlockingPut( )
功能	发送 1 个字符到指定的 UART 端口（不等待）
原型	♯define UARTCharNonBlockingPut(a, b)　　　UARTCharPutNonBlocking(a, b)
参数	参见表 9.20 中的描述
返回	参见表 9.20 中的描述

　　函数 UARTCharGetNonBlocking( )以"无阻塞"的形式接收数据，即不去探测接收 FIFO 里是否有接收到的数据。如果有数据则读取并立即返回，否则立即返回-1，表示接收失败。因此调用该函数时不会出现任何等待。函数 UARTCharNonBlockingGet( )是其等价的宏形式。详见表 9.22 和表 9.23 的描述。

表 9.22　函数 UARTCharGetNonBlocking( )

函数名称	UARTCharGetNonBlocking( )
功能	从指定的 UART 端口接收 1 个字符（不等待）
原型	long UARTCharGetNonBlocking(unsigned long ulBase)
参数	ulBase：UART 端口的基址，取值 UART0_BASE、UART1_BASE 或 UART2_BASE
返回	如果接收 FIFO 里有字符，则立即返回接收到的字符（自动转换为 long 型） 如果接收 FIFO 里没有字符，则立即返回-1（接收失败）
备注	通常，在调用该函数之前应当先调用函数 UARTCharsAvail( )来确认接收 FIFO 里有字符

表 9.23　宏函数 UARTCharNonBlockingGet( )

函数名称	UARTCharNonBlockingGet( )
功能	从指定的 UART 端口接收 1 个字符(不等待)
原型	#define UARTCharNonBlockingGet(a)　　　　UARTCharGetNonBlocking(a)
参数	参见表 9.22 中的描述
返回	参见表 9.22 中的描述

　　不管是函数 UARTCharPut( )还是函数 UARTCharPutNonBlocking( ),在发送数据时实际上都是把数据往发送 FIFO 一丢然后就退出,而并非在 UnTx 管脚意义上的真正发送完毕。函数 UARTBusy( )用于判断 UART 发送操作忙不忙,可用来判定在发送 FIFO 里的数据是否真正发送完毕,这包括最后一个数据的最后停止位。在半双工 UART 转 RS-485 通信中,需要在发送完一批数据后将传输方向切换为接收,如果此时发送 FIFO 里还有数据未被真正发送出去,则过早的方向切换会破坏发送过程。因此运用函数 UARTBusy( )进行判定是必要的。详见表 9.24 的描述。

表 9.24　函数 UARTBusy( )

函数名称	UARTBusy( )
功能	确认指定 UART 端口的发送操作忙不忙
原型	tBoolean UARTBusy(unsigned long ulBase)
参数	ulBase:UART 端口的基址,取值 UART0_BASE、UART1_BASE 或 UART2_BASE
返回	无
备注	该函数通过探测发送 FIFO 是否为空来确认在发送 FIFO 里的全部字符是否真正发送完毕,该判定在半双工 UART 转 RS-485 通信里可能比较重要

　　函数 UARTBreakCtl( )用来控制线中止(line-break)的产生或撤销。线中止是指 UART 的接收信号 UnRx 一直为 0 的状态(包括校验位和停止位在内)。如果调用该函数,则会在 UnTx 管脚输出一个连续的 0 电平状态,使对方的 Rx 产生一个线中止条件,并可以触发中断。线中止是个特殊的状态,在某些情况下有特别的用途,例如可以利用它来激活串口 ISP 下载服务程序、智能化自动握手通信等。详见表 9.25 的描述。

表 9.25　函数 UARTBreakCtl( )

函数名称	UARTBreakCtl( )
功能	控制指定 UART 端口的线中止(line-break)条件发送或删除
原型	void UARTBreakCtl(unsigned long ulBase, tBoolean bBreakState)
参数	ulBase:UART 端口的基址,取值 UART0_BASE、UART1_BASE 或 UART2_BASE bBreakState:取值 true,发送线中止条件到 Tx(使 Tx 一直为低电平) 　　　　　取值 false,删除线中止状态(使 Tx 恢复到高电平)
返回	无

4. 中断控制

UART 端口在收发过程中可产生多种中断,处理起来比较灵活。函数 UARTIntEnable( )和

UARTIntDisable( )用来使能和禁止 UART 端口的一个或多个中断。详见表 9.26 和表 9.27 的描述。

表 9.26　函数 UARTIntEnable( )

函数名称	UARTIntEnable( )
功能	使能指定 UART 端口的一个或多个中断
原型	void UARTIntEnable(unsigned long ulBase, unsigned long ulIntFlags)
参数	ulBase：UART 端口的基址，取值 UART0_BASE、UART1_BASE 或 UART2_BASE ulIntFlags：指定的中断源，应当取下列值之一或者它们之间的任意"或运算"组合形式 　　　UART_INT_OE　　　　//FIFO 溢出错误中断 　　　UART_INT_BE　　　　//BREAK 错误中断 　　　UART_INT_PE　　　　//奇偶校验错误中断 　　　UART_INT_FE　　　　//帧错误中断 　　　UART_INT_RT　　　　//接收超时中断 　　　UART_INT_TX　　　　//发送中断 　　　UART_INT_RX　　　　//接收中断 注：接收中断和接收超时中断通常要配合使用，即 UART_INT_RX | UART_INT_RT
返回	无

表 9.27　函数 UARTIntDisable( )

函数名称	UARTIntDisable( )
功能	禁止指定 UART 端口的一个或多个中断
原型	void UARTIntDisable(unsigned long ulBase, unsigned long ulIntFlags)
参数	参见表 9.26 中的描述
返回	无

函数 UARTIntClear( )用来清除 UART 的中断状态，函数 UARTIntStatus( )用来获取 UART 的中断状态。详见表 9.28 和表 9.29 的描述。

表 9.28　函数 UARTIntClear( )

函数名称	UARTIntClear( )
功能	清除指定 UART 端口的一个或多个中断
原型	void UARTIntClear(unsigned long ulBase, unsigned long ulIntFlags)
参数	参见表 9.26 中的描述
返回	无

表 9.29　函数 UARTIntStatus( )

函数名称	UARTIntStatus( )
功能	获取指定 UART 端口当前的中断状态
原型	unsigned long UARTIntStatus(unsigned long ulBase, tBoolean bMasked)

函数名称	UARTIntStatus( )
参数	ulBase:UART 端口的基址,取值 UART0_BASE、UART1_BASE 或 UART2_BASE bMasked:如果需要获取原始的中断状态,则取值 false 如果需要获取屏蔽的中断状态,则取值 true
返回	原始的或屏蔽的中断状态

函数 UARTIntRegister( )和函数 UARTIntUnregister( )分别用来注册和注销 UART 中断服务函数。详见表 9.30 和表 9.31 的描述。

表 9.30 函数 UARTIntRegister( )

函数名称	UARTIntRegister( )
功能	注册指定 UART 端口的中断服务函数
原型	void UARTIntRegister(unsigned long ulBase, void(* pfnHandler)(void))
参数	ulBase:UART 端口的基址,取值 UART0_BASE、UART1_BASE 或 UART2_BASE pfnHandler:函数指针,指向 UART 中断出现时被调用的函数
返回	无

表 9.31 函数 UARTIntUnregister( )

函数名称	UARTIntUnregister( )
功能	注销指定 UART 端口的中断服务函数
原型	void UARTIntUnregister(unsigned long ulBase)
参数	ulBase:UART 端口的基址,取值 UART0_BASE、UART1_BASE 或 UART2_BASE
返回	无

9.2 CAN 总线通信

控制器局域网(controller area network,CAN)属于现场总线的范畴,是一种有效支持分布式控制系统的串行通信网络。CAN 是由德国博世公司在 20 世纪 80 年代专门为汽车行业开发的一种串行通信总线,其因高性能、高可靠性及独特的设计而越来越受到人们的重视,被广泛应用于诸多领域。当信号传输距离达到 10 km 时,CAN 仍可提供高达 50 Kbit/s 的数据传输速率。由于 CAN 总线具有很好的实时性能,从位速率最高可达 1 Mbit/s 的高速网络到低成本多线路的 50 Kbit/s 的网络都可以与之任意搭配。因此,CAN 在汽车、航空、工业控制、安全防护等领域中得到了广泛应用。

9.2.1 CAN 总线工作原理及通信协议

1. CAN 总线工作原理

CAN 总线使用串行数据传输方式,可以 1 Mbit/s 的速率在 40 m 的双绞线上运行,也可以使用光缆连接,而且在这种总线上总线协议支持多主控制器。CAN 与 I²C 总线的许多细节很类似,但也有一些明显的区别。当CAN总线上的一个节点(站)发送数据时,它以报文形式广播给网络中所有节点。对每个节点来说,无论数据是否发给自己,节点都对其进行接收。每组报文开头的11位或者29位字符为标识符,定义了报文的优先级,这种报文格式称为面向内容的编址方案。在同一系统中标识符是唯一的,不可能有两个站发送具有相同标识符的报文。当几个站同时竞争总线读取时,这种配置十分重要。

当一个站要向其他站发送数据时,该站的CPU将要发送的数据和自己的标识符传送给本站的CAN芯片,并处于准备状态;当它收到总线分配时,转为发送报文状态。CAN芯片根据协议将数据以一定的报文格式发出,这时网上的其他站处于接收状态。每个处于接收状态的站对接收到的报文进行检测,判断这些报文是否发给自己,以确定是否接收它。由于CAN总线是一种面向内容的编址方案,因此很容易建立高水准的控制系统并灵活地进行配置。我们可以很容易地在CAN总线中加进一些新站而无须在硬件或软件上进行修改。当所提供的新站是纯数据接收设备时,数据传输协议不要求独立的部分有物理目的地地址,允许分布过程同步化,即总线上控制器需要测量数据时,可从网上获得,而不要求每个控制器都有自己独立的传感器。

2. CAN数据格式及协议

CAN总线数据帧格式如图9.5所示,有标准格式和扩展格式两种。嵌入式CAN节点一般应支持这两种格式。标准帧仲裁段有11位ID,扩展帧仲裁段有29位ID。

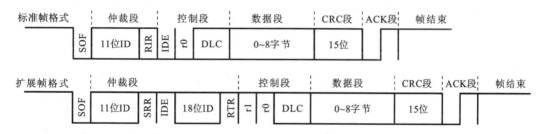

图9.5　CAN总线数据帧格式

数据帧以1个显性位(逻辑0)开始,以7个连续的隐性位(逻辑1)结束,在它们之间,分别有仲裁段、控制段、数据段、CRC段和ACK段。

1) SOF

SOF(start of frame),译为帧起始,帧起始信号只有一个数据位,是一个显性电平,它用于通知各个节点将有数据传输,其他节点通过帧起始信号的电平跳变沿来进行硬同步。

2) 仲裁段

当同时有两个报文被发送时,总线会根据仲裁段的内容决定哪个数据包能被传输,这也是它名称的由来。仲裁段的内容主要为数据帧的ID信息(标识符),数据帧具有标准格式和扩展格式两种,区别就在于ID信息的长度,标准格式的ID为11位,扩展格式的ID为29位,在标准ID的基础上多出18位。在CAN协议中,ID起着重要的作用,它决定着数据帧发送的优先级,也决定着其他节点是否会接收这个数据帧。CAN协议不对挂载在它之上的节点分配优先级和地址,对总线的占有权是由信息的重要性决定的,即对于重要的信息,可给它打包上一个优先级高的ID,使它能够及时地发送出去。也正是这样的优先级分配原则,使得CAN的扩展性大大加强,在总线上增加或减少节点并不影响其他设备。仲裁段ID的优先级也影响着接收设备对报文的反应。因为在CAN总线上,数据是以广播的形式发送的,所有连接在CAN总线上的节点都会收到所有其他节点发出的有效数据,所以 CAN 控制器大多具有根据 ID 过滤报文的功能,它可以控制自己只接收某些 ID 的报文。

3）RTR 位

RTR 位（remote transmission request bit），译作远程传输请求位,它用于区分数据帧和遥控帧,当它为显性电平时表示数据帧,当它为隐性电平时表示遥控帧。

4）IDE 位

IDE 位（identifier extension bit），译作标识符扩展位,它用于区分标准格式与扩展格式,当它为显性电平时表示标准格式,为隐性电平时表示扩展格式。

5）SRR 位

SRR 位（substitute remote request bit），只存在于扩展格式中,它用于替代标准格式中的RTR 位。由于扩展帧中的 SRR 位为隐性位,RTR 为显性位,所以在两个 ID 相同的标准格式报文与扩展格式报文中,标准格式的优先级较高。

6）控制段

控制段中的 r1 和 r0 为保留位,默认设置为显性位。它最主要的部分是 DLC（data length code），译为数据长度码。DLC 由 4 个数据位组成,用于表示报文中的数据段含有的字节个数,DLC 段表示的数字为 0～8。

7）数据段

数据段为数据帧的核心内容,它是节点要发送的原始信息,由 0～8 个字节组成,MSB先行。

8）CRC

为了保证报文的正确传输,CAN 的报文包含了一段 15 位的 CRC 校验码,一旦接收节点算出的 CRC 校验码与接收到的 CRC 校验码不同,它就会向发送节点反馈出错信息,利用错误帧请求它重新发送。CRC 部分的计算一般由 CAN 控制器硬件完成,出错时的处理则由软件控制最大重发数。在 CRC 校验码之后,有一个 CRC 界定符,它为隐性位,主要作用是把 CRC校验码与后面的 ACK 段间隔起来。

9）ACK 段

ACK 段包括一个 ACK 槽位和 ACK 界定符位。类似 I²C 总线,在 ACK 槽位中,发送节点发送的是隐性位,而接收节点则在这一位中发送显性位以示应答。ACK 槽和帧结束之间由ACK 界定符间隔开。

10）帧结束

EOF（end of frame），译为帧结束。帧结束段通过发送节点发送的 7 个隐性位表示结束。

CAN 总线的仲裁机制采用了 CSMA 技术。利用 CSMA 访问总线,可对总线上的信号进行检测,只有当总线处于空闲状态时,才允许发送。利用这种方法,可以允许多个节点挂接到同一网络上。当检测到一个冲突位时,所有节点重新回到"监听"总线状态,直到该冲突时间过后,才开始发送。在总线超载的情况下,这种技术可能会造成发送信号经过许多延迟。为了避免发送时延,可通过 CSMA/CD 方式访问总线。当总线上有两个节点同时发送报文时,必须通过"无损的逐位仲裁"方法来使有最高优先权的报文优先发送。在 CAN 总线上发送的每一条报文都具有唯一的 11 位或 29 位数字 ID。CAN 总线状态取决于二进制数"0"而不是"1",所以 ID 号越小,该报文拥有的优先权越高。因此一个标识符为全"0"的报文具有总线上的最高级优先权。也可用另外的方法来解释:在消息冲突的位置,第一个节点发送 0 而另外的节点发送 1,那么发送 0 的节点将取得总线的控制权,并且能够成功发送它的信息。

3. CAN 总线特征

(1) 报文(message)　总线上的数据以不同报文格式发送,但长度受到限制。当总线空闲时,任何一个网络上的节点都可以发送报文。

(2) 信息路由(information routing)　在 CAN 中,节点不使用任何关于系统配置的报文,比如站地址,由接收节点根据报文本身特征判断是否接收这帧信息。因此系统扩展时,不用对应用层及任何节点的软件和硬件进行更改,可以直接在 CAN 中增加节点。

(3) 标识符(identifier)　要传送的报文有特征标识符(是数据帧和远程帧的一个域),它给出的不是目标节点地址,而是这个报文本身的特征。信息以广播方式在网络上发送,所有节点都可以接收到。节点通过标识符判定是否接收这帧信息。

(4) 数据一致性　应确保报文在 CAN 里同时被所有节点接收或同时不接收,这是配合错误处理和再同步功能实现的。

(5) 位传输速率　不同的 CAN 系统的位传输速率不同,但在一个给定的系统里,位传输速率是唯一的,并且是固定的。

(6) 优先权　发送数据的报文中的标识符决定报文占用总线的优先权。标识符越小,优先权级别越高。

(7) 远程数据请求(remote data request)　通过发送远程帧,需要数据的节点请求另一节点发送相应的数据。回应节点传送的数据帧与请求数据的远程帧由相同的标识符命名。

(8) 仲裁(arbitration)　只要总线空闲,任何节点都可以向总线发送报文。如果两个或两个以上的节点同时发送报文,则会引起总线访问碰撞。使用标识符的逐位仲裁可以解决这个碰撞。仲裁的机制确保了报文和时间均不损失。当具有相同标识符的数据帧和远程帧同时发送时,数据帧优先于远程帧。在仲裁期间,每一个发送器都对发送位的电平与被监控的总线电平进行比较。如果电平相同,则这个单元可以继续发送,如果发送的是"隐性"电平而监视到的是"显性"电平,那么这个单元就失去了仲裁,必须退出发送状态。

(9) 总线状态　总线有显性和隐性两个状态,显性对应逻辑 0,隐性对应逻辑 1。显性状态和隐性状态的逻辑与为显性状态,所以两个节点同时分别发送 0 和 1 时,总线上呈现 0。CAN 总线采用二进制不归零(NRZ)编码方式,所以总线上不是 0 就是 1。但是 CAN 协议并没有具体定义这两种状态的具体实现方式。

(10) 故障界定(confinement)　CAN 节点能区分瞬时扰动引起的故障和永久性故障。故障节会被关闭。

(11) 应答　接收节点对正确接收的报文给出应答,对不一致的报文进行标记。

(12) CAN 通信距离最大是 10 km(设速率为 5 Kbit/s),或者最大通信速率为 1 Mbit/s(设通信距离为 40 m)。

(13) CAN 总线上的节点数可达 110 个。通信介质可在双绞线、同轴电缆、光纤中选择。

(14) 报文是短帧结构,短的传送时间使其受干扰概率较低,CAN 有很好的校验机制,这些都保证了 CAN 通信的可靠性。

4. CAN 总线的特点

(1) 具有实时性强、传输距离较远、抗电磁干扰能力强、成本低等优点。

(2) 采用双线串行通信方式,检错能力强,可在高噪声干扰环境中工作。

(3) 具有优先权和仲裁功能,多个控制模块通过 CAN 控制器挂接到 CAN 总线上,形成多主机局部网络。

（4）可根据报文的 ID 决定接收或屏蔽该报文。

（5）具有可靠的错误处理和检错机制。

（6）发送的信息遭到破坏后,可自动重发。

（7）节点具有在错误严重的情况下自动退出总线的功能。

（8）报文不包含源地址或目标地址,仅用标识符来指示功能信息、优先级信息。

9.2.2　CAN 接口电路

典型地,CAN 总线为隐性(逻辑 1)时,CAN_H 和 CAN_L 的电平都为 2.5 V(电位差为 0 V);CAN 总线为显性(逻辑 0)时,CAN_H 和 CAN_L 的电平分别是 3.5 V 和 1.5 V(电位差为 2.0 V),如图 9.6 所示。

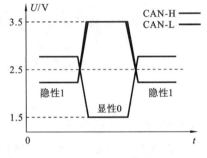

图 9.6　CAN 总线电平

CAN 总线接口电路主要完成时序逻辑转换等工作,要在电气特性上满足 CAN 总线标准,还需要一个电气转换芯片,用它来实现 TTL 电平到 CAN 总线电平特性的转换。这个芯片就是 CAN 收发器,即 CAN 总线的物理层芯片。

在以往的设计中,一般可以采用两个高速光电耦合器(6N137)实现电气上的隔离,采用一个电源隔离模块(+5 V 转+5 V)实现电源上的隔离,还需要计算电阻值的大小,才能搭建出合理的收发器隔离电路。需要注意的是,如果仅有高速光电耦合器,而没有电源隔离模块,则隔离将失去意义。由于这种方式存在着体积偏大、成本偏高、采购不便等缺点,因此 CAN 总线采用了一款隔离 CAN 收发器模块,如图 9.7 所示。

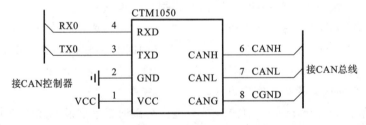

图 9.7　CAN 收发器模块

CTM 系列模块是集电源隔离、电气隔离、CAN 收发器、CAN 总线保护于一体的隔离 CAN 收发器模块。该模块的 TXD、RXD 引脚兼容+3.3 V 及+5 V 的 CAN 控制器,不需要外接其他元器件,可直接将+3.3 V 或+5 V 的 CAN 控制器发送、接收引脚与 CTM 模块的发送、接收引脚相连接。有了隔离 CAN 收发器模块,就可以很好地实现 CAN 总线上各节点电气、电源之间的完全隔离和独立,提高了节点的稳定性和安全性。

9.2.3　CAN 模块应用流程及收发数据

Stellaris 系列 CAN 模块具有以下特性:

（1）支持 CAN2.0 A/B 协议;

（2）位速率可编程（位速率高达 1 Mbit/s）；

（3）具有 32 个报文对象；

（4）每个报文对象都具有自己的标识符屏蔽码；

（5）包含可屏蔽中断；

（6）在时间触发的 CAN(TTCAN)应用中禁止自动重发送模式；

（7）自测试操作具有可编程的回环模式；

（8）具有可编程的 FIFO 模式；

（9）数据长度为 0~8 字节；

（10）通过 CAN0Tx 和 CAN0Rx 管脚与外部 CAN 物理层(PHY)无缝连接。

Stellaris 系列 Peripheral Driver Library 为用户提供了完整可靠的 CAN 通信底层 API 函数，用户通过调用 API 函数即可完成 CAN 控制器配置、报文对象配置及 CAN 中断管理等 CAN 模块开发工作。CAN API 提供了应用实施一个中断驱动 CAN 堆栈所需要的全部函数。我们能使用这些函数控制 Stellaris 微控制器的任何一个可用的 CAN 端口，并且函数能与一个端口使用而不会与其他端口造成冲突。

基于 Stellaris 系列 Peripheral Driver Library 的开发模式，可以减少用户在零阶段的投入，缩短研发周期。Stellaris 系列 CAN 模块应用的基本流程如图 9.8 所示。

图 9.8　Stellaris 系列 CAN 模块应用的基本流程

1. CAN 应用初始化

CAN 应用的初始化工作包括 CAN 引脚时钟使能、CAN 模块时钟使能、CAN 通信引脚配置、CAN 控制器初始化、CAN 通信波特率设置及 CAN 控制器使能等，具体的操作如程序清单 9-1 所示。

程序清单 9-1　CAN 应用初始化

```
SysCtlPeripheralEnable(SYSCTL_PERIPH_GPIOD);                //使能 GPIOD 系统外设
SysCtlPeripheralEnable(SYSCTL_PERIPH_CAN0);                //使能 CAN 控制器系统外设
GPIOPinTypeCAN(GPIO_PORTD_BASE, GPIO_PIN_0 | GPIO_PIN_1);
CANInit(CAN0_BASE);                                        //初始化 CAN 节点
CANSetBitTiming(CAN0_BASE, &CANBitClkSettings[CANBAUD_500K]);  //设置节点波特率
CANEnable(CAN0_BASE);                                      //启动 CAN 节点
```

2. 设置接收报文对象

Stellaris 系列 CAN 模块具有 32 个报文对象，每个报文对象都有自己的标识符屏蔽码；既可配置为单一的报文对象，也可配置为 FIFO 缓冲器，应用相当灵活。下面简单介绍对单个报文对象进行配置的操作。

一个报文对象包含的主要信息有报文(帧)ID、帧 ID 屏蔽码、报文对象控制参数、报文数据长度、报文数据等，共涉及十多个接口寄存器。程序清单 9-2 向用户展示了基于驱动库的编程，无须深入了解每个寄存器的功能，便可轻松完成报文对象的配置工作。

程序清单 9-2　　配置接收报文对象

```
tCANMsgObject tMsgObj;
unsigned char ucBufferIn[8]={0};
tMsgObj.ulFlags= (MSG_OBJ_RX_INT_ENABLE | MSG_OBJ_EXTENDED_ID |
MSG_OBJ_USE_EXT_FILTER | MSG_OBJ_USE_DIR_FILTER);
//允许接收中断,扩展帧,报文方向滤波
tMsgObj.ulMsgID=0x123;                    //报文滤波 ID
tMsgObj.ulMsgIDMask=0xFFFF;               //报文 ID 掩码
tMsgObj.pucMsgData=ucBufferIn;            //指向数据存储空间
tMsgObj.ulMsgLen=8;                       //设置数据域长度
CANMessageSet(CAN0_BASE, 1, &tMsgObj, MSG_OBJ_TYPE_RX);
//配置数据帧"接收报文对象"
```

3. 使能 CAN 中断

在收发数据之前,还必须使能 CAN 中断,并设置好 CAN 中断服务函数。设置 CAN 中断服务函数有两种方法:一是直接将启动文件(startup.c)中的中断向量表(__ vector_table[])中对应的位置换上中断服务函数名;二是在程序中调用函数 CANIntRegister( ),注册 CAN 中断服务函数。使能 CAN 中断的操作如程序清单 9-3 所示。

程序清单 9-3　　使能 CAN 中断

```
unsigned long ulIntNum;
CANIntEnable(CAN0_BASE, CAN_INT_MASTER | CAN_INT_ERROR);   //使能 CAN 控制器中断源
ulIntNum=CANIntNumberGet(CAN0_BASE);                       //获取 CAN0 的中断号
IntEnable(ulIntNum);                                       //使能 CAN 控制器中断
                                                             (to CPU)
IntMasterEnable();                                         //使能中断总开关
```

4. 配置发送数据报文对象及发送数据

将要发送报文的帧类型、报文标识符、数据长度及数据内容写入报文对象,再将报文对象配置为发送数据帧报文对象,则这个报文对象将进入发送队列,经由 CAN 控制器发送至总线上。如果使能了发送中断,当数据被成功发送后,这个报文对象将会产生挂起中断。如果 CAN 模块丢失了仲裁或者在发送期间发生错误,那么一旦 CAN 总线再次空闲就会重新发送报文。程序清单 9-4 展示了 CAN 模块发送数据的操作。

程序清单 9-4　　发送数据

```
tCANMsgObject MsgObjectTx;
unsigned char ucBufferIn[8]={0,1,2,3,4,5,6,7};             //要发送的测试数据
MsgObjectTx.ulFlags=MSG_OBJ_EXTENDED_ID;                  //扩展帧
MsgObjectTx.ulMsgID=0x123;                                //取得报文标识符
MsgObjectTx.ulMsgLen=8;                                   //标记数据域长度
MsgObjectTx.pucMsgData=ucBufferIn;                        //传递数据存放指针
MsgObjectTx.ulFlags |=MSG_OBJ_TX_INT_ENABLE;             //标记发送中断使能
CANRetrySet(CAN0_BASE, 31);                               //启动发送失败重发
CANMessageSet(CAN0_BASE, 31, &MsgObjectTx, MSG_OBJ_TYPE_TX);
                                                          //配置 31 号报文对象为发送对象
```

5. 接收数据

报文处理器将来自 CAN 模块接收移位寄存器的报文存储到报文 RAM 中相应的报文对象中,在 CAN 中断服务函数(接收报文对象的挂起中断)中调用函数 CANMessageGet( ),即可从报文对象中读取到接收的数据,如程序清单 9-5 所示。

程序清单 9-5　接收数据

```
CANFRAME *ptCanFrame;
CANFRAME tCanFrame;                                  //定义接收缓存
tCANMsgObject MsgObjectRe;
……
ptCanFrame=&tCanFrame;                               //取得缓存地址
MsgObjectRe.pucMsgData=ptCanFrame->ucDatBuf;        //传递帧数据缓存地址
CANMessageGet(GpCanNodeInfo->ulBaseAddr, 1, &MsgObjectRe, 1);
// 读取 CAN 报文并清除中断
……//数据处理等
```

其实要发送的数据在 MsgObj_device 结构体对象中。

9.3　UART 在飞轮储能中的应用研究

飞轮储能系统涉及多个设备,包括高压变压器开关、移相整流变压器、飞轮储能逆变器、同步发电机励磁控制器和脉冲整流器等,所有这些设备受集控电脑的统一指挥,同时这些设备要将自身的状态上传给集控电脑。这些设备的互联可以采用 UART 或者 CAN 总线方式,这里采用 UART 进行连接。由于涉及多台设备,因此我们采用 485 电平标准。同时,为了保持设备的兼容性和可扩展性,采用工业 MODBUS 协议。下面仅给出了高压开关的串口部分代码。

```
//以发送 6+2 的信息为例,发送方调用
//CRC16(DATA,6)求取 2 字节的 CRC 校验码
//填充到后面,构成 6+2 的数据
//接收方接收 8 个数据后
//调用 CRC16(DATA,8),看余数是否为 0

#include  "systemInit.h"
#include  "CRC16.h"
#include  "uartGetPut.h"
#include  <stdio.h>

// 定义 KEY
#define  KEY_PERIPH          SYSCTL_PERIPH_GPIOD
#define  KEY_PORT            GPIO_PORTD_BASE
#define  KEY_PIN             GPIO_PIN_7

#define  KEY1_PERIPH         SYSCTL_PERIPH_GPIOA
#define  KEY1_PORT           GPIO_PORTA_BASE
#define  KEY1_PIN            GPIO_PIN_7
```

```
//num :0-3,status:ff 开启;00 关闭
void JD_CONTROL(char num,char status);

//   主函数(程序入口)
int main(void)
{
    clockInit();
    uartInit();

    SysCtlPeriEnable(KEY_PERIPH);
    GPIOPinTypeIn(KEY_PORT, KEY_PIN);
    SysCtlPeriEnable(KEY1_PERIPH);
    GPIOPinTypeIn(KEY1_PORT, KEY1_PIN);

    for (;;)
    {
    //KEY  DO
      if(GPIOPinRead(KEY_PORT, KEY_PIN)==0x00)          //如果按下 KEY
      {
        SysCtlDelay(100* (TheSysClock / 3000));
            if(GPIOPinRead(KEY_PORT, KEY_PIN)==0x00)
                JD_CONTROL(1,0xff);
      }

    //KEY2 DO
     if(GPIOPinRead(KEY1_PORT, KEY1_PIN)==0x00)          //如果按下 KEY
      {
        SysCtlDelay(100* (TheSysClock/3000));
            if(GPIOPinRead(KEY1_PORT, KEY1_PIN)==0x00)
                JD_CONTROL(1,0x00);
      }

    }
}

void JD_CONTROL(char num,char status)
{
    char data[8]={0};
    int crc_code;
    int i;
    data[0]=0x01;
    data[1]=0x05;
    //data[2]=0x00;
    data[3]=num;
    data[4]=status;
    //data[5]=0x00;
```

```
    crc_code=crc16(data,6);
    data[6]=crc_code>>8;
    data[7]=crc_code&0xff;
    for(i=0;i<8;i++)
        uartPutc(data[i]);
}
```

小　结

本章介绍了 LM3S8962 微处理器的设备间通信模块，包括 UART 模块和 CAN 模块。

习　题

1. UART 模块和 CAN 模块在嵌入式微控制器中扮演着什么角色？如果没有这两种模块，嵌入式微控制器将面临什么问题？

2. 简述 UART 模块的通信格式；为什么说它是基于单个字符传输的通信方式？

3. UART 通信有哪些优点和缺点？

4. CAN 通信有哪些优点和缺点？

5. 为什么 UART 通信采用 485 电平可以组成单主式总线结构，而采用 CAN 总线通信可以实现多主总线结构？这样有什么好处？

6. 如何理解 CAN 总线的非破坏性仲裁机制？

7. UART 通信和 CAN 通信都是面向数据传输层的通信，如何理解？涉及具体的应用数据传输时，用户采用 UART 通信和 CAN 通信时，还需要做哪些工作？

第 10 章　以太网通信

电磁发射系统的健康网络涉及顶层设备之间的相互连接,这时以太网扮演着重要角色。以太网是在 20 世纪 70 年代研发的一种基带局域网,使用同轴电缆作为网络媒介,采用载波多路访问和冲突检测(CSMA/CD)机制,传输速度达 10 Mbit/s。现在以太网多指各种采用 CS-MA/CD 技术的局域网。以太网最初由 XEROX 公司研制,在 1980 年由数据设备公司 DEC、INTEL 和 XEROX 共同规范,作为 IEEE802.3 标准。

10.1　以太网概述

Stellaris 系列以太网控制器由完全集成的媒体访问控制(MAC)层和网络物理(PHY)层接口组成。以太网控制器遵循 IEEE802.3 规范,完全支持 10BASE-T 和 100BASE-TX 标准。以太网控制器模块具有以下特性。

1) 遵循 IEEE 802.3—2002 规范

(1) 兼容 10BASE-T/100BASE-TX IEEE802.3,只需要一个双路 1∶1 隔离变压器就能与传输线连接;

(2) 10BASE-T/100BASE-TX ENDEC,100BASE-TX 扰码器/解扰器;

(3) 全功能的自协商。

2) 多种工作模式

(1) 全双工和半双工(100 Mbit/s)模式;

(2) 全双工和半双工(10 Mbit/s)模式;

(3) 节电和掉电模式。

3) 高度可配置

(1) 可编程 MAC 地址;

(2) LED 活动选择;

(3) 支持混杂模式;

(4) CRC 错误拒绝控制;

(5) 用户可配置的中断。

4) 物理媒体操作

(1) 通过软件辅助的 MDI/MDI-X 交叉校验;

(2) 寄存器可编程的发送幅度;

(3) 自动极性校正和 10BASE-T 信号接收。

5) 使用 uDMA 进行有效传送

(1) 独立的发送和接收通道;

(2) 由包接收发出接收通道请求;

（3）由空的发送 FIFO 发出发送通道请求。

Stellaris 以太网控制器结构如图 10.1 所示。

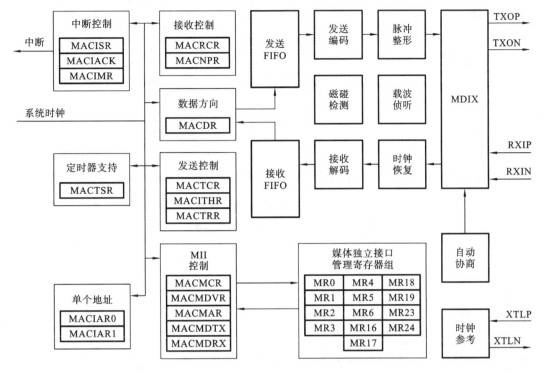

图 10.1 Stellaris 以太网控制器结构

以太网控制器按功能划分为两个层：媒体访问控制（MAC）层和网络物理（PHY）层，它们与 OSI 模型的数据链路层和物理层相对应，以太网控制器的基本接口是 MAC 层的一个简单总线接口。MAC 层提供了以太网帧的发送和接收处理功能，MAC 层还通过一个内部的媒体独立接口（MII）给 PHY 模块提供接口。Stellaris 以太网控制器功能描述如图 10.2 所示。

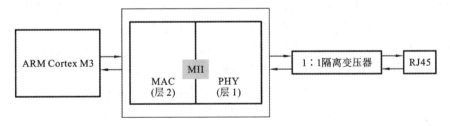

图 10.2 Stellaris 以太网控制器功能描述

10.2 以太网分层结构

下面先简要介绍以太网的相关知识，包括以太网的各种协议所在的层、以太网帧结构、数据进入协议栈时的封装过程、IP 首部数据格式、UDP 首部格式、以太网数据帧的分用过程。TCP/IP 网络分层结构如图 10.3 所示。

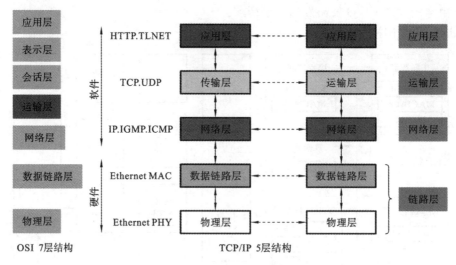

图 10.3　TCP/IP 网络分层结构

10.2.1　各种协议所在的层

1. 应用层

应用层负责为软件提供接口以使程序能使用网络服务。应用层并不是指运行在网络上的某个特别应用程序。应用层提供的服务包括文件传输、文件管理及电子邮件的信息处理。应用层包括的协议有 DHCP、DNS、FTP、HTTP、IMAP4、IRC、NNTP、XMPP、POP3、RTP、SIP、SMTP、SNMP、SSH、TELNET、RPC、RTCP、RTSP、TLS (and SSL)、SDP、SOAP、GTP、STUN、NTP 等,具体的协议内容可参考相关文献。

2. 传输层

传输层是 OSI 模型中最重要的一层。传输层的作用是在传输协议的同时进行流量控制或基于接收方可接收数据的快慢程度规定适当的发送速率。除此之外,传输层按照网络能处理的最大尺寸将较长的数据包进行强制分割。例如,以太网无法接收大于 1500 字节的数据包。发送方节点的传输层将数据分割成较小的数据片,同时为每一数据片安排一序列号,以便数据到达接收方节点的传输层时,能以正确的顺序重组。该过程被称为排序。工作在传输层的一种服务是 TCP/IP 协议套中的 TCP(传输控制协议),另一项传输层服务是 IPX/SPX 协议集的 SPX(序列包交换),比如 TCP(同步)、UDP(异步)。传输层的功能包括:映像传输地址到网络地址、多路复用与分割、传输连接的建立与释放、分段与重新组装、组块与分块。传输层包括的协议有 TCP、UDP、DCCP、SCTP、RSVP、ECN 等,具体的协议内容可参考相关文献。

3. 网络层

网络层是 OSI 模型的第三层,其主要功能是将网络地址翻译成对应的物理地址,并决定如何将数据从发送方路由到接收方。网络层通过综合考虑发送优先权、网络拥塞程度、服务质量及可选路由的花费来决定从一个网络中节点 A 到另一个网络中节点 B 的最佳路径。由于网络层处理路由,而路由器连接网络各段,并智能指导数据传送,因此路由器属于网络层。在网络中,路由指基于编址方案、使用模式及可达性来指引数据(如 IP 地址、路由器地址)的发送。网络层属于 OSI 模型中的较高层次,从其名称可以看出,它解决的是网络与网络之间即网际的通信问题,而不是同一网段内部的问题。网络层的主要功能是提供路由,即选择到达目标主机的最佳路径,并沿该路径传送数据包。除此之外,网络层还能够消除网络拥挤,具有流量控制和拥挤控制的能力。网络边界中的路由器就工作在这个层次上,现在较高档的交换机也可在这个层次上直接工作,因此它们也提供了路由功能,俗称第三层交换机。网络层的功能包括:建立和拆除网络连接、路径选择和中继、网络连接多路复用、分段和组块、服务选择和流量控制。网络层包括的协议有 IP(IPv4,IPv6)、OSPF、IS-IS、BGP、IPsec、ARP、RARP、RIP、ICMP、ICMPv6、IGMP 等,具体的协议内容可参考相关文献。

4. 数据链路层

数据链路层是 OSI 模型的第二层,它控制网络层与物理层之间的通信。它的主要功能是在不可靠的物理线路上进行数据的可靠传递。为了保证传输,从网络层接收到的数据被分割成特定的可被物理层传输的帧。帧是用来移动数据的结构包,它不仅包括原始数据,还包括发送方和接收方的网络地址及纠错和控制信息。其中,地址确定了帧的发送地址,而纠错和控制信息则确保帧无差错到达。数据链路层包括的协议有 Ethernet、802.11(WLAN)、802.16、Wi-Fi、WiMAX、ATM、DTM、Token ring、FDDI、Frame Relay、GPRS、EVDO、HSPA、HDLC、PPP、PPTP、L2TP、ISDN、ARCnet、LLTD 等。

5. 物理层

物理层是整个 OSI 模型的最低层,它的任务就是提供网络的物理连接。所以,物理层是建立在物理介质上(而不是逻辑上)的协议和会话,它提供的是机械和电气接口。物理层主要包括电缆、物理端口和附属设备,如双绞线、同轴电缆、接线设备(如网卡等)、RJ-45 接口、串口和并口等。物理层提供的服务包括:物理连接、物理服务数据单元顺序化(接收物理实体收到的比特顺序与发送物理实体所发送的比特顺序相同)和数据电路标识。物理层包括的协议有 Ethernet physical layer、Twisted pair、Modems、PLC、SONET/SDH、G.709、Optical fiber、Coaxial cable 等。

上述各层的具体协议如图 10.4 所示。

应用层	FTP	TELNET	RLOGIN	SMTP	DNS	HTTP	TFTP	···
传输层	TCP				UDP		···	
网络层	IP				ICMP	IGMP	···	
数据链路层	Ethernet/ATM/Wireless			APP		···		
物理层	Twisted pair			Optical fiber		···		

图 10.4　各层的具体协议

10.2.2　以太网帧结构

以太网帧结构如图 10.5 所示。

1. 前导码

前导码是包括 7 个字节的二进制"1""0"间隔的代码,即 1010…10 共 56 位。当帧在媒体上传输时,接收方就能建立起同步,因为在使用曼彻斯特编码情况下,这种"1""0"间隔的传输波为一个周期性方波。

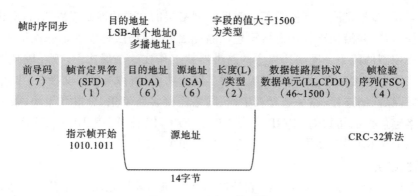

图 10.5　以太网帧结构

2. 帧首定界符（SFD）

帧首定界符是长度为 1 个字节的 10101011 二进制序列，它表示一帧实际开始，以使接收器对实际帧的第一位进行定位。也就是说，实际帧由余下的 DA＋SA＋L＋LLCPDU＋FCS 组成。

3. 目的地址（DA）

目的地址说明帧企图发往目的站的地址，共 6 个字节，可以是单址（代表单个站）、多址（代表一组站）或全地址（代表局域网上的所有站）。目的地址出现多址即表示该帧被一组站同时接收，称为组播（multicast）。目的地址出现全地址即表示该帧被局域网上所有站同时接收，称为广播（broadcast）。通常以 DA 的最高位来判断地址的类型，最高位为"0"表示单址，为"1"则表示多址或全地址，全地址时 DA 字段为全"1"代码。

4. 源地址（SA）

源地址说明发送帧的站的地址，与 DA 一样共 6 个字节。

5. 长度（L）

长度共占两个字节，表示 LLCPDU 的字节数。

6. 数据链路层协议数据单元（LLCPDU）

它的长度范围处在 46 字节至 1500 字节之间。最小 LLCPDU 长度（46 字节）是一个限制，目的是要求局域网上所有的站点都能检测到帧，即保证网络工作正常。如果 LLCPDU 长度小于 46 字节，则发送站的 MAC 子层会自动填充"0"代码补齐。

7. 帧检验序列（FCS）

它处在帧尾，共占 4 个字节，是 32 位冗余检验码（CRC），检验除前导码、SFD 和 FCS 以外的内容，即从 DA 开始至帧数据完毕的 CRC 检验结果都反映在 FCS 中。当发送站发出帧时，一边发送，一边逐位进行 CRC 检验；最后形成一个 32 位 CRC 检验和，填在帧尾 FCS 位置中，一起在媒体上传输。接收站接收后，从 DA 开始同样边接收边逐位进行 CRC 检验；最后接收站形成的检验和若与帧的检验和相同，则表示媒体上传输帧未被破坏。反之，接收站认为帧被破坏，则会通过一定的机制要求发送站重发该帧。那么一个帧的长度为

$$DA＋SA＋L＋LLCPDU＋FCS＝6＋6＋2＋（46\sim1500）＋4＝64\sim1518$$

即当 LLCPDU 长度为 46 字节时，帧最小，帧长为 64 字节；当 LLCPDU 长度为 1500 字节时，帧最大，帧长为 1518 字节。

10.2.3　数据进入协议栈时的封装过程

数据进入协议栈时的封装过程如图 10.6 所示。

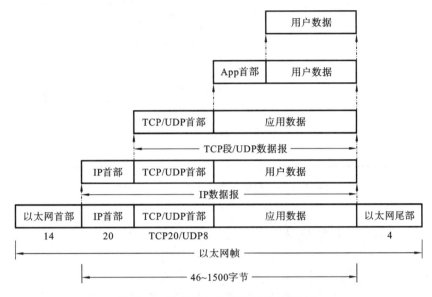

图 10.6　数据进入协议栈时的封装过程

不同的协议层对数据包有不同的称谓。在传输层叫作段(segment),在网络层叫作数据报(datagram),在链路层叫作帧(frame)。数据封装成帧后发到传输介质上,到达目的主机后每层协议再剥掉相应的首部,最后将应用层数据交给应用程序处理。

10.2.4　IP 首部数据格式

IP 数据报格式及首部中的各字段如图 10.7 所示。

普通的 IP 首部长为 20 字节,除非含有选项字段。最高位在左边,记为 0 位;最低位在右边,记为 31 位。4 字节的 32 位值以下面的次序传输:首先是 0～7 位,其次是 8～15 位,然后是 16～23 位,最后是 24～31 位。这种传输次序称作 big-endian 字节序。由于 TCP/IP 首部中所有的二进制整数在网络中都要求以这种次序传输,因此它又称作网络字节序。以其他形式(如 little-endian 格式)存储二进制整数的机器,则必须在传输数据之前把首部转换成网络字节序。

首部长度指的是首部占 32 位字的数目,包括任何选项。服务类型(TOS)字段包括一个 3 位的优先权子字段。

总长度指的是整个 IP 数据报的长度,以字节为单位。根据首部长度字段和总长度字段,就可以知道 IP 数据报中数据内容的起始位置和长度。

标识字段唯一地标识主机发送的每一份数据报。通常每发送一份报文,它的值就会加 1。

生存时间(time-to-live,TTL)字段设置了数据报可以经过的最多路由器数。它指定了数据报的生存时间。

首部检验和字段是根据 IP 首部计算的检验和码。它不对首部后面的数据进行计算。

4位版本	4位首部长度	8位服务类型（TOS）	16位总长度（字节数）	
16位标识			3位标志	13位片偏移
8位生存时间（TTL）		8位协议	16位首部检验和	
32位源IP地址				
32位目的IP地址				
选项（如果有）				
数据				

图 10.7 IP 数据报格式及首部中的各字段

10.2.5 UDP 首部格式

UDP 首部及数据如图 10.8 所示。

16 位源端口号	16 位目的端口号
16 位 UDP 长度	16 位 UDP 检验和
数据（如果有）	

图 10.8 UDP 首部及数据

UDP 数据报格式有首部和数据两个部分。首部很简单,共 8 字节,包括:

（1）源端口(source port) 2 字节,源端口号;

（2）目的端口(destination port) 2 字节,目的端口号;

（3）长度(length) 2 字节,UDP 用户数据报的总长度,以字节为单位;

（4）检验和(checksum) 2 字节,用于校验 UDP 数据报的数字段和包含 UDP 数据报首部的伪首部。其校验方法同 IP 分组首部中的首部检验和。

10.2.6 以太网数据帧的分用过程

以太网数据帧的分用过程如图 10.9 所示。

数据包在各个网络层传递。其中,以太网口通过以太网地址来决定是丢弃还是交付通过以太网口的数据包(此时称为以太网帧)。以太网驱动程序通过检验和来决定是将其丢弃还是交付给上一层。接着,以太网驱动程序通过以太网首部中的"类型"字段对以太网帧进行分用,确定这是一个 IP 数据报还是一个 ARP/RARP(请求/应答);如果是后者,则通过协议进行应答;如果是 IP 数据报,则脱去帧头帧尾,将其交付到 IP 层。IP 层首先进行检验和计算以决定

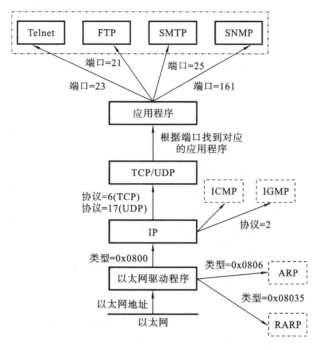

图 10.9 以太网数据帧的分用过程

是交付还是丢弃报文,然后通过 IP 首部中的"协议"字段确定其是 UDP 数据报、TCP 段还是 ICMP、IGMP 报文,从而对 IP 数据报进行分用。如果是 ICMP 或 IGMP 报文,则根据协议对其进行处理;如果是 TCP 段或 UDP 数据报,则去其头部,将其交付到运输层。TCP/UDP 则通过端口号将数据分用到对该端口进行监听的应用程序。

10.3 以太网接口电路及函数调用

10.3.1 以太网接口电路

1. 外部连接网络隔离变压器及信号灯

以太网外部网络隔离变压器及信号灯电路如图 10.10 所示。

RXIP、RXIN、TXON、TXOP、LED0、LED1 分别连接微控制器的以太网模块的对应引脚。另外,以太网模块的电源、地引脚及振荡电路都要按要求连接完好。所有的 GNDPHY 引脚都接地,所有的 VCCPHY 都接数字电源。振荡电路连接 25 MHz 的晶振。最后 MDIO 引脚一定要连接一个 10 kΩ 的上拉电阻到电源。

2. 内部连接网络隔离变压器及外部连接信号灯

以太网内部网络隔离变压器及外部 LED 电路如图 10.11 所示。

RXIP、RXIN、TXON、TXOP、LED0、LED1 分别连接微控制器的以太网模块的对应引脚。另外,以太网模块的电源、地引脚及振荡电路都要按要求连接完好。所有的 GNDPHY 引脚都接地,所有的 VCCPHY 都接数字电源。振荡电路连接 25 MHz 的晶振。最后 MDIO 引脚一定要连接一个 10 kΩ 的上拉电阻到电源。

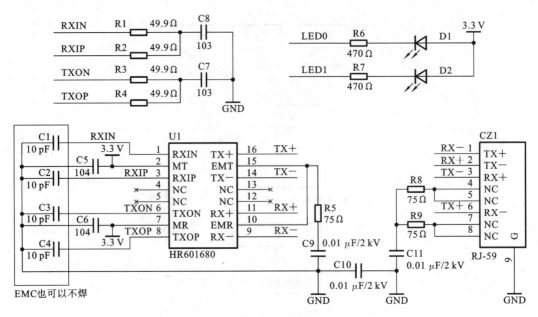

图 10.10 以太网外部网络隔离变压器及信号灯电路

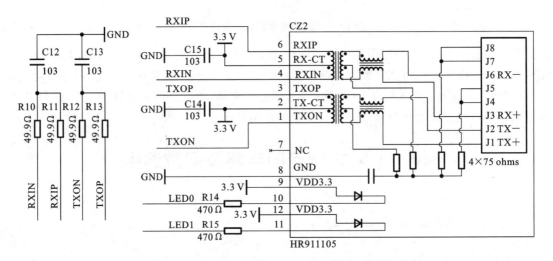

图 10.11 以太网内部网络隔离变压器及外部 LED 电路

3. 内部连接网络隔离变压器及内部连接信号灯

以太网内部网络隔离变压器及内部 LED 电路如图 10.12 所示。

RXIP、RXIN、TXON、TXOP、LED0、LED1 分别连接微控制器的以太网模块的对应引脚。另外,以太网模块的电源、地引脚及振荡电路都要按要求连接完好。所有的 GNDPHY 引脚都接地,所有的 VCCPHY 都接数字电源。振荡电路连接 25 MHz 的晶振。最后 MDIO 引脚一定要连接一个 10 kΩ 的上拉电阻到电源。

10.3.2 RAW API 函数

程序的执行是靠回调函数来驱动的。每一个回调函数也只不过是一个能够直接被 TCP/IP 代码调用的普通的 C 语言函数。每一个回调函数的调用都传递一个当前连接 UDP 或

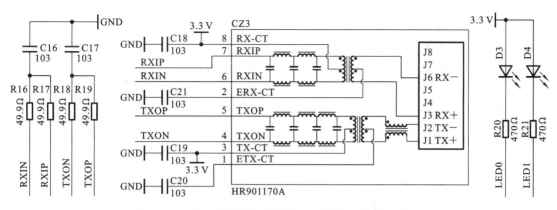

图 10.12　以太网内部网络隔离变压器及内部 LED 电路

TCP 的状态。另外,为了使应用程序有一个明确的执行状态,回调函数的指定是可编程的,并且是独立于 TCP/IP 状态之外的。接下来我们将逐个介绍 LwIP(low-level IP,小型开源的 TCP/IP 协议栈)提供的 RAW API 函数。

1. 应用程序状态设置函数

函数 tcp_arg()用于传递给应用程序的具体状态,在控制块标志建立以后调用,即在函数 tcp_new()调用之后才能调用。该函数的详细描述请见表 10.1。

表 10.1　函数 tcp_arg()

函数名称	tcp_arg()
功能	指定应该传递给所有回调函数的应用程序的具体状态
原型	void tcp_arg(struct tcp_pcb * pcb, void * arg)
参数	pcb:当前 TCP 连接的控制块 arg:需要传递给回调函数的参数
返回	无

2. 建立 TCP 连接函数

建立连接的函数同 sequential API 及 BSD 标准的 socket API 都非常相似。一个新的 TCP 连接的标志(实质上是一个协议控制块 PCB)由函数 tcp_new()来创建。连接创建后,该 PCB 可以进入监听状态,等待数据接收的连接信号,也可以直接连接另外一个主机。

1) 函数 tcp_new()

该函数在定义一个 tcp_pcb 控制块后应该首先被调用,以建立该控制块的连接标志。该函数的详细描述请见表 10.2。

表 10.2　函数 tcp_new()

函数名称	tcp_new()
功能	建立一个新的连接标志(pcb)
原型	struct tcp_pcb * tcp_new(void)
参数	无
返回	pcb:正常建立了连接标志,返回建立的 pcb NULL:新的 pcb 内存不可用时

2）函数 tcp_bind()

该函数用于绑定本地的 IP 地址和端口号,用户可以将其绑定在任意一个本地 IP 地址上,它也只能在函数 tcp_new()调用之后才能调用。该函数的详细描述请见表 10.3。

表 10.3 函数 tcp_bind()

函数名称	tcp_bind()
功能	绑定本地 IP 地址和端口号
原型	err_t tcp_bind (struct tcp_pcb * pcb, struct ip_addr * ipaddr, u16_t port)
参数	pcb:准备绑定的连接,类似于 BSD 标准中的 Sockets ipaddr:绑定的 IP 地址。如果为 IP_ADDR_ANY,则将连接绑定到所有的本地 IP 地址上 port:绑定的本地端口号。注意:千万不要和其他的应用程序产生冲突
返回	ERR_OK:正确地绑定了指定的连接 ERR_USE:指定的端口号已经绑定了一个连接,产生了冲突

3）函数 tcp_listen()

当一个正在请求的连接被接收时,由函数 tcp_accept()指定的回调函数将会被调用。当然,在调用该函数前,必须首先调用函数 tcp_bind()来绑定一个本地的 IP 地址和端口号。该函数的详细描述请见表 10.4。

表 10.4 函数 tcp_listen()

函数名称	tcp_listen()
功能	使指定的连接开始进入监听状态
原型	struct tcp_pcb * tcp_listen (struct tcp_pcb * pcb)
参数	pcb:指定将要进入监听状态的连接
返回	pcb：返回一个新的连接标志 pcb,它作为一个参数传递给将要被分派的函数。这样做的原因是处于监听状态的连接一般只需要较小的内存,于是函数 tcp_listen()就会收回原始连接的内存,而重新分配一个较小内存块供处于监听状态的连接使用 NULL:监听状态的连接的内存块不可用时,返回 NULL。如果这样,作为参数传递给函数 tcp_listen()的 pcb 所占用的内存将不能够被分配

4）函数 tcp_listen_with_backlog()

该函数同函数 tcp_listen()一样,但是该函数将限制在监听队列中未处理的连接的数量,这是通过参数 backlog 来实现的。要使用该函数,需要在配置文件 lwipopts.h 中设置 TCP_LISTEN_BACKLOG=1。该函数的详细描述请见表 10.5。

表 10.5 函数 tcp_listen_with_backlog()

函数名称	tcp_listen_with_backlog()
功能	使指定的连接开始进入监听状态,但将会限制监听队列中连接的数量
原型	struct tcp_pcb * tcp_listen_with_backlog(struct tcp_pcb * pcb, u8_t backlog)
参数	pcb:指定将要进入监听状态的连接 backlog：限制监听队列中连接的数量

函数名称	tcp_listen_with_backlog()
返回	pcb：返回一个新的连接标志 pcb，它作为一个参数传递给将要被分派的函数。这样做的原因是处于监听状态的连接一般只需要较小的内存，于是函数 tcp_listen()就会收回原始连接的内存，而重新分配一个较小内存块供处于监听状态的连接使用 NULL：监听状态的连接的内存块不可用时，返回 NULL。如果这样，作为参数传递给函数 tcp_listen()的 pcb 所占用的内存将不能够被分配

5）函数 tcp_accepted()

这个函数通常在 accept 的回调函数中被调用。它允许 LwIP 执行一些内务工作，例如，将新来的连接放入监听队列中，以等待处理。该函数的详细描述请见表 10.6。

表 10.6 函数 tcp_accepted()

函数名称	tcp_accepted()
功能	通知 LwIP 一个新来的连接已经被接收
原型	void tcp_accepted(struct tcp_pcb * pcb)
参数	pcb：已经被接收的连接
返回	无

6）函数 tcp_accept()

当处于监听的连接与一个新来的连接连上后，该函数指定的回调函数将被调用。通常在函数 tcp_listen()调用之后调用。该函数的详细描述请见表 10.7。

表 10.7 函数 tcp_accept()

函数名称	tcp_accept()
功能	指定处于监听状态的连接接通后将要调用的回调函数
原型	void tcp_accept(struct tcp_pcb * pcb, err_t (* accept)(void * arg, struct tcp_pcb * new-pcb, err_t err))
参数	pcb：指定一个处于监听状态的连接 accept：指定连接接通后将要调用的回调函数
返回	无

7）函数 tcp_connect()

请求参数 pcb 指定的连接连接到远程主机，并发送打开连接的最初的 SYN 段。函数 tcp_connect()调用后立即返回，它并不会等待连接正确建立。如果连接正确建立，那么它会直接调用第四个参数（connected 参数）指定的函数；相反地，如果连接没有正确建立，则原因可能是远程主机拒绝连接，也可能是远程主机不应答，无论是什么原因，都会调用 connected 函数来设置相应的参数 err。该函数的详细描述请见表 10.8。

表 10.8 函数 tcp_connect()

函数名称	tcp_connect()
功能	请求指定的连接连接到远程主机，并发送打开连接的最初的 SYN 段

函数名称	tcp_connect()
原型	err_t tcp_connect(struct tcp_pcb * pcb, struct ip_addr * ipaddr, u16_t port, err_t (* connected)(void * arg, struct tcp_pcb * tpcb, err_t err))
参数	pcb:指定一个连接(pcb) ipaddr:指定连接远程主机的 IP 地址 port:指定连接远程主机的端口号 connected:指定连接正确建立后调用的回调函数
返回	ERR_MEM:当访问 SYN 段的内存不可用时,即连接没有成功建立 ERR_OK:当 SYN 被正确地访问时,即连接成功建立

3. TCP 数据发送函数

LwIP 通过调用函数 tcp_write()来发送 TCP 数据。当数据被成功地发送到远程主机后,应用程序将会收到应答,从而调用一个指定的回调函数。

1) 函数 tcp_write()

该函数的功能是发送 TCP 数据,但并不是一经调用就立即发送数据,而是将指定的数据放入发送队列,由协议内核来决定是否发送。发送队列中可用字节的大小可以通过函数 tcp_sndbuf()重新获得。使用这个函数的一个比较恰当的方法是根据函数 tcp_sndbuf()返回的字节大小发送数据。如果函数返回 ERR_MEM,则应用程序就等待一会,直到当前发送队列中的数据被远程主机成功接收,然后再尝试发送下一个数据。该函数的详细描述请见表 10.9。

表 10.9　函数 tcp_write( )

函数名称	tcp_write()
功能	发送 TCP 数据
原型	err_t tcp_write(struct tcp_pcb * pcb, void * dataptr, u16_t len, u8_t copy)
参数	pcb:指定所要发送的连接(pcb) dataptr:是一个指针,它指向准备发送的数据 len:指定要发送数据的长度 copy:这是一个逻辑变量,它为 0 或者 1,它指定是否分配新的内存空间,而把要发送的数据复制进去。如果该参数为 0,则不会为发送的数据分配新的内存空间,因而对发送数据的访问只能通过指定的指针
返回	ERR_MEM:如果数据的长度超过了当前发送数据缓冲区的大小或者将要发送的段队列的长度超过了文件 lwipopts. h 中定义的上限(即最大值),则函数 tcp_write()调用失败,返回 ERR_MEMERR_OK:数据被正确地放入到发送队列中,返回 ERR_OK

2) 函数 tcp_sent ()

该函数用于设定远程主机成功接收数据后调用的回调函数,通常也在函数 tcp_listen()之后调用。该函数的详细描述请见表 10.10。

4. TCP 数据接收函数

TCP 数据的接收是基于回调函数的,当新的数据到达时,应用程序指定的回调函数将会被调用。当应用程序接收到数据后,它必须立即调用函数 tcp_recved()来指示接收数据的大小。

表 10.10　函数 tcp_sent()

函数名称	函数 tcp_sent()
功能	指定当远程主机成功接收数据后,应用程序调用的回调函数
原型	void tcp_sent(struct tcp_pcb * pcb, err_t (* sent)(void * arg,　struct tcp_pcb * tpcb, u16_t len))
参数	pcb:指定一个与远程主机相连接的连接(pcb) sent:指定远程主机成功地接收到数据后调用的回调函数。"len"作为参数传递给回调函数,给出上一次已经被确认的发送的最大字节数
返回	无

1) 函数 tcp_recv()

该函数用于指定当接收到新的数据时调用的回调函数,通常在函数 tcp_accept()指定的回调函数中调用。该函数的详细描述请见表 10.11。

表 10.11　函数 tcp_recv()

函数名称	tcp_recv()
功能	指定当接收到新的数据时调用的回调函数
原型	void tcp_recv (struct tcp_pcb * pcb, err_t (* recv)(void * arg,　struct tcp_pcb * tpcb, struct pbuf * p, err_t err))
参数	pcb:指定一个与远程主机相连接的连接(pcb) recv:指定当接收到新的数据时调用的回调函数。该回调函数可以通过传递一个 NULL 的 pbuf 结构用来指示远程主机已经关闭连接。如果没有错误发生,则回调函数返回 ERR_OK,并且必须释放 pbuf 结构。如果函数的调用发生错误,那么千万不要释放该结构,以便 LwIP 内核可以保存该结构,从而等待后续处理
返回	无

2) 函数 tcp_recved()

当应用程序接收到数据时,该函数必须被调用,用于获取接收到的数据的长度,即该函数应该在函数 tcp_recv()指定的回调函数中调用。该函数的详细描述请见表 10.12。

表 10.12　函数 tcp_recved()

函数名称	tcp_recved()
功能	获取接收到的数据的长度
原型	void tcp_recved(struct tcp_pcb * pcb, u16_t len)
参数	pcb:指定一个与远程主机相连接的连接(pcb) len:获取接收到的数据的长度
返回	无

5. 应用程序轮询工作原理及相关函数

当连接是空闲的时候(也就是说没有数据发送与接收),LwIP 将会通过一个回调函数来重复地轮询应用程序。这可以在连接保持空闲的时间太长时用作一个看门狗定时器来删除连接,也可以用作一种等待内存变为可用状态的方法。例如,如果因内存不可用而导致调用函数

tcp_write()失败,当连接空闲一段时间以后,应用程序就会利用轮询功能重新调用函数 tcp_write()。

当使用 LwIP 的轮询功能时必须调用函数 tcp_poll(),用于指定轮询的时间间隔及轮询时应该调用的回调函数。该函数的详细描述请见表 10.13。

表 10.13　函数 tcp_poll()

函数名称	tcp_poll()
功能	指定轮询的时间间隔及轮询应用程序时应该调用的回调函数
原型	void tcp_poll(struct tcp_pcb * pcb, err_t (* poll)(void * arg, struct tcp_pcb * tpcb), u8_t interval)
参数	pcb:指定一个连接(pcb) poll:指定轮询应用程序时应该调用的回调函数 interval:指定轮询的时间间隔。时间间隔应该以 TCP 的细粒度定时器为单位,典型的设置是每秒两次。把参数 interval 设置为 10 意味着应用程序将每 5 秒被轮询一次
返回	无

6. 关闭与中止连接的函数

1) 函数 tcp_close()

该函数用于关闭一个指定的 TCP 连接。调用该函数后,TCP 将会释放一个连接。该函数的详细描述请见表 10.14。

表 10.14　函数 tcp_close()

函数名称	tcp_close()
功能	关闭一个指定的 TCP 连接,调用该函数后,TCP 代码将会释放(删除)pcb 结构
原型	err_t tcp_close(struct tcp_pcb * pcb)
参数	pcb:指定一个需要关闭的连接(pcb)
返回	ERR_MEM:当需要关闭的连接没有可用的内存时,该函数返回 ERR_MEM。如果这样,应用程序将通过事先确立的回调函数或者轮询功能来等待及重新关闭连接 ERR_OK:连接正常关闭

2) 函数 tcp_abort()

该函数通过向远程主机发送一个 RST(复位)段来中止连接。pcb 结构将会被释放。该函数是不会失败的,它一定能实现中止的目的。该函数的详细描述请见表 10.15。

表 10.15　函数 tcp_abort()

函数名称	tcp_abort()
功能	中止一个指定的连接(pcb)
原型	void tcp_abort(struct tcp_pcb * pcb)
参数	pcb:指定一个需要关闭的连接(pcb)
返回	无

如果连接因一个错误而中止,则应用程序会通过回调函数灵敏地处理这个事件。通常发送错误引起的连接中止都是内存资源短缺造成的。设置处理错误的回调函数是通过函数 tcp _err( )来完成的。

3）函数 tcp_err( )

该函数用于指定处理错误的回调函数。一个可靠、优秀的应用程序一般都要处理可能出现的错误,如内存不可用等,这就需要调用该函数来指定一个回调函数以获取错误信息。该函数的详细描述请见表 10.16。

表 10.16　函数 tcp_err( )

函数名称	tcp_err( )
功能	指定处理错误的回调函数
原型	void tcp_err(struct tcp_pcb * pcb,　void (* err)(void * arg, err_t err))
参数	pcb:指定需要处理的发送错误的连接(pcb) err:指定发送错误时调用的回调函数。因为 pcb 结构可能已经被删除了,所以在处理错误的回调函数中 pcb 参数不可能传递进来
返回	无

7. 底层 TCP 接口

TCP 在系统的底层为我们提供了一个简单的接口。在系统初始化的过程中,函数 tcp_init( )必须在调用其他的 TCP 函数之前被首先调用。另外,在系统正常运行的过程中,两个定时器函数 tcp_fasttmr( )和 tcp_slowtmr( )必须以固定的时间间隔有规律地被调用。函数 tcp_fasttmr( )应该每 TCP_FAST_INTERVAL 毫秒被调用一次,而函数 tcp_slowtmr( )应该每 TCP_SLOW_INTERVAL 毫秒被调用一次(常量 TCP_FAST_INTERVAL 和 TCP_SLOW_INTERVAL 都在文件 tcp. h 中定义)。上面这几个函数的调用都在系统初始化的过程中完成,并且需要用到一个硬件定时器,用来处理周期性的事件。

8. UDP 接口函数

UDP 接口与 TCP 接口比较相似,但其复杂性相对较低,这就意味着 UDP 接口将会非常简单。

1）函数 udp_new( )

该函数的作用是建立一个用于 UDP 通信的 UDP 控制块(pcb),但是这个 pcb 并没有被激活,除非该 pcb 已经被绑定到一个本地地址上或者连接到一个固定地址的远程主机。在定义一个 udp_pcb 控制块后,该函数应该首先被调用,以建立该控制块的连接标志。该函数的详细描述请见表 10.17。

表 10.17　函数 udp_new( )

函数名称	udp_new( )
功能	建立一个用于 UDP 通信的 UDP 控制块(pcb)
原型	struct udp_pcb * udp_new(void)
参数	无
返回	udp_pcb:建立的 UDP 连接的控制块(pcb)

2）函数 udp_remove( )

该函数用于删除一个指定的连接。通常,控制块建立成功后,即在函数 udp_new( )调用之后,当不需要网络连接来通信时,就需要将其删除,以释放该连接(pcb)所占用的资源。该函数的详细描述请见表 10.18。

表 10.18　函数 udp_remove()

函数名称	udp_remove()
功能	删除并释放一个 udp_pcb
原型	void udp_remove(struct udp_pcb * pcb)
参数	pcb:指定要删除的连接(pcb)
返回	无

3)函数 udp_bind()

该函数用于为指定的连接绑定本地的 IP 地址和端口号,用户可以将其绑定在任意一个本地的 IP 地址上,它也只能在函数 udp_new()调用之后才能调用。该函数的详细描述请见表 10.19。

表 10.19　函数 udp_bind()

函数名称	udp_bind()
功能	为指定的连接绑定本地 IP 地址和端口号
原型	err_t udp_bind(struct udp_pcb * pcb,　struct ip_addr * ipaddr, u16_t port)
参数	pcb:指定一个连接(pcb) ipaddr:绑定的本地 IP 地址。如果为 IP_ADDR_ANY,则将连接绑定到所有的本地 IP 地址上 port:绑定的本地端口号。注意:千万不要和其他的应用程序产生冲突
返回	ERR_OK:正确地绑定了指定的连接 ERR_USE:指定的端口号已经绑定了一个连接,产生了冲突

4)函数 udp_connect()

该函数将参数 pcb 指定的连接控制块连接到远程主机。由于 UDP 通信是面向无连接的,所以这个函数不会涉及任何的网络流量(网络数据收发),仅仅是设置了一个远程连接的 IP 地址和端口号。该函数的详细描述请见表 10.20。

表 10.20　函数 udp_connect()

函数名称	udp_connect()
功能	将参数 pcb 指定的连接控制块连接到远程主机
原型	err_t udp_connect(struct udp_pcb * pcb, struct ip_addr * ipaddr, u16_t port)
参数	pcb:指定一个连接(pcb) ipaddr:设置连接的远程主机 IP 地址 port:设置连接的远程主机端口号
返回	ERR_OK:正确连接到远程主机 其他值:LwIP 的一些错误代码标志,表示连接没有正确建立

5)函数 udp_disconnect()

该函数用于关闭参数 pcb 指定的连接,同函数 udp_connect()作用相反。由于 UDP 通信是面向无连接的,所以这个函数同样不会涉及任何的网络流量((网络数据收发),仅仅是删除了远程连接的地址。该函数的详细描述请见表 10.21。

表 10.21　函数 udp_disconnect( )

函数名称	udp_disconnect( )
功能	关闭参数 pcb 指定的连接,同函数 udp_connect( )作用相反
原型	void udp_disconnect(struct udp_pcb * pcb)
参数	pcb:指定要删除的连接(pcb)
返回	无

6) 函数 udp_send( )

该函数使用 UDP 协议发送 pbuf p 指向的数据,在需要发送数据时调用。数据发送后,pbuf 结构并没有被释放。调用该函数后,数据包将被发送至 pcb 中的当前指定的 IP 地址和端口号上。如果该 pcb 没有连接一个固定的端口号,那么该函数将会自动随机地分配一个端口号,并将数据包发送出去。通常,在调用该函数前都会先调用函数 udp_connect( )。该函数的详细描述请见表 10.22。

表 10.22　函数 udp_send( )

函数名称	udp_send( )
功能	使用 UDP 协议发送 pbuf p 指向的数据
原型	err_t udp_send(struct udp_pcb * pcb, struct pbuf * p)
参数	pcb:指定发送数据的连接(pcb) p:包含需要发送数据的 pbuf 链
返回	ERR_OK:数据包成功发送,没有任何错误发生 ERR_MEM:内存不可用 ERR_RTE:不能找到到达远程主机的路由 其他值:其他的一些错误码,都表示发送错误

7) 函数 udp_sendto( )

该函数同函数 udp_send( )的作用一样,但是它指定了发送的目的主机的 IP 地址和端口号,相当于函数 udp_connect( )和函数 udp_send( )合在一起使用的效果。但是,如果在调用该函数前已经调用过函数 udp_connect( ),那么发送目的主机的 IP 地址和端口号将以该函数指定的为准,由函数 udp_connect( )指定的将会被刷新。该函数的详细描述请见表 10.23。

表 10.23　函数 udp_sendto( )

函数名称	udp_sendto( )
功能	向具有指定的 IP 地址和端口号的远程主机发送 UDP 数据
原型	err_t udp_sendto(struct udp_pcb * pcb, struct pbuf * p, struct ip_addr * dst_ip, u16_t dst_port)
参数	pcb:指定发送数据的连接(pcb) p:包含需要发送数据的 pbuf 链 dst_ip:发送数据的远程主机 IP 地址 dst_port:发送数据的远程主机端口号
返回	无

8）函数 udp_recv()

该函数用于指定接收到新的 UDP 数据报时被调用的回调函数。回调函数的参数将传递进远程主机的 IP 地址、端口号及接收到的数据等信息。该函数的详细描述请见表 10.24。

表 10.24　函数 udp_recv()

函数名称	udp_recv()
功能	指定接收到 UDP 数据报时被调用的回调函数
原型	void udp_recv(struct udp_pcb * pcb, void (* recv)(void * arg, struct udp_pcb * upcb, struct pbuf * p, struct ip_addr * addr, u16_t port), void * recv_arg)
参数	pcb：指定一个连接（pcb） recv：指定接收到数据报时的回调函数 recv_arg：传递给回调函数的参数
返回	无

10.4　以太网在发射系统健康诊断中的应用

电磁发射系统需要监测的内部健康状态量比较多，结合系统的功能设备组成，需要监测的状态量包括前述的分段供电开关状态、开关驱动电路温/湿度状态等，还需要监测系统中的电机状态及水温、振动和绝缘等状态。以飞轮储能分系统中监控分系统的相关数据为例，可进行数据表设计，如表 10.25 所示。

表 10.25　飞轮储能设备的相关数据

参数	励磁绕组温度	转速	入口水温	出口水温	励磁电流	母线电压	轴瓦振动	输出电压	入口水流量	出口水流量
1										
2										

对应的数据格式如下。

数据包：CA 16 01 01 00 01 52 03 16 00 01 01 51 03 15 00 02 01 53 03 14 00 03 01 52 03 15 00 DD。含义：CA 表示包头；16 表示发送 22 字节数；01 表示储能分系统；01 表示监控分系统；其他为表中数据，每个参数均包括两个字节，分为高 8 位和低 8 位，所有信息按照阶码 2 进行处理；DD 表示累加和低 8 字节。

具体的 UDP 发送程序如下。

```
//定义网络通信的 IP 地址、网关、子网掩码
#define My_Mac_ID{0X00,0x14,0x97,0x0F,0x1D,0x26}
#define IP_MARK_ID{255,255,255,0}        //255.255.255.0,子网掩码
#define MY_IP_ID{192,168,1,38}           //以太网通信的 IP 地址
#define MY_GATEWAY_ID  {192,168,1,254}

#include <includes.h>

const static int8 UDPData[24]={0x00};
```

```
void  Delay(unsigned long  ulVal)
{
    while(--ulVal  !=0);
}

int main()
{
  targetInit();
  InitNic();

  struct udp_pcb *UdpPcb;
  struct ip_addr ipaddr;
  struct pbuf *p;

  UDPData[0]=0xca;
  UDPData[1]=0x16;
  UDPData[2]=0x01;
  UDPData[3]=0x01;
  DATA_INFO(UDPData,16);
  UDPData[23]=SUM(UDPData,22)&&0xFF;
  p= pbuf_alloc(PBUF_RAW,sizeof(UDPData),PBUF_RAM);
  p->payload= (void*)UDPData;
  IP4_ADDR(&ipaddr,192,168,1,105);
  UdpPcb=udp_new();
  udp_bind(UdpPcb,IP_ADDR_ANY,1026);
  udp_connect(UdpPcb,&ipaddr,8080);
  while(1)
  {
    udp_send(UdpPcb,p);
    Delay(1000000UL);

  }
}
```

小　　结

本章主要介绍了以太网接口通信,主要针对 LwIP 进行了说明,包括 UDP 服务器通信、UDP 客户端通信、TCP 客户端通信等。

习　　题

1. 在电磁发射的健康网络中,为什么不采用 CAN 总线来代替以太网?
2. 以太网的 TCP/IP 网络分层结构取了 OSI 模型的哪几层? 每层的作用是什么?
3. UDP 协议在网络分层中的哪一层? UDP 首部是怎样定义的?
4. 简述以太网数据帧的分用过程。
5. 简述 Stellaris 系列以太网的特点。

第 11 章　DSP 基础及入门

本书前面分别介绍了 PLC 和 ARM，接下来将简要介绍 DSP。对电磁弹射中嵌入式控制器的应用来说，无论是飞轮储能中拖动电机的调速控制还是后端直线电机的逆变控制，都离不开 DSP 微控制器的身影。本章内容围绕电磁弹射中所采用的 F28335 控制芯片展开，介绍它的特点、存储空间等。

11.1　DSP 概述

DSP，一般指 digital signal processing，即数字信号处理，或者指 digital signal processor，即数字信号处理器。本书主要针对后者进行描述。

在 DSP 出现之前，数字信号处理只能依靠 MPU（微处理器）来完成，但 MPU 较低的处理速度无法满足高速实时的要求。DSP 的历史最早可以追溯到 1978 年。在这一年，Intel 公司发布了一种"模拟信号处理器"——2920 处理器。它包含一组带有一个内部信号处理器的片上 ADC/DAC（模拟数字转换器/数字模拟转换器），但由于它不含硬件乘法器，因此在市场上销售并不成功。1979 年，AMI 公司发布了 S2811 处理器，它被设计成微处理器的周边装置，必须由主处理器初始化后才能工作。S2811 处理器在市场上也不成功。1979 年，贝尔实验室发表了第一款单芯片 DSP，即 Mac4 型微处理器。1980 年，IEEE 国际固态电路会议上出现了第一批独立、完整的 DSP，它们是 NEC 公司的 μPD7720 处理器和 AT&T 公司的 DSP1 处理器。1983 年，TI 公司生产的第一款 DSP TMS32010 取得了巨大的成功。时至今日，TI 公司已成为通用 DSP 市场的龙头企业。

DSP 进行数字信号处理的简单过程如图 11.1 所示。

图 11.1　DSP 进行数字信号处理的简单过程

DSP 所能处理的信号都是数字信号，所以为了接收并处理现实世界中的模拟信号，首先需要通过由传感器、滤波器和运算放大器所组成的信号处理电路对这些模拟信号进行转换和滤波，然后送入模拟数字转换器（ADC）进行采样和处理，将其转换为 DSP 可以处理的信号。DSP 完成算法的执行，既可以把数字信号通过数字通信的方式，例如 RS-232、CAN 通信等，送入其他的数字系统，又可以把数字信号通过数字模拟转换器（DAC），转换为模拟信号输出到现实世界中。这里所讲的 DAC 并不一定局限于一个 DAC 转换芯片，而是代表一种转换机制。例如在电机控制系统中，在控制算法计算得到开关器件的占空比之后，通过脉冲宽度调制

(PWM)技术来控制变频器,从而达到控制电机中电压的目的。

区别于传统的 CPU 和 MCU 等处理芯片,现代 DSP 一般具有以下特点。

1. 哈佛结构或者改进的哈佛结构

传统的通用 CPU 大多采用冯·诺依曼结构,片内的指令空间和数据空间共享存储空间,并使指令和数据共享同一总线,使得信息流的传输成为计算性能的瓶颈,影响了数据处理的速度。哈佛结构是指程序和数据空间独立的体系结构,目的是减轻程序运行时的访存瓶颈,其数据和指令的储存可同时进行,且指令和数据可有不同的数据宽度。改进的哈佛结构增加了公共数据总线,在数据空间、程序空间与 CPU 之间进行分时复用。举例说明哈佛结构的优势:最常见的卷积运算中,一条指令同时取两个操作数,在流水线处理时,同时还有一个取指操作,如果程序和数据通过一条总线访问,取指和取数必会产生冲突,而这对大运算量循环执行的效率是非常不利的,哈佛结构则能基本上解决取指和取数的冲突问题。

2. 多级流水线技术

典型情况下,完成一条指令需要 3 个步骤,即取指令、指令译码和执行指令,通常的流程需要数个机器周期才能完成。流水线技术(pipeline)是指在延时较长的组合逻辑(一般是多级组合逻辑)中插入寄存器,将较长的组合逻辑拆分为多个较短的组合逻辑,以提高设计的执行效率。

3. 乘积累加(MAC)运算

通过分析常见的数字信号处理算法,可以发现,大量消耗处理器资源的主要是卷积运算、点积运算和矩阵多项式的求值运算等,其中最普遍的操作为乘法和累加操作。在现代 DSP 中,普遍内置了 MAC 硬核,可以在一个指令内完成取操作数、相乘并累加的过程,从而极大地提高矩阵运算的效率。

4. 特殊的指令

为了更好地实现数字信号处理的相关算法,DSP 一般带有一些特殊指令,例如常见的蝶形运算指令等。TI 公司的 F28335 系列 DSP 带有大量的特殊指令,例如 MOVAD 指令,该指令可以一次性完成加载操作数、移位和累加等多个功能。

5. 专门的外设

早期出现的 DSP 芯片中,片上外设资源并不丰富,需要在片外集成其他专用芯片以扩展功能。随着芯片设计工艺的进步,现在的 DSP 芯片已经集成了大量的片上外设,极大地简化了系统设计。例如,TI 公司的 C2000 系列 DSP 一般都集成了片上 ADC、PWM、SCI、SPI、CAP、QEP、McBSP 等多种常用外设,以满足复杂控制系统的要求。

目前,高性能电机控制应用一般都使用了 PWM 技术。在一个 PWM 开关周期内,数据采集、状态观测、信号滤波、坐标系变换、调节器控制、PWM 产生、通信处理和故障保护等操作对数据处理的实时性要求很高,其数据更新周期一般为几千赫兹,甚至更高;此外,这些操作对数据精度、片上的外设集成等也有较高的要求。为此,多个芯片厂商都推出了专用的电机控制芯片。除了市场占有率较高的 TI C2000 系列之外,还有 ADI 公司的 Blackfin 处理器家族中的 BF50x 系列、Freescale 公司的 MC56F800x/56F801x/56F802x/56F803x/56F824x/MC56F825x 系列等。此外,随着技术的进步,带有大量并行逻辑、片上系统并集成大量电机控制 IP 核的中高端 FPGA 也逐渐进入电机控制领域,如 Xilinx 公司的 Spartan6、Zynq7000 系列 FPGA 等,当然其性价比目前还无法与 DSP 的相媲美。

11.2　F28335 简介

11.2.1　F28335 集成的外设

F28335 作为 Delfino 系列的一员，是由 C2000 DSP 发展而来的。外设（peripherals）是 DSP 芯片上除了 CPU、存储单元之外的，可以实现一些与外部信号交互的单元；如果芯片内部没有这些外设，那么在实现相应的功能时，就需要在 DSP 芯片外使用额外的芯片来处理。例如，F28335 内部若有 ADC 模块，则可以直接利用它进行模拟量的采集；F28335 内部若没有集成 DAC 模块，则想要实现模拟量输出，就需要使用外部的独立芯片或者处理电路。作为一款面向高性能控制的 DSP，F28335 集成了控制系统中所必需的所有外设，主要包含以下几种。

（1）ePWM：6 个增强的 PWM 模块，包括 ePWM1、ePWM2、ePWM3、ePWM4、ePWM5、ePWM6；相对于 F2812 的两组事件管理器，ePWM 可以单独控制各个引脚，功能更强大。

（2）eCAP：增强的捕捉模块，包括 eCAP1、eCAP2、eCAP3、eCAP4、eCAP5、eCAP6。

（3）eQEP：增强的正交编码模块，包括 eQEP1 和 eQEP2，可接两个增量编码器。

（4）ADC：增强的 A/D 采样模块，具有 12 位精度、16 位通道、80 ns 的转换时间。

（5）Watchdog Timer：1 个看门狗模块

（6）McBSP：两个多通道串行缓存接口，包括 McBSP-A 和 McBSP-B，可以连接一些高速的外设，比如音频处理模块等。

（7）SPI：1 个串行外设接口，可以连接许多具有 SPI 的外设芯片，比如 DAC 芯片 TLC7724 等。

（8）SCI：3 个串行通信接口，包括 SCI-A、SCI-B 和 SCI-C，主要完成 UART 功能。可外接电平转换电路，例如 232 电平转换芯片，就可实现 RS-232 通信。

（9）I^2C：集成电路模块总线，可以连接具有 I^2C 接口的芯片，其优点是连线少，使用方便。

（10）CAN：2 个增强的控制局域网功能，包括 eCAN-A 和 eCAN-B。

（11）GPIO：增强的通用 I/O 接口。通过相应的控制寄存器，可以在一个引脚上分别切换 3 种不同的信号模式。

（12）DMA：6 通道直接存储器存取，可不经过 CPU 而直接与外设、存储器进行数据交换，减轻了 CPU 的负担，同时提高了效率。

F28335 的内部总线结构如图 11.2 所示。

11.2.2　F28335 的主要特性

F28335 集成了大量的外设供控制使用，又具有微控制器（MCU）的功能；它还兼有 RISC 处理器的代码密度（RISC 的特点是单周期指令执行，寄存器到寄存器操作，以及改进的哈佛结构、循环寻址）和 DSP 的执行速度。除此之外，其开发过程与微控制器的开发过程又比较相似（微控制器的功能包括易用性、直观的指令集、字节包装和拆包及位操作），其处理能力强大，片上外设丰富，在高性能的电机控制领域中呈现出迅猛的发展趋势。该系列的主要特性如下。

（1）高性能静态 CMOS 技术。

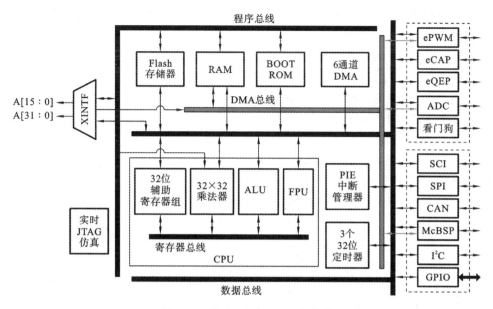

图 11.2　F28335 的内部总线结构

① 主频最高达 150 MHz(6.67 ns 时钟周期);

② 1.9 V/1.8 V 内核,3.3 V I/O 设计。

(2) 高性能 32 位 CPU(TMS320F28335)。

① IEEE-754 单精度浮点单元(FPU);

② 16×16 和 32×32 介质访问控制(MAC)运算;

③ 16×16 双 MAC 哈佛总线架构;

④ 快速中断响应和处理;

⑤ 统一存储器编程模型和高效代码(使用 C/C++和汇编语言)。

(3) 6 通道 DMA 处理器(用于 ADC、McBSP、ePWM、XINTF 和 SARAM)。

(4) 16 位或 32 位外部接口(XINTF):可处理超过 2M×16 地址范围。

(5) 片内存储器。

① F28335 含有 256K×16 位闪存,34K×16 位 SARAM;

② F28334 含有 128K×16 位闪存,34K×16 位 SARAM;

③ F28332 含有 64K×16 位闪存,26K×16 位 SARAM;

④ 1K×16 位一次性可编程(OTP)ROM。

(6) 引导 ROM(8K×16 位):支持软件引导模式(通过 SCI、SPI、CAN、I²C、McBSP、XINTF 和并行 I/O),支持标准数学表。

(7) 时钟和系统控制:支持动态锁相环(PLL)比率变化、片载振荡器、安全装置定时器模块。

(8) GPIO0~GPIO63 引脚可以连接到 8 个外部内核中断中的一个。

(9) 可支持全部 58 个外设中断的外设中断扩展(PIE)块。

(10) 128 位安全密钥/锁:保护闪存/OTP/RAM 模块,防止固件逆向工程。

(11) 增强型控制外设。

① 多达 18 个脉宽调制输出;

② 高达 6 个支持 150ps 微边界定位(MEP)的高分辨率脉宽调制器(HRPWM)输出;

③ 高达 6 个事件捕捉输入;

④ 2 个正交编码器接口;

⑤ 高达 8 个 32 位定时器(6 个 eCAP 及 2 个 eQEP);

⑥ 高达 9 个 32 位定时器(6 个 ePWM 及 3 个 XINTCTR)。

(12) 3 个 32 位 CPU 定时器。

(13) 串行端口外设。

① 2 个控制器局域网(CAN)模块;

② 3 个 SCI(UART)模块;

③ 2 个 McBSP 模块(可配置为 SPI);

④ 1 个 SPI 模块;

⑤ 1 个内部集成电路(I^2C)总线。

(14) 12 位模拟数字转换器(ADC),16 个通道。

① 80 ns 转换率;

② 2×8 通道输入复用器;

③ 两个采样保持;

④ 单一/同步转换;内部或者外部基准。

(15) 多达 88 个具有输入滤波功能、可单独编程的多路复用通用输入/输出(GPIO)引脚。

(16) JTAG 边界扫描支持 IEEE 标准 1149.1—1990 的标准测试端口和边界扫描架构。

(17) 高级仿真特性:分析和断点功能;借助硬件的实时调试。

(18) 开发支持包括:ANSI C/C++编译器/汇编语言/连接器,Code Composer Studio IDE,DSP/BIOS,数字电机控制和数字电源软件库。

(19) 低功耗模式和省电模式。

① 支持 IDLE(空闲)、STANDBY(待机)、HALT(暂停)模式;

② 可禁用独立外设时钟。

F28335 存储器及片上外设如图 11.3 所示。

11.3　F28335 存储空间及 CMD 文件

11.3.1　F28335 存储空间

F28335 的存储空间被划分为程序存储空间与数据存储空间,其中一些存储器既可用于存储程序,也可用于存储数据。一般而言,F28335 DSP 上的存储介质有以下几种。

(1) Flash 存储器:可以把程序烧写到 Flash,从而脱离仿真器运行;此外,进行 Flash 烧写时可以把特定的加密位一起烧写,达到保护知识产权的目的。

(2) 单周期访问 RAM(single access RAM,SARAM):在单个机器周期内只能访问一次的 RAM。

(3) OTP(one time programmable,一次编程):只能写入一次的非挥发性内存,适用于工厂大批量烧写。

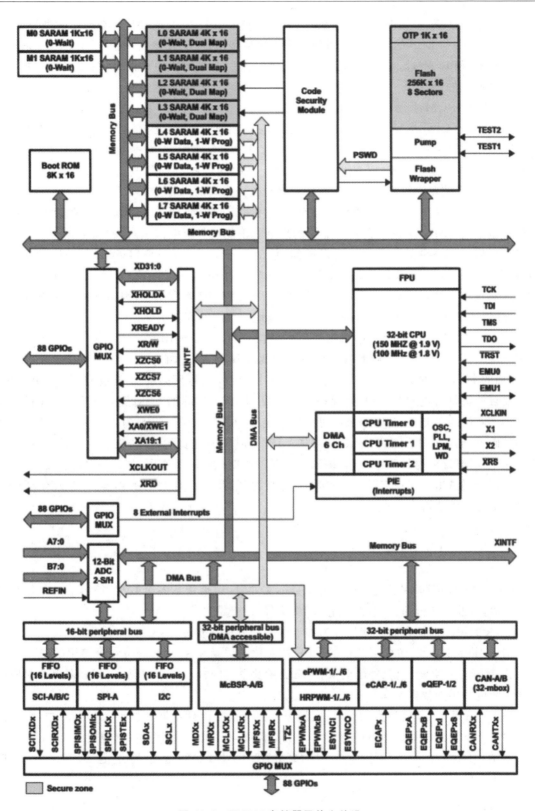

图 11.3　F28335 存储器及片上外设

（4）片外存储：在片内资源不够的时候，可以外扩 Flash 和 RAM，此类产品的型号很多，选择余地较大；与 DSP 的连接方式可以选择直接连接地址线、数据线，也可以用 CPLD 来辅助完成片选等操作。不过，片外存储器的读/写延时比片上存储器的大得多，在使用时需要考虑它对程序性能的影响。

（5）Boot ROM：厂家预先固化好的程序。

F28335 的 CPU 本身不包含专门的大容量存储器，但是 DSP 内部本身集成了片内的存储器，CPU 可以读取片内集成与片外扩展的存储。F28335 使用 32 位数据地址线与 22 位程序地址线，从而可寻址 4GW（W 表示字；1 字＝16 位）的数据存储器与 4MW 的程序存储器。F28335 上的存储器模块都是统一映射到程序与数据空间的，如图 11.4 所示。

其中，M0、M1、L0～L7 为用户可以直接使用的 SARAM，可以将代码、变量、常量等存于其地址范围内。XINTF 对应外部存储器的地址。不能对保留空间进行操作，否则会引起不可预料的后果。有一些空间是被密码保护的，包括 L0、L1、L2、L3、OTP、Flash、ADC CAL 和 Flash PF0。L4、L5、L6、L7、XINNTE Zone0/6/7 这些空间是可以被 DMA 访问的。L0、L1、L2、L3 是双映射的，这个模式主要是与 F281x 系列的 DSP 兼容用的，因为 F2812 的存储空间相较 F28335 的要小，前者只含有相当于后者低地址范围的存储空间。

TI 公司的绝大多数 DSP 中都有代码安全模块（code security module，CSM）。在 C2000 DSP F204x 系列中，带加密功能的芯片型号后面都有个 A，比如 TMS320LF2407A、LF2406A 等；后面的 F28335 的 DSP 都含有 CSM 加密模块，所以型号里面的 A 被省略了。使用 CSM 的主要目的就是防止逆向工程，并保护知识产权，即 IP。实际的 CSM 是位于 Flash 中的一段长度为 128 位的存储空间，密码长度可由用户定义，长度为 128 位，则有 $2^{128}=3.4\times10^{38}$ 种可能的密码组合，假如采用枚举符试算，再加上读/写时钟所耗费的时间，破解几乎是不可能的。比如在 150 MHz 的时钟频率下，如果每 8 个时钟周期试验一组密码，那么最多需要 5.8×10^{23} 年才能把密码试出来。在烧写 Flash 时，一定要注意 CSM 位所烧写的内容，一旦忘记所烧写的密码则芯片无法再次烧写。

11.3.2　CMD 文件

CMD 文件是编译完成之后链接各个目标文件时，用来指示各个数据、符号等是如何划分到各个段，以及每个段所使用的存储空间的文件。

C28x 的编译器把存储空间划分为如下两个部分进行管理。

① 程序存储空间：包含可执行的代码、初始化的记录和 switch-case 指令使用的表。

② 数据存储空间：包含外部变量、静态变量及系统的栈。一般情况下，各个寄存器对应的存储空间也归类为数据空间。

为了方便管理，不同种类的代码、变量等往往又被分配到不同的段（section）之中，则存储空间的划分就转换为对段地址的分配问题了。例如，在下面的代码中，就规定了 .text 这个段会存放在 RAM 中 Page0 下面的 RAML1 中，RAML1 的起始地址是 0x009000，长度是 0x001000。

```
MEMORY
{
//省略不相关的代码
```

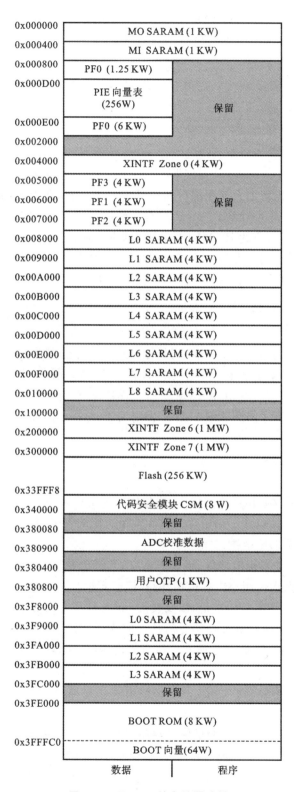

图 11.4　F28335 的存储器映射

```
PAGE 0:
        RAML1:origin=0x009000,length=0x001000
        RAML2:origin=0x00A000,length=0x001000
//省略不相关的代码
SECTIONS
{
//省略不相关的代码
    .text:>RAML1. PAGE=0
//省略不相关的代码
}
```

如果用户代码尺寸因特别大而无法存储在某个段中,例如在上面的例子中,产生.text 的实际大小是 size xxx,但是 RAML1 的 size 只有 yyy 这样比较小的空间,以至于无法生成输出文件,此时可以增大上面对应的 RAML1 的长度,即 length,使得.text 段所分配的地址空间变大。但是 RAML1 地址空间扩大挤占了 RAML2 的空间,导致地址重叠,此时 RAML2 的起始位置要后移,其长度也要相应地缩减,才能不产生地址覆盖错误。修改之后可以为

```
RAML1:origin=0x009000,length=0x001500
RAML2:origin=0x00A500,length=0x000500
```

还有一个解决方法则是把.text 分配到其他更长的地址空间里去;如果没有现成的地址范围比较长的段,也可以合并现有的段。比如,把 RAML2 删除,把它的地址全部合并到 RAML1 中去,而.text 还是分配在 RAML1 中,这样就没有问题了。注意,只有 RAML2 在没有被任何段使用的情况下才能删除 RAML2,否则编译、链接的时候会出现其他的段找不到对应的存储单元的提示。

下面解释各个段的含义。

1. 初始化的段

初始化的段包含了数据和可执行代码,通常情况下是只读的。

(1).cinit 和.pinit。包含了初始化变量和常量所用的表格,是只读的。C28x.cinit 被限制在 16 位范围内,即低 64K 范围。

(2).const。包含了字符串常量、字符串文字、选择表及使用.const 关键字定义(但是不包括 volatile 类型,并假设使用小内存模型)的只读型变量。

(3).econst。包含了字符串常量,以及使用 far 关键字定义的全局变量和静态变量。

(4).switch。存放 switch-case 指令所使用的选择表。

(5).text。通常是只读的,包含所有可执行的代码,以及编译器编译产生的常量。

2. 无初始化的段

无初始化的段虽然不会被初始化,但是仍然需要在存储单元(一般是 RAM)中保留相关的地址空间

(1).bss。为全局变量和静态变量保留存储空间。在启动或者程序加载的时候,C/C++ 的启动程序会把.cinit 段中的数据(一般存放在 ROM 中)复制到.bss 段中。

(2).ebss。为 far 关键字定义(仅适用于 C 代码)的全局变量和静态变量保留存储空间。在启动或者程序加载的时候,C/C++ 的启动程序会把.cinit 段中的数据(一般存放在 ROM 中)复制到.ebss 段中。

（3）.stack。默认情况下,栈(stack)保存在.stack 段中(参考 boot.asm),这个段用来为栈保留存储空间。栈的作用主要有:

① 保留存储空间,用于存储传递给函数的参数;

② 为局部变量分配相关的地址空间;

③ 保存处理器的状态;

④ 保存函数的返回地址;

⑤ 保存某些临时变量的值。

需要注意的是,.stack 段只能使用低 64K 地址的数据存储单元,因为 CPU 的 SP(堆栈)寄存器是 16 位的,它无法读取超过 64K 的地址范围。此外,编译器无法检查溢出错误(除非自己编写某些代码来检测),这将导致错误的输出结果,所以要为其分配一个相对较大的存储空间,它的默认值是 1KW。改变栈的大小的操作可以通过编译器选项 stack_size 来完成。

（4）.sysmem。为动态内存分配保留存储空间,从而为 malloc、calloc,realloc 和 new 等动态内存分配程序服务。如果这几个动态内存管理函数没有在 C/C++代码中用到的话,则不需要创建.sysmem 段。

此外,经常提到的"堆"(heap)是用来做动态内存分配的,因为在 DSP 上 RAM 资源仍然是相对宝贵的,所以堆占用的存储空间不能无限扩展,对于 near 关键字修饰的堆,其占用的地址空间最大只能到 32KW;对于 far 关键字修饰的堆,它使用的存储空间由编译器自动设置,默认只有 1KW。

（5）.esysmem。为 far malloc 函数分配动态存储空间。如果没有用到这个函数,则编译器不会自动创建.esysmem 段。

汇编器会自动创建.text、.bss 和.data 三个段。可以使用 # pragma CODE_SECTION 和 # pragma DATA_SECTION 来创建更多的段。默认情况下,各个段所默认分配的存储空间如表 11.1 所示(可根据需要进行更改)。

表 11.1　各个段所默认分配的存储空间

段	存储类型	页	段	存储类型	页
.bss	RAM	1	.esysmem	RAM	1
.cinit	ROM 或 RAM	0	.pinit	ROM 或 RAM	0
.const	ROM 或 RAM	1	.stack	RAM	1
.data	RAM		.switch	ROM 或 RAM	0,1
.ebss	RAM		.sysmem	RAM	1
.econst	ROM 或 RAM	1	.text	ROM 或 RAM	0

最后,以一个 ADC 寄存器对应的内存地址分配的例子,来看看 CMD 文件是如何完成的(事实上所有寄存器的内存地址已经分配在 TI 的外设和头文件包中,这里只是演示)。

首先,在使用寄存器(或自定义的变量)的头文件或者源程序里,为寄存器(或自定义的变量)指定一个自定义的段:

```
#ifdef_cplusplus
    #pragma DATA_SECTION("AdcRegsFile")
#else
```

```
    #pragma DATA_SECTION(AdcRegs, "AdcRegsFile");E
#endif
    volatilestruct ADC_REGS AdcRegs;        //使得结构体被分配在指定的段中
```

然后,在 CMD 文件中,在 SECTIONS 下把 AdcRegsFile 这个段分配到 ADC 这块内存区域中,并在 MEMORY 中定义 ADC 这块内存区域的起始位置和长度。

```
MEMORY
{
PAGE0;//*Program Memory*/
        /*省略不相关内容的显示*/
PAGE1;//*Data Memory*/
        /*省略不相关内容的显示*/
ADC:origin=0x007100,length=0x000020/*ADC registers*/
        /*省略不相关内容的显示*/
}
SECTIONS
{
    /*省略不相关内容的显示*/
    AdcRegsFile :>ADC, PAGE=1
    /*省略不相关内容的显示*/
}
```

以上是一个自定义段并制定内存区域的完整例子。如果不需要这样的自定义,则可以默认使用系统自带的 CMD 文件。

11.4　实时浮点库

为了方便用户更高效地编程,F28335 的 BootROM 中固化了常用的 FPU 数学表,称为 FPU 的快速实时支持库(fast run-time support(RTS) library)。其运算已经被高度优化,执行效率达到最优。其中包含如下三大类数学函数。

(1) 三角函数:atan、atan2、sin、cos、sincos(即结果同时输出正弦值与余弦值)。

(2) 平方根函数:sqrt、isqrt(平方根的倒数)。

(3) 除法运算:在程序中直接使用除法符号"/"即可。

11.4.1　编译前步骤

为了正常地调用上述函数,在程序编译之前首先要完成以下步骤。

(1) 升级 CCS 的 F28335 codegen tools 到 V5.0.2 及以上版本。如果安装了最新的 CCS 开发环境,则可以忽略此步骤。

(2) 在 TI 官方网站下载 F28335 FPU fastRTS library 的相关文件,解压之后得到说明文档、库文件、头文件及一个示例工程。将相关的头文件、库文件加入自己的工程之中。

(3) 在需要调用上述数学函数的地方,添加对文件 F28335_FPU_FastRTS.h 及 math.h 的引用。

（4）需要将 CCS 的编译选项修改为：

-g-o3-d"_DEBUG"-d"LARGE_MODEL"-ml-v28-float_support=fpu32

与未调用快速实时支持库的工程的主要区别在于：启用了最大程度的优化(-o3)，添加了 FPU 的支持(-float_support=fpu32)。

（5）在 CMD 文件中需要添加 FPU 数学表的地址定义，如下：

```
MEMORY
{
PAGE 0;
…
FPUTABLES:origin=0x3FEBDC, length=0x0006A0
…
}
SECTIONS
{
…
FPUmathTables:>FPUTABLES, PAGE=0, TYPE=NOLOAD
…
}
```

（6）各个数学函数的调用方法与普通的 C 程序中直接引用数学函数的方法基本一致，例如：

```
#include<math.h>
#include "F28335_FPU_FastRTS.h"
float32 atan2 (float32 X, float32 Y)
```

对除法的引用也十分简单，例如：

```
float32 X, Y, Z;
…
<Initialize X, Y>
…
Z=Y/X             //实质是内部调用了 FS$ $ DIV 函数
```

在调用 FPU 数学表时，各个函数的执行时间是确定的，根据程序存储位置是位于零等待 SARAM 中还是 BootROM 中，结果存在一定的差别，如表 11.2 所示。

表 11.2　FPU 数学表中函数的调用时间

数学函数与存储位置	零等待 SARAM	BootROM
atan	47	51
atan2	49	53
cos	38	42
division	24	24
isqrt	25	25
sin	37	41

续表

数学函数与存储位置	零等待 SARAM	BootROM
sin(cos)	44	50
sqrt	28	28

11.4.2　DSP 编程中的数据类型

DSP 在 C/C++编程中支持的数据类型如表 11.3 所示。

表 11.3　C28x DSP 在 C/C++编程中支持的数据类型

类　　型	位宽/bit	内部表示方法	最　小　值	最　大　值
char, signed char	16	ASCII	−32768	32767
unsigned char，_Bool	16	ASCII	0	65535
short	16	2 的补码	−32678	32767
unsigned short	16	二进制	0	65535
int，signed int	16	2 的补码	−32768	32767
unsigned int	16	二进制	0	65535
long, signed long	32	2 的补码	−2147483648	2147483647
unsigned long	32	二进制	0	4294967295
long long, signed long long	64	2 的补码	−9223372036854775808	9223372036854775807
unsigned long long	64	二进制	0	18446744073709551615
enum	16	2 的补码	−32768	32767
float	32	IEEE-754 32bit	1.19209290e-38	3.4028235e+38
double	32	IEEE-754 32bit	1.19209290e-38	3.4028235e+38
long double	64	IEEE-754 64bit	2.22507385e-308	1.79769313e+308
pointers	16	二进制	0	0xFFFF
far pointers	22	二进制	0	0x3FFFFF

注：(1) float、double 和 long double 显示的是最小的精度。

(2) 在 C28x DSP 中，一个字节(byte)是 16 个比特(bit)，即 16 位,这与通常在 PC 上讲的一个字节是 8 个比特的概念是不一样的,在计算时一定要注意。

(3) ANSI/ISO C 中,sizeof 运算符返回的 char 类型的宽度是 1 bit。但是在 C28x DSP 中,为了给 char 类型的变量分配独立的地址,char 类型的宽度被设置为 16 bit,即一个 C28x DSP 的字节。所以在 C28x DSP 中,字节(byte)和字(word)的宽度都是 16 bit,是等效的。

在了解 F28335 DSP 支持的数据类型的基础上,还要特别注意以下问题。

1. 64 位整数的处理

从表 11.3 中可以看出,F28335 的编译器支持 64 位的整数类型,这使得在处理某些高精度智能编码器的反馈数据时特别方便。一个 long long 类型的整数需要使用 ll 或者 LL 前缀,才能被 I/O 正确处理,例如,使用下面的代码才能使它们正确显示在屏幕上：

```
printf("% lld",0x0011223344556677);
printf("% llx",0x0011223344556677)
```

需要注意的是,虽然编译器支持了 64 位整数,但是实际的 CPU 的累加器和相关的 CPU 寄存器仍然是 32 位的,在程序运行时,64 位整数类型是被 CPU"软支持"的。可以添加相关的实时运行库来提高效率,其中包含了 llabs()、strtoll() 和 strtoull() 等函数。

2. 浮点的处理

从表 11.3 中可以看出,C28x 的编译器支持 32 位单精度浮点、64 位单精度和双精度浮点运算。在定义双精度 64 位变量时,也要记得使用 ll 或者 LL 前缀,否则会被视为双精度 32 位变量,造成精度损失。例如:

```
long double a=12.34L;          //初始化为双精度 64 位浮点
long double b=56.78;           //把单精度浮点强制类型转换为双精度浮点
```

在 I/O 处理时,也要标有相关的前缀,例如:

```
printf ("% Lg", 1.23L);
printf ("% Le". 3.45L);
```

需要注意的是,虽然编译器支持了双精度浮点,但是 FPU 只支持硬件的 32 位单精度浮点,在程序运行时,双精度浮点类型是被 CPU"软支持"的。特别是 long double 的操作,需要多个 CPU 寄存器的配合才能完成(代码尺寸和执行时间都会变长);在有多个 long double 操作数的情况下,前两个操作数的地址会传递到 CPU 辅助寄存器 XAR4 和 XAR5 中,其他的地址则被放置在栈中。例如:

```
long double foo( long double a, long double b, long double c)
{
long double d=a+b+c;
return d;
}
long double a=1. 2L;
long double b=2. 2L;
long double c=3. 2L;
long double=d;
void bar()
{
d=foo(a, b, c)
}
```

在函数 bar()中调用 foo 的时候,CPU 寄存器的值如表 11.4 所示。

表 11.4　CPU 寄存器的值

CPU 寄存器	寄存器的值
XAR4	变量 a 的地址
XAR5	变量 b 的地址
* —SPL2	变量 c 的地址
XAR6	变量 d 的地址

在 C28x 的浮点操作中,以加法为例,其汇编代码是有区别的:

```
LCR FS$ $ ADD;            //单精度加法
LCR FD$ $ ADD;            //双精度加法
```

一般情况下,若没有特殊的需要,则完全可以不使用双精度的浮点,例如在电机控制系统中,因为 A/D 采样的精度限制,整个系统无法实现双精度浮点那么高的精度。

3. 在不同类型的数据之间赋值时,要仔细检查

单精度与双精度,有符号与无符号,一个大于 65535 的数赋给 16 位宽的类型,它们之间不正确的转换要么会导致精度的损失,要么会直接导致错误的输出结果。

例如,假设用 Excel 处理 DSP 输出数据,因为 Excel 中浮点类型只能使用双精度的浮点数,所以如果把 DSP 中单精度的浮点数据取出放入 Excel 中,数据将发生变化,例如,单精度浮点的 0.2 放到 Excel 中,就变成了 0.200000002980232。

4. C 语言编程时,需要特别注意乘法和除法

在 C 语言中,双目运算符两边运算数的类型必须一致,才能得到正确的输出结果。例如:

```
1.0/2.0=0.5;
1.0/2=0;
```

所以在使用乘法和除法(涉及类似上面例子的操作)时,可在相关的变量、常量中添加小数点,或者乘以小数 1.0 等,以保证输出结果的正确性。

小　　结

本章主要内容为 DSP 概述、F28335 简介及 F28335 的链接命令文件和实时浮点库概述。

习　　题

1. PLC、ARM 和 DSP 各有什么优缺点?
2. 电磁弹射系统中采用 DSP 控制器,主要用于哪些场合?
3. F28335 有哪些外设与 ARM 类似? 有哪些独特的外设?
4. 链接命令文件在 DSP 的编程中扮演什么样的角色?
5. 查询 F2812 的定点编程方式,简述定点编程的特点。
6. 实时浮点库给 F28335 带来了哪些优势?

第 12 章 基于 F28335 的直线电机控制应用

F28335 与一般的 ARM 控制器相比,增加了一个重要的外设,即增强型 PWM,它主要针对三相异步电机的空间矢量控制。因此 F28335 与 ARM 控制器相比,更适用于电磁发射系统中的电机控制。本章将简要介绍增强型 PWM,并给出它在直线电机中的应用案例。

12.1 增强型 PWM 概述

增强型脉宽调制(ePWM)模块作为 F28335 DSP 的重要外设,使用非常广泛,尤其是在商业及工业电力电子系统的控制中得到了广泛的应用,如数字式电机控制系统、开关电源、不间断供电电源及其他电力变换设备。F28335 DSP 具有 6 个独立的 ePWM 外设模块。

一个 ePWM 模块的完整输出通道包括两路 PWM 信号:EPWMxA 及 EPWMxB。每个 ePWM 模块都有独立的内部逻辑电路,在一块 DSP 芯片内部可以集成多个 ePWM 模块,如图 12.1 所示。所有 ePWM 模块采用时钟同步技术级联在一起,从而在需要时可看作一个整体。有些 PWM 模块为了追求更高的脉宽控制精度,添加了高分辨率脉宽调制器(HRPWM)。

1. ePWM 模块的功能

每个 ePWM 模块都具有以下功能。

(1) 具有周期和频率可调的专用 16 位时间基准计数器。

(2) 两路 PWM 输出信号 EPWMxA 及 EPWMxB 可做如下配置:

① 采用单边控制的两路独立的 PWM 输出;

② 采用对称双边控制的两路独立的 PWM 输出;

③ 采用对称双边控制的一路独立的 PWM 输出。

(3) 可通过软件对 PWM 信号进行异步写覆盖操作。

(4) 可编程的相位控制,可超前或滞后其他连续 PWM(CPWM)模块。

(5) 采用周期连续控制的硬件相位锁存技术。

(6) 独立的上升沿与下降沿延时控制。

(7) 可编程的外部错误触发控制,包括周期触发及单次触发,触发条件出现后可自动将 PWM 输出引脚设置成低电平、高电平或高阻状态。

(8) 所有事件都可以触发 CPU 中断和 ADC 启动脉冲。

(9) 可编程的事件分频,从而减少 CPU 中断次数。

(10) 高频斩波信号对 PWM 进行斩波控制,用于高频变换器的门极驱动。

2. ePWM 模块所用的信号

图 12.2 给出了一个 ePWM 模块内部所包含的子模块及 ePWM 模块所用到的主要信号。

(1) PWM 输出信号 EPWMxA、EPWMxB。

PWM 输出信号通过 GPIO 口输送到芯片外部。

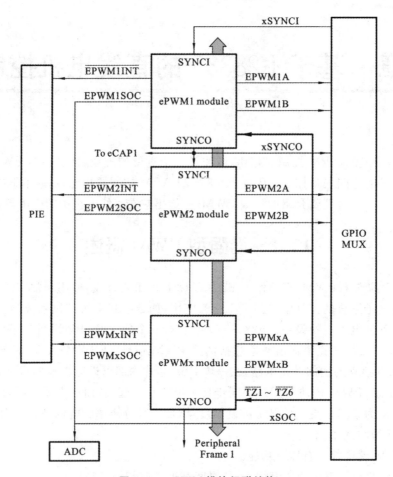

图 12.1　ePWM 模块级联结构

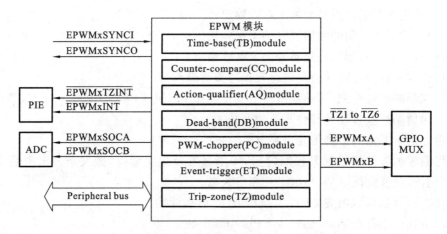

图 12.2　ePWM 模块的子模块及主要连接信号

（2）外部触发信号$\overline{TZ1}\sim\overline{TZ6}$。

外部触发信号$\overline{TZ1}\sim\overline{TZ6}$用来提醒 ePWM 模块外部出现错误条件。器件上的每个 ePWM 单元都可以使用或屏蔽外部触发信号。$\overline{TZ1}\sim\overline{TZ6}$可配置成同步输入模式，并从相应的 GPIO 口输入到芯片内部。

（3）时钟基准同步信号输入 EPWMxSYNCI 及输出 EPWMxSYNCO。

同步信号将所有 ePWM 模块连接成一个整体，每个 ePWM 模块都可以使用或忽略同步信号。

（4）ADC 启动信号 EPWMxSOCA、EPWMxSOCB。

每个 ePWM 模块都可以产生两路 ADC 启动信号。

（5）外设总线。

32 位的外设总线用来对 ePWM 模块寄存器进行读/写操作。

图 12.3 为 ePWM 模块的内部结构框图。

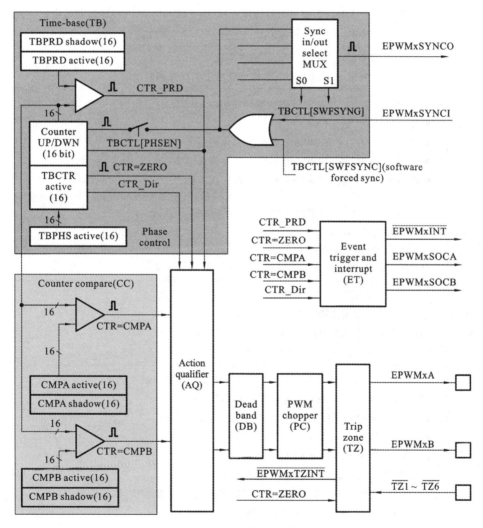

图 12.3　ePWM 模块的内部结构框图

3. ePWM 子模块功能

表 12.1 概括了 ePWM 子模块的功能。

表 12.1　ePWM 子模块的功能

子　模　块	主要功能描述
时间基准 （TB）	（1）设定基准时钟 TBCLK 与系统时钟 SYSCLKOUT 之间的关系； （2）设定 PWM 时间基准计数器（TBCTR）的频率和周期； （3）设定时间基准计数器的工作模式：增计数、减计数、增减计数； （4）设定与其他 ePWM 模块之间的相位关系； （5）通过软件或硬件方式同步所有 ePWM 模块的时间基准计数器，并设定同步后计数器的方向（增计数或减计数）； （6）设定时间基准计数器在仿真挂起时的工作方式； （7）指定 ePWM 的同步输出信号的信号源：同步输入信号、时间计数器归零、时间计数器等于比较器 B（CMPB）、不产生同步信号
比较功能 （CC）	（1）指定 EPWMxA 和 EPWMxB 的占空比； （2）指定 EPWMxA 和 EPWMxB 输出脉冲发生状态翻转的时间
动作限定 （AQ）	设定时间基准或比较功能子模块事件发生时 ePWM 的动作： ● 无反应； ● EPWMxA 和/或 EPWMxB 的输出切换到高电平； ● EPWMxA 和/或 EPWMxB 的输出切换到低电平； ● EPWMxA 和/或 EPWMxB 的输出进行状态翻转
死区产生 （DB）	（1）控制上下两个互补脉冲之间的死区时间； （2）设定上升沿延时时间； （3）设定下降沿延时时间； （4）不作处理，即 PWM 直接通过该模块
斩波控制 （PC）	（1）产生斩波频率； （2）设定脉冲序列中第一个脉冲的宽度； （3）设定第二个及其以后脉冲的宽度； （4）不作处理，即 PWM 直接通过该模块
故障捕获 （TZ）	（1）配置 ePWM 模块响应一个、全部或不响应外部故障触发信号； （2）设定当外部故障触发信号出现时 ePWM 的动作： ● 强制 EPWMxA 和/或 EPWMxB 为高电平； ● 强制 EPWMxA 和/或 EPWMxB 为低电平； ● 强制 EPWMxA 和/或 EPWMxB 为高阻状态； ● EPWMxA 和/或 EPWMxB 不作任何反应。 （3）设定 ePWM 对外部故障触发信号的响应频率：单次响应，周期性响应； （4）使能外部故障触发信号产生中断； （5）完全忽略外部故障触发信号
事件触发 （ET）	（1）使能 ePWM 模块的中断功能； （2）使能 ePWM 模块产生 ADC 启动信号； （3）设定触发事件触发中断或 ADC 启动信号的频率：每次都触发，2 次才触发，3 次才触发； （4）挂起、置位或清除事件标志位

12.2　交流调速中常用模块及实现

1. 矢量控制基本原理

恒压频比控制和滑差频率控制都是由稳态方程分析得到的控制策略,无法获得较好的动态特性。目前高性能电机控制通常采用矢量控制,它最初由西门子公司的 F. Blaschke 等人提出,经过几十年的发展完善,已经成为高性能交流电气驱动的主流控制策略。

由于一个三相交流的磁场系统和一个旋转体上的直流磁场系统,通过两相交流系统过渡,可以互相进行等效,因此,如果将用于控制交流调速的给定信号变换成类似于直流电动机磁场系统的控制信号,也就是说,假想两个互相垂直的直流绕组同处于一个旋转体上,分别向两个绕组中通入给由定信号分解而得到的励磁电流信号和转矩电流信号,并使励磁电流和转矩电流通过等效电路,用由此得到的等效的对应三相交流电流来控制逆变器,那么就可以实现矢量控制的效果。

2. 矢量控制中的坐标变换及实现

坐标变换的基本思路是将交流电动机的物理模型等效为直流电动机的模型,将交流量的控制转化为直流量的控制,这样可以使其分析和控制大大简化。在不同坐标系中电动机模型等效的原则是:在不同坐标系下绕组所产生的合成磁动势相等。

1) Clarke 变换

在实际应用中,交流电动机的三相对称的静止绕组 A、B、C 中,通以三相平衡的正弦电流 i_A、i_B、i_C 时,合成磁动势是旋转磁动势 F,它在空间呈正弦分布,以同步转速 ω_s 顺着 A-B-C 的相序旋转,如图 12.4(a)所示。

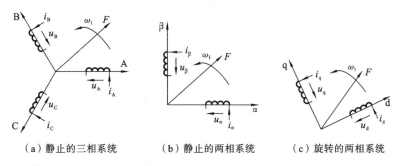

|（a）静止的三相系统|（b）静止的两相系统|（c）旋转的两相系统|

图 12.4　坐标系物理模型

然而,旋转磁动势并非一定要三相不可,除单相外,任意对称的多相绕组,通入平衡的多相电流,都能产生旋转磁动势,当然以两相最为简单。当三相对称时,零序可以不考虑,三相变量中只有两相为独立变量,完全可以消去一相。所以,三相绕组可以用相互独立的两相正交对称绕组等效代替,等效的原则是产生的磁动势相等。所谓正交是指两相绕组的匝数和阻值相等。图 12.4(b)中的两相绕组 α、β,通以两相平衡电流 i_α 和 i_β,也能产生旋转磁动势。当三相绕组和两相绕组产生的两个旋转磁动势大小和转速相等时,即认为两相绕组与三相绕组等效。

在图 12.4(c)中的两个匝数相等、相互正交的绕组 d、q,分别通以直流电流 i_d 和 i_q,产生合成磁动势 F,其位置相对于绕组来说是固定的。如果人为地让包含两个绕组在内的整个铁心以同步转速旋转,则磁动势 F 自然也随之旋转起来,成为旋转磁动势。如果这个旋转磁动势的大小和转速与固定的交流绕组产生的旋转磁动势相等,那么这套旋转的直流绕组也就和前面的两套固定的交流绕组都等效了。当观察者站到铁心上和绕组一起旋转时,在他看来,d 和 q 是两个通入直流电流且相互垂直的静止绕组,这时,绕组 d 相当于励磁绕组,q 相当于相对静止的电枢绕组。

三相静止绕组 A、B、C 和两相静止绕组 α、β 之间的变换,称为三相坐标系和两相坐标系间的变换,简称 3/2 变换。按照在不同的坐标系下绕组所产生的合成磁动势相等的等效原则,三相合成磁动势与两相合成磁动势相等。三相对称绕组中,通以三相平衡电流 i_A、i_B、i_C,产生旋转的合成磁动势。如图 12.4(a)和(b)所示,i_A、i_B、i_C 产生的合成磁动势与 i_α、i_β 产生的合成磁动势相等,且前后总功率保持不变。

根据磁动势等效和总功率不变原则,且为了求反变换,最好将变换矩阵表示成可逆矩阵,在两相系统上认为增加零磁动势,即零轴分量,可得到两坐标系的电流等价关系:

$$\begin{bmatrix} i_\alpha \\ i_\beta \\ i_0 \end{bmatrix} = \sqrt{\frac{2}{3}} \begin{bmatrix} 1 & -\frac{1}{2} & -\frac{1}{2} \\ 0 & \frac{\sqrt{3}}{2} & -\frac{\sqrt{3}}{2} \\ \frac{1}{\sqrt{2}} & \frac{1}{\sqrt{2}} & \frac{1}{\sqrt{2}} \end{bmatrix} \begin{bmatrix} i_A \\ i_B \\ i_C \end{bmatrix} = C_{\alpha\beta0}^{ABC} \begin{bmatrix} i_A \\ i_B \\ i_C \end{bmatrix} \tag{12-1}$$

2) Park 变换及 Park 反变换

从静止两相(α、β)坐标系到任意旋转(d、q)坐标系的变换,称作两相静止-两相旋转正交变换,简称 2s/2r 变换,其中 s 表示静止,r 表示旋转,变换的原则同样是产生的磁动势相等。两相静止绕组 α、β,通以两相平衡交流电流,产生旋转磁动势。如图 12.4(b)和(c)所示,i_α、i_β 产生的合成磁动势与 i_d、i_q 产生的合成磁动势相等,且前后总功率保持不变。

根据磁动势等效和总功率不变原则,可得到两坐标系的电流等价关系:

$$\begin{bmatrix} i_d \\ i_q \end{bmatrix} = \begin{bmatrix} \cos\theta & \sin\theta \\ -\sin\theta & \cos\theta \end{bmatrix} \begin{bmatrix} i_\alpha \\ i_\beta \end{bmatrix} \tag{12-2}$$

式中:θ 表示 dq 坐标系与 αβ 坐标系的夹角,令 $C_{dq}^{\alpha\beta}$ 表示从 αβ 坐标系变换到 dq 坐标系的变换矩阵,则

$$C_{dq}^{\alpha\beta} = \begin{bmatrix} \cos\theta & \sin\theta \\ -\sin\theta & \cos\theta \end{bmatrix} \tag{12-3}$$

相应地可求得

$$\begin{bmatrix} i_\alpha \\ i_\beta \end{bmatrix} = \begin{bmatrix} \cos\theta & -\sin\theta \\ \sin\theta & \cos\theta \end{bmatrix} \begin{bmatrix} i_d \\ i_q \end{bmatrix} \tag{12-4}$$

令 $C_{\alpha\beta}^{dq}$ 表示从二相旋转坐标系变换到二相静止坐标系的变换矩阵,则

$$C_{\alpha\beta}^{dq} = \begin{bmatrix} \cos\theta & -\sin\theta \\ \sin\theta & \cos\theta \end{bmatrix} \tag{12-5}$$

坐标变换的实现代码如下:

```
//clarke 变换
ialfa=ia;
ibeta=_IQmpy(ia,_IQ(0.57735026918963))+_IQmpy(ib,_IQ(1.15470053837926));
//park 变换
Sine=_IQsinPU(AnglePU);
Cosine=_IQcosPU(AnglePU);
```

```
id=_IQmpy(ialfa,Cosine)+_IQmpy(ibeta,Sine);
iq=_IQmpy(ibeta,Cosine)-_IQmpy(ialfa,Sine);
//park 反变换
Ualfa=_IQmpy(Ud,Cosine)-_IQmpy(Uq,Sine);
Ubeta=_IQmpy(Uq,Cosine)+_IQmpy(Ud,Sine);
```

3. SVPWM 技术及实现

空间矢量脉宽调制（SVPWM）算法利用两个以上的离散矢量按照伏秒平衡原理合成参考电压矢量，与载波 PWM 算法相比，其直流电压利用率高、电流纹波小。随着高速数字信号处理器（DSP）等数字处理技术的发展，SVPWM 技术在近几年也得到了飞速的发展。随着电平数的增加，过多的冗余开关状态导致选择算法的复杂度增加；且传统空间矢量调制方法涉及较多的三角函数运算或表格查询，导致算法的设计和实现困难。尽管如此，关于多电平逆变器 SVPWM 算法的研究仍然是一个热点问题。下面重点介绍两电平 SVPWM 控制策略。

三相两电平逆变器的主电路拓扑结构如图 12.5 所示，主电路有三个桥臂，每个桥臂由上下两个 IGBT 及反并联二极管组成，可输出 $U_{dc}/2$、$-U_{dc}/2$ 两种电平。通过每个桥臂的上下两个开关管通断控制，可在交流侧得到正弦调制波形。

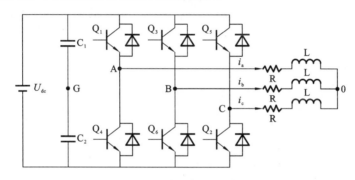

图 12.5　三相两电平逆变器的主电路拓扑结构

SVPWM 为三相逆变器常用的控制策略，其优点为输出电流总谐波含量（THD）小，直流利用率高。其理论基础为在一个周期内对一系列基本电压矢量进行组合，使其与给定的电压矢量相等。为了研究各相上下桥臂不同开关组合时逆变器输出的空间电压矢量，定义开关函数 Sx。当上桥臂导通时，Sx=1；当下桥臂导通时，Sx=0。（Sa，Sb，Sc）的全部可能组合共有 8 个，包括 6 个非零矢量 U_1(100)、U_2(110)、U_3(010)、U_4(011)、U_5(001)、U_6(101) 和两个零矢量 U_0(000)、U_7(111)。除两个零矢量外，其余 6 个非零矢量均匀分布在复平面上。任一给定的空间电压矢量 V^*，均可由 8 个空间矢量合成，如图 12.6 所示

SVPWM 的产生可以使用 F28335 的 PWM 模块，对于三相电机所需的 6 路 PWM 信号，可以使用 EPWM1A/EPWM1B/EPWM2A/EPWM2B/EPWM3A/EPWM3B。SVPWM 的输入来自 Park 反变换的输出。计算出 6 路 PWM 的占空比，以控制 6 个功率器件的开通和关断。SVPWM 实现的代码如下：

```
B0=Ubeta;
B1=_IQmpy(_IQ(0.8660254),Ualfa)-_IQmpy(_IQ(0.5),Ubeta);  // 0.8660254=sqrt(3)/2
B2=_IQmpy(_IQ(-0.8660254),Ualfa)-_IQmpy(_IQ(0.5),Ubeta); // 0.8660254=sqrt(3)/2
Sector=0;
```

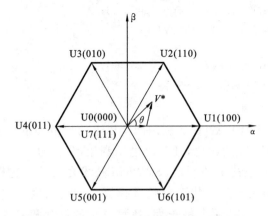

图 12.6　两电平基本空间电压矢量图

```
if(B0>_IQ(0))Sector=1;
if(B1>_IQ(0))Sector=Sector+2;
if(B2>_IQ(0))Sector=Sector+4;
X=Ubeta;                                                      //va
Y=_IQmpy(_IQ(0.8660254),Ualfa)+_IQmpy(_IQ(0.5),Ubeta);  // 0.8660254=sqrt(3)/2
Z=_IQmpy(_IQ(-0.8660254),Ualfa)+_IQmpy(_IQ(0.5),Ubeta); // 0.8660254=sqrt(3)/2
  if(Sector==1)
     {
         t_01=Z;
         t_02=Y;
     if((t_01+ t_02)> _IQ(1))
     {
         t1=_IQmpy(_IQdiv(t_01, (t_01+t_02)),_IQ(1));
         t2=_IQmpy(_IQdiv(t_02, (t_01+t_02)),_IQ(1));
     }
     else
     {
         t1=t_01;
         t2=t_02;
     }
             Tb=_IQmpy(_IQ(0.5),(_IQ(1)-t1-t2));
             Ta=Tb+t1;
             Tc=Ta+t2;
     }
     else if(Sector==2)
     {
             t_01=Y;
             t_02=-X;
         if((t_01+t_02)>_IQ(1))
     {
       t1=_IQmpy(_IQdiv(t_01, (t_01+t_02)),_IQ(1));
       t2=_IQmpy(_IQdiv(t_02, (t_01+t_02)),_IQ(1));
     }
```

```
    else
    {
      t1=t_01;
      t2=t_02;
    }
      Ta=_IQmpy(_IQ(0.5),(_IQ(1)-t1-t2));
      Tc=Ta+ t1;
      Tb=Tc+ t2;
      }
      else if(Sector==3)
      {
          t_01=- Z;
          t_02=X;

      if((t_01+t_02)>_IQ(1))
    {
      t1=_IQmpy(_IQdiv(t_01, (t_01+t_02)),_IQ(1));
      t2=_IQmpy(_IQdiv(t_02, (t_01+t_02)),_IQ(1));
    }
    else
    {
      t1=t_01;
      t2=t_02;
    }
          Ta=_IQmpy(_IQ(0.5),(_IQ(1)-t1-t2));
          Tb=Ta+t1;
          Tc=Tb+t2;
    }
    else if(Sector==4)
    {
          t_01=-X;
          t_02=Z;
    if((t_01+t_02)>_IQ(1))
    {
     t1=_IQmpy(_IQdiv(t_01, (t_01+t_02)),_IQ(1));
     t2=_IQmpy(_IQdiv(t_02, (t_01+t_02)),_IQ(1));

    }
    else
    {
    t1=t_01;
    t2=t_02;
    }
Tc=_IQmpy(_IQ(0.5),(_IQ(1)-t1-t2));
Tb=Tc+t1;
    Ta=Tb+t2;
```

```
        }
else if(Sector==5)
{
        t_01=X;
        t_02=-Y;
        if((t_01+t_02)>_IQ(1))
{
 t1=_IQmpy(_IQdiv(t_01, (t_01+t_02)),_IQ(1));
 t2=_IQmpy(_IQdiv(t_02, (t_01+t_02)),_IQ(1));
 }
 else
 {
 t1=t_01;
 t2=t_02;
 }

        Tb=_IQmpy(_IQ(0.5),(_IQ(1)-t1-t2));
        Tc=Tb+t1;
        Ta=Tc+t2;
    }
    else if(Sector==6)
    {
        t_01=-Y;
        t_02=-Z;
        if((t_01+t_02)>_IQ(1))
  {
  t1=_IQmpy(_IQdiv(t_01, (t_01+t_02)),_IQ(1));
  t2=_IQmpy(_IQdiv(t_02, (t_01+t_02)),_IQ(1));
  }
  else
  { t1=t_01;
  t2=t_02;
  }

        Tc=_IQmpy(_IQ(0.5),(_IQ(1)-t1-t2));
        Ta=Tc+t1;
        Tb=Ta+t2;
    }

    MfuncD1=_IQmpy(_IQ(2),(_IQ(0.5)-Ta));
    MfuncD2=_IQmpy(_IQ(2),(_IQ(0.5)-Tb));
    MfuncD3=_IQmpy(_IQ(2),(_IQ(0.5)-Tc));
    MPeriod=(int16)(T1Period*Modulation);
    Tmp=(int32)MPeriod*(int32)MfuncD1;
    EPwm1Regs.CMPA.half.CMPA=(int16)(Tmp>>16)+(int16)(T1Period>>1);
    Tmp=(int32)MPeriod*(int32)MfuncD2;
```

```
EPwm2Regs.CMPA.half.CMPA=(int16)(Tmp>>16)+(int16)(T1Period>>1);
Tmp=(int32)MPeriod*(int32)MfuncD3;
EPwm3Regs.CMPA.half.CMPA=(int16)(Tmp>>16)+(int16)(T1Period>>1);
}
```

12.3　直线永磁同步电机 DSP 应用实例

图 12.7 所示为直线永磁同步电机采用 DSP 的全数字控制结构。

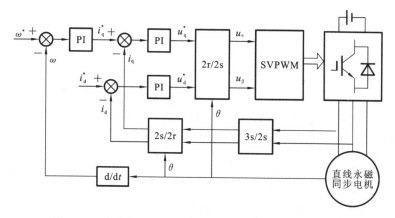

图 12.7　直线永磁同步电机采用 DSP 的全数字控制结构

通过电流传感器测量逆变器输出的两相定子电流,经过 DSP 内置的 AD 转换模块将其转换成数字量,根据三相电流和值为零可以求得另外一相的电流值。然后经过 Clarke 和 Park 变换将三相电流转换为旋转坐标系中的励磁分量和转矩分量。这两个分量分别作为电流环 PI 调节的反馈值。

利用增量式编码器测量直线电机的机械角位移,并将其转换成电角度和转速。电角度主要用于 Park 变换和 Park 反变换的计算。转速可以作为速度环的反馈量。

给定速度与反馈速度的偏差经过速度 PI 调节器,其输出作为推力控制的电流转矩分量给定值。电流转矩分量给定值与电流转矩分量反馈值经过电流环 PI 调节器输出,作为旋转坐标系下横轴电压分量,同样地,电流励磁分量给定值与电流励磁分量反馈值经过电流环 PI 调节器输出,作为旋转坐标系下纵轴电压分量。这两个电压分量通过 Park 反变换转换成静止坐标系下的空间矢量电压分量,然后通过 SVPWM 输出 PWM 信号控制逆变器。

直线永磁同步电机在闭环运行前,一般需要经过转子相位初始化的过程。直线永磁同步电机在运行之前,转子的位置是未知的,而转子磁场定向控制要求转子的位置是已知的。由于传统的增量式编码器基于积分方式来计算位置,积分计算的初值是不可知的,因此直线永磁同步电机都需要转子相位初始化的过程。转子相位初始化的过程就是给定子绕组通一个方向确定的直流电,强迫转子运动到一个确定的初始位置。

基于 F28335 的直线永磁同步电机的部分应用代码如下:

```
interrupt void EPWM_1_INT(void)
{
    _iq t_01,t_02;
    IPM_BaoHu();
```

```
Show_time++;
Show_time2++;
if(Show_time2==1000)              //1 s
{
    Show_time2=0;
    lcd_dis_flag=1;
}
Read_key();
Ad_CaiJi();
JiSuan_Dl();
JiSuan_AvgSpeed();
if(Run_PMSM==1&&IPM_Fault==0)
{
//DAC1_out(_iq data);
//DAC1_out(Speed_Fdb);              //输出速度反馈
// DAC2_out(IQ_Fdb);                //输出 IQ 反馈电流
LuBo(ia, ib, ic,Speed);
// DAC1_out(ID_Fdb);                //输出 ID 反馈电流
if(LocationFlag! =LocationEnd)
{
    Modulation=0.95;
    HallAngle=0;
    if(GpioDataRegs.GPBDAT.bit.GPIO43) //W
    {
      HallAngle+=1;
    }
    if(GpioDataRegs.GPBDAT.bit.GPIO42)//V
    {
       HallAngle+=2;
     }

    if(GpioDataRegs.GPBDAT.bit.GPIO41)//U
    {
    HallAngle+=4;
    }
    switch(HallAngle)
     {
      case 5:
      Position=PositionPhase60;
      LocationFlag=LocationEnd;              //定位结束
     EQep1Regs.QPOSCNT=BuChang* 0+BuChang/2;
        OldRawTheta=_IQ(EQep1Regs.QPOSCNT);
          break;
          case 1:
              Position=PositionPhase360;
            LocationFlag=LocationEnd;     //定位结束
```

```
            EQep1Regs.QPOSCNT=BuChang*5+BuChang/2;
            OldRawTheta=_IQ(EQep1Regs.QPOSCNT);
                break;
                case 3:
                    Position=PositionPhase300;
                    LocationFlag=LocationEnd;      //定位结束
                    EQep1Regs.QPOSCNT=BuChang*4+BuChang/2;
                OldRawTheta=_IQ(EQep1Regs.QPOSCNT);
                    break;
                case 2:
                    Position=PositionPhase240;
                    LocationFlag=LocationEnd;       //定位结束
                    EQep1Regs.QPOSCNT=BuChang*3+BuChang/2;
                OldRawTheta=_IQ(EQep1Regs.QPOSCNT);
                    break;
                case 6:
                    Position=PositionPhase180;
                    LocationFlag=LocationEnd;       //定位结束
                    EQep1Regs.QPOSCNT=BuChang*2+BuChang/2;
                OldRawTheta=_IQ(EQep1Regs.QPOSCNT);
                    break;
                case 4:
                    Position=PositionPhase120;
                    LocationFlag=LocationEnd;       //定位结束
                    EQep1Regs.QPOSCNT=BuChang*1+BuChang/2;
                    OldRawTheta=_IQ(EQep1Regs.QPOSCNT);
                    break;
                default:
                    DC_ON_1;
                    Run_PMSM=2;
                    eva_close();
                    Hall_Fault=1;                        //霍尔信号错误启动停止
                    break;
            }
        }
//==========================================================
//初始位置定位结束,开始闭环控制
//==========================================================
    else if(LocationFlag==LocationEnd)
    {
//QEP角度计算
// 旋转方向判定
        DirectionQep=EQep1Regs.QEPSTS.bit.QDF;
        RawTheta=_IQ(EQep1Regs.QPOSCNT);
        if(DirectionQep==1)                  //递增计数,代表顺时针
        {
```

```
            if((OldRawThetaPos> 127795200)&&(RawTheta< _IQ(900)))
            {
                PosCount +=TotalCnt;
            }
        Place_now=_IQtoF(RawTheta)+PosCount;
        OldRawThetaPos=RawTheta;
        }
        else if(DirectionQep==0)        //递减计数,代表逆时针
        {
            if((RawTheta> 98304000) && (OldRawThetaPos< _IQ(1000)))
            {
                PosCount-=TotalCnt;
            }
            Place_now=_IQtoF(RawTheta)+PosCount;
            OldRawThetaPos=RawTheta;
        }
        MechTheta=_IQmpy(2949,RawTheta);
        if(MechTheta>_IQ(360))
        {MechTheta=MechTheta-_IQ(360);}
        if(MechTheta<_IQ(-360))
        {MechTheta=MechTheta+_IQ(360);}
        ElecTheta=_IQmpy(PolePairs,MechTheta);
        AnglePU=_IQdiv(ElecTheta,_IQ(360));
        Sine=_IQsinPU(AnglePU);
        Cosine=_IQcosPU(AnglePU);
//QEP速度计算
    if (SpeedLoopCount> =SpeedLoopPrescaler)
    {
// 旋转方向判定
        DirectionQep=EQep1Regs.QEPSTS.bit.QDF;
        NewRawTheta=_IQ(EQep1Regs.QPOSCNT);
// 计算机械角度
        if(DirectionQep==1)        //递增计数
        {
        RawThetaTmp=OldRawTheta-NewRawTheta;
        if(RawThetaTmp>_IQ(0))
            {
            RawThetaTmp=RawThetaTmp-TotalPulse;
            }
        }
        else if(DirectionQep==0)  //递减计数
        {
          RawThetaTmp=OldRawTheta-NewRawTheta;
            if(RawThetaTmp<_IQ(0))
            {
              RawThetaTmp=RawThetaTmp+TotalPulse;
```

```
                    }

                }
                Speed=_IQmpy(RawThetaTmp,163);
                OldRawTheta=NewRawTheta;
                SpeedLoopCount=1;
                RawThetaTmp=0;


//===============位置环控制===============================
   if(PlaceEnable==1)
     {
         PlaceError=PlaceSet+Place_now;
           OutPreSat_Place=PlaceError;
           if((PlaceError<  =10000)&&(PlaceError>=-10000))
         {
           OutPreSat_Place=PlaceError/3;
         }

         if(OutPreSat_Place>  2000)
         {
           SpeedRef=0.5;
         }
         else if (OutPreSat_Place<-2000)
         {
           SpeedRef=-0.5;
         }
         else
         {
           SpeedRef=OutPreSat_Place/(float32)BaseSpeed;
         }
     }


//===============速度环 PI===============================
               Speed_Ref=_IQ(SpeedRef);
               Speed_Fdb=Speed;
               Speed_Error=Speed_Ref - Speed_Fdb;
               Speed_Up=_IQmpy(Speed_Kp,Speed_Error);
     Speed_Ui=Speed_Ui+_IQmpy(Speed_Ki,Speed_Up)+_IQmpy(Speed_Ki,Speed_
SatError);
               Speed_OutPreSat=Speed_Up+Speed_Ui;
               if(Speed_OutPreSat>Speed_OutMax)
                   Speed_Out=Speed_OutMax;
               else if(Speed_OutPreSat<  Speed_OutMin)
                   Speed_Out=Speed_OutMin;
               else
                   Speed_Out=Speed_OutPreSat;
```

```
                    Speed_SatError=Speed_Out-Speed_OutPreSat;
                IQ_Given=Speed_Out;
            Speed_run=1;
        }
    else
        {
                SpeedLoopCount++;
        }
    if(Speed_run==1)
    {

    ialfa=ia;
    ibeta=_IQmpy(ia,_IQ(0.57735026918963))+_IQmpy(ib,_IQ(1.15470053837926));
    id=_IQmpy(ialfa,Cosine)+_IQmpy(ibeta,Sine);
    iq=_IQmpy(ibeta,Cosine)-_IQmpy(ialfa,Sine) ;
```

//IQ 电流 PID 调节控制
```
    IQ_Ref=IQ_Given;
    IQ_Fdb=iq;
    IQ_Error=IQ_Ref-IQ_Fdb;
    IQ_Up=_IQmpy(IQ_Kp,IQ_Error);
    IQ_Ui=IQ_Ui+_IQmpy(IQ_Ki,IQ_Up)+_IQmpy(IQ_Ki,IQ_SatError);
    IQ_OutPreSat=IQ_Up+IQ_Ui;
    if(IQ_OutPreSat>IQ_OutMax)
        IQ_Out=IQ_OutMax;
    else if(IQ_OutPreSat<IQ_OutMin)
        IQ_Out=IQ_OutMin;
    else
        IQ_Out=IQ_OutPreSat;
    IQ_SatError=IQ_Out-IQ_OutPreSat;
    Uq=IQ_Out;
```
//ID 电流 PID 调节控制
```
    ID_Ref=ID_Given;
    ID_Fdb=id;
    ID_Error=ID_Ref-ID_Fdb;
    ID_Up=_IQmpy(ID_Kp,ID_Error);
    ID_Ui=ID_Ui+_IQmpy(ID_Ki,ID_Up)+_IQmpy(ID_Ki,ID_SatError);
    ID_OutPreSat=ID_Up+ID_Ui;
    if(ID_OutPreSat> ID_OutMax)
        ID_Out=ID_OutMax;
    else if(ID_OutPreSat< ID_OutMin)
        ID_Out=ID_OutMin;
    else
        ID_Out=ID_OutPreSat;
        ID_SatError=ID_Out-ID_OutPreSat;
```

```
        Ud=ID_Out;
```

//Ipark 变换
```
        Ualfa=_IQmpy(Ud,Cosine)-_IQmpy(Uq,Sine);
        Ubeta=_IQmpy(Uq,Cosine)+_IQmpy(Ud,Sine);
```

//SVPWM 实现

```
        B0=Ubeta;
        B1=_IQmpy(_IQ(0.8660254),Ualfa)-_IQmpy(_IQ(0.5),Ubeta);// 0.8660254=sqrt(3)/2
        B2=_IQmpy(_IQ(-0.8660254),Ualfa)-_IQmpy(_IQ(0.5),Ubeta); // 0.8660254=sqrt(3)/2

        Sector=0;
        if(B0>_IQ(0)) Sector=1;
        if(B1>_IQ(0)) Sector=Sector+2;
        if(B2>_IQ(0)) Sector=Sector+4;

        X=Ubeta;                                              //va
        Y=_IQmpy(_IQ(0.8660254),Ualfa)+_IQmpy(_IQ(0.5),Ubeta);   //0.8660254=
                                                                sqrt(3)/2 vb
        Z=_IQmpy(_IQ(-0.8660254),Ualfa)+_IQmpy(_IQ(0.5),Ubeta);  //0.8660254=
                                                                sqrt(3)/2 vc

    if(Sector==1)
        {
            t_01=Z;
            t_02=Y;

    if((t_01+t_02)> _IQ(1))
    {
    t1=_IQmpy(_IQdiv(t_01, (t_01+t_02)),_IQ(1));
    t2=_IQmpy(_IQdiv(t_02, (t_01+t_02)),_IQ(1));

    }
    else
    {L1=t_01;
    t2=t_02;
    }

        Tb=_IQmpy(_IQ(0.5),(_IQ(1)-t1-t2));
        Ta=Tb+t1;
        Tc=Ta+t2;
    }
    else if(Sector==2)
    {
        t_01=Y;
```

```
        t_02=-X;

        if((t_01+t_02)> _IQ(1))
{
t1=_IQmpy(_IQdiv(t_01,(t_01+t_02)),_IQ(1));
t2=_IQmpy(_IQdiv(t_02,(t_01+t_02)),_IQ(1));

}
else
{ t1=t_01;
t2=t_02;
}

    Ta=_IQmpy(_IQ(0.5),(_IQ(1)-t1-t2));
    Tc=Ta+t1;
    Tb=Tc+t2;
}
else if(Sector==3)
{
    t_01=-Z;
    t_02=X;

    if((t_01+t_02)> _IQ(1))
{
t1=_IQmpy(_IQdiv(t_01,(t_01+t_02)),_IQ(1));
t2=_IQmpy(_IQdiv(t_02,(t_01+t_02)),_IQ(1));

}
else
{t1=t_01;
t2=t_02;
}

    Ta=_IQmpy(_IQ(0.5),(_IQ(1)-t1-t2));
    Tb=Ta+t1;
    Tc=Tb+t2;
}
else if(Sector==4)
{
    t_01=-X;
    t_02=Z;
    if((t_01+t_02)> _IQ(1))
{
t1=_IQmpy(_IQdiv(t_01,(t_01+t_02)),_IQ(1));
t2=_IQmpy(_IQdiv(t_02,(t_01+t_02)),_IQ(1));
```

```
}
else
{t1=t_01;
t2=t_02;
}

    Tc=_IQmpy(_IQ(0.5),(_IQ(1)-t1-t2));
    Tb=Tc+t1;
    Ta=Tb+t2;
}
else if(Sector==5)
{
    t_01=X;
    t_02=-Y;
    if((t_01+t_02)> _IQ(1))
{
t1=_IQmpy(_IQdiv(t_01,(t_01+t_02)),_IQ(1));
t2=_IQmpy(_IQdiv(t_02,(t_01+t_02)),_IQ(1));

}
else
{t1=t_01;
t2=t_02;
}

    Tb=_IQmpy(_IQ(0.5),(_IQ(1)-t1-t2));
    Tc=Tb+t1;
    Ta=Tc+t2;
}
else if(Sector==6)
{
    t_01=-Y;
    t_02=-Z;
    if((t_01+t_02)> _IQ(1))
{
t1=_IQmpy(_IQdiv(t_01,(t_01+t_02)),_IQ(1));
t2=_IQmpy(_IQdiv(t_02,(t_01+t_02)),_IQ(1));

}
else
{t1=t_01;
t2=t_02;
}

    Tc=_IQmpy(_IQ(0.5),(_IQ(1)-t1-t2));
    Ta=Tc+t1;
```

```
        Tb=Ta+t2;
    }

    MfuncD1=_IQmpy(_IQ(2),(_IQ(0.5)-Ta));
    MfuncD2=_IQmpy(_IQ(2),(_IQ(0.5)-Tb));
    MfuncD3=_IQmpy(_IQ(2),(_IQ(0.5)-Tc));
```

//EVA 全比较器参数赋值，用于驱动电机
```
    MPeriod=(int16)(T1Period*Modulation);   // Q0=(Q0*Q0)

    Tmp=(int32)MPeriod*(int32)MfuncD1;
    EPwm1Regs.CMPA.half.CMPA=(int16)(Tmp>>16)+(int16)(T1Period>>1);
    Tmp=(int32)MPeriod*(int32)MfuncD2;
    EPwm2Regs.CMPA.half.CMPA=(int16)(Tmp>>16)+(int16)(T1Period>>1);

    Tmp=(int32)MPeriod*(int32)MfuncD3;
    EPwm3Regs.CMPA.half.CMPA=(int16)(Tmp>>16)+(int16)(T1Period>>1);
        }
    }

    }
```

小　　结

本章主要介绍了 F28335 的增强型 PWM 模块，并结合直线电机的控制给出了其应用案例。

习　　题

1. 空间矢量 PWM 的基本工作原理是什么？
2. F28335 增强型 PWM 模块包括哪些部件？各自扮演什么角色？
3. 查询 F2812 的事件管理器模块，分析它与 F28335 增强型 PWM 模块的区别。
4. 矢量控制的核心思想是什么？
5. 空间矢量 PWM 与矢量控制的关系是什么？
6. 采用 F28335 进行电机控制的编程时，关键点有哪些？

参 考 文 献

[1] 咸庆信,类延法. PLC 技术与应用:专业技能入门与精通[M]. 2 版. 北京:机械工业出版社,2011.

[2] 向晓汉. 西门子 S7-200PLC 完全精通教程[M]. 北京:化学工业出版社,2012.

[3] 王阿根. 西门子 S7-200PLC 编程实例精解[M]. 北京:电子工业出版社,2011.

[4] 李长军,关开芹,李长城. 零基础轻松学会西门子 S7-200PLC[M]. 北京:机械工业出版社,2014.

[5] 姚福来,张艳芳. 电气自动化工程师速成教程[M]. 北京:机械工业出版社,2013.

[6] 刘淼. 嵌入式系统接口设计与 Linux 驱动程序开发[M]. 北京:北京航空航天大学出版社,2006.

[7] 孙天泽,袁文菊,张海峰. 嵌入式设计及 Linux 驱动开发指南[M]. 北京:电子工业出版社,2005.

[8] 周立功,等. ARM 嵌入式系统基础教程[M]. 北京:北京航空航天大学出版社,2005.

[9] CORBET J,RUBINI A,KROAH-HARTMAN. Linux 设备驱动程序[M]. 魏永明,骆刚,等,译. 2 版. 北京:中国电力出版社,2004.

[10] 马忠梅,李善平,康慨,等. ARM&Linux 嵌入式系统教程[M]. 北京:北京航空航天大学出版社,2004.

[11] 探矽工作室. 嵌入式系统开发圣经[M]. 2 版. 北京:中国铁道出版社,2003.

[12] SOBELL M G. Red Hat Linux 实用指南[M]. 孙天泽,袁文菊,闫守孟,等,译. 北京:电子工业出版社,2004.

[13] 毛德操,胡希明. Linux 内核源代码情景分析[M]. 杭州:浙江大学出版社,2001.

[14] 吴明晖. 基于 ARM 的嵌入式系统的开发与应用[M]. 北京:人民邮电出版社,2004.

[15] 邬宽明. CAN 总线原理和应用系统设计[M]. 北京:北京航空航天大学出版社,1996.

[16] ARM. ARM920T technical reference manual. 2001.

[17] PHILIPS SEMICONDUCTORS. The I2C bus specification. 2000.

[18] COMPACTFLASH ASSOCIATION. CF+ and CompactFlash Specification. 2003

[19] 优龙科技发展公司. ARM9 FS2410 教学平台实验手册. 2005.

[20] 优龙科技发展公司. ARM9 FS2410 教学平台应用教程. 2005.

[21] YAGHMOUR K. Building Embedded Linux Systems[M]. Tokyo:O'Reilly Media,Inc. ,2003.

[22] LABROSSE J J. 嵌入式实时操作系统 μc/OS-II[M]. 邵贝贝,等,译. 2 版. 北京:北京航空航天大学出版社,2003.

[23] 隋金雪,杨莉,张岩. "飞思卡尔杯"智能汽车设计与实例教程[M]. 北京:电子工业出版社,2014.

[24] 闫琪,等.智能车设计"飞思卡尔杯"从入门到精通[M].北京:北京航空航天大学出版社,2014.

[25] 王日明,廖锦松,申柏华.轻松玩转 ARM Cortex-M4 微控制器:基于 Kinetis K60[M].北京:北京航空航天大学出版社,2014.

[26] 冯冲,段晓敏.飞思卡尔 MC9S12(X)开发必修课[M].北京:北京航空航天大学出版社,2014.

[27] 王黎明,刘小虎,闫晓玲.嵌入式系统开发与应用[M].北京:清华大学出版社,2016.

[28] 符晓,朱洪顺.TMS320F2833x DSP 应用开发与实践[M].北京:北京航空航天大学出版社,2013.

[29] 刘陵顺,高艳丽.TMS320F28335DSP 原理开发与开发编程[M].北京:北京航空航天大学出版社,2011.

[30] 符晓,朱洪顺.TMS320F28335DSP 原理、开发及应用[M].北京:清华大学出版社,2017.

[31] 王晓明,王玲.电动机的 DSP 控制:TI 公司 DSP 应用[M].北京:北京航空航天大学出版社,2004.